“十四五”时期国家重点出版物出版专项规划项目
新能源与智能网联汽车新技术系列丛书
新工科·普通高等教育汽车类系列教材

氢能与燃料电池技术

主　编　张宗喜
副主编　宋传增
参　编　王金波　李新海　颜　宇
　　　　刘延瑞　鹿　斌

机 械 工 业 出 版 社

本书是“十四五”时期国家重点出版物出版专项规划项目。

本书介绍了氢燃料电池技术发展史、国内外氢燃料电池技术关键材料、核心组件的研发与应用现状，以及氢燃料汽车及其动力总成的布置、设计和优化等，主要内容包括氢能、氢燃料电池、氢燃料电池核心组件及关键材料、氢燃料电池系统设计、氢燃料电池技术经济和环境效益、氢燃料电池汽车车身总布置设计及优化、氢燃料电池汽车动力总成设计方案、加氢站规划设计、氢燃料电池技术及氢燃料电池汽车发展动态。

本书可作为高等院校新能源汽车工程专业、智能车辆工程专业、汽车服务工程专业等专业的教材，也可作为相关技术人员的参考读物。

图书在版编目（CIP）数据

氢能与燃料电池技术/张宗喜主编．—北京：机械工业出版社，2024.4
新工科·普通高等教育汽车类系列教材
ISBN 978-7-111-75671-2

Ⅰ.①氢…　Ⅱ.①张…　Ⅲ.①氢能-燃料电池-高等学校-教材　Ⅳ.①TM911.42

中国国家版本馆 CIP 数据核字（2024）第 080859 号

机械工业出版社（北京市百万庄大街 22 号　邮政编码 100037）
策划编辑：宋学敏　　责任编辑：宋学敏　尹法欣
责任校对：高凯月　张雨霏　景　飞　　封面设计：张　静
责任印制：常天培
北京铭成印刷有限公司印刷
2024 年 9 月第 1 版第 1 次印刷
184mm×260mm · 13.25 印张 · 328 千字
标准书号：ISBN 978-7-111-75671-2
定价：49.00 元

电话服务　　网络服务
客服电话：010-88361066　　机　工　官　网：www.cmpbook.com
010-88379833　　机　工　官　博：weibo.com/cmp1952
010-68326294　　金　书　网：www.golden-book.com
封底无防伪标均为盗版　　机工教育服务网：www.cmpedu.com

前　言

氢能是一种二次能源，具有来源多样、清洁环保、可储存和可再生等特点，可以同时满足资源、环境和可持续发展的需求。氢燃料电池技术一直被认为是利用氢能解决未来人类能源危机的途径之一，也是全球能源结构转型的重大战略方向，备受大众关注。作为氢能高效利用的重要途径，氢燃料电池成为各国发展氢能产业、抢占市场的重点。2020年中国汽车工程学会发布的《节能与新能源汽车技术路线图2.0》预测，到2035年中国燃料电池汽车保有量将达到100万辆左右，商用车将实现氢动力转型，并建成加氢站5000座左右。

氢能及氢燃料电池技术有望大规模应用于汽车、便携式发电和固定发电站等领域，也是航空航天飞行器、船舶推进系统的重要技术备选方案，但其面临降低生产成本（电解质、电催化剂等基础材料）、结构紧凑性、耐久性及寿命三大挑战。实际上，想要推动氢燃料电池行业进一步发展，首先需要解决技术与应用两大实际问题。换言之，唯有不断提升氢燃料电池的技术研发水平，加快产品多元化应用，才能充分发掘氢燃料电池的最大价值。要想实现上述目标，氢燃料电池核心材料、氢气制取及加氢站等关键技术的创新显得非常重要。

本书内容涉及氢燃料电池技术发展史，国内外氢燃料电池技术关键材料，核心组件（质子交换膜、电催化剂、气体扩散层等膜电极组件，双极板，系统部件，控制策略等）的研发与应用现状，氢燃料电池系统设计，氢燃料电池汽车（氢燃料电池电动汽车的简称，本书中均采用此简称）车身总布置设计优化，氢燃料电池汽车动力总成设计方案，氢燃料电池技术系统寿命、功率密度、制造成本等，氢燃料电池技术面临的问题，未来相关技术发展方向及保障措施，当前氢燃料电池技术及氢燃料电池汽车动态。本书注重各部分内容的纵向联系，即令前面的内容为后面的内容打好基础，后面的内容则是前面内容的发展和提高。此外，本书还注意各部分内容的横向联系与综合，力求使各个领域的知识能够形成一个整体。

本书由山东建筑大学张宗喜任主编，宋传增任副主编。编写分工如下：第1、2章由宋传增编写，第3、7章由张宗喜编写，第4章由鹿斌编写，第5章由刘延瑞编写，第6章由颜宇编写，第8章由王金波编写，第9章由李新海编写。

由于编者水平有限、经验不足，书中难免存在不足之处，恳请广大读者批评指正。

编　者

目　录

第1章 氢 能

1.1 氢能来源

氢能是一种来源丰富、绿色低碳、应用广泛的二次能源。在未来可持续能源系统中，氢能有望作为主要载能体，成为与电力并重而又互补的主要终端能源。氢能在地球上主要以化合态的形式出现，它是宇宙中分布最广泛的物质，构成了宇宙质量的75%。国外氢能的主要来源为天然气，煤炭制氢的占比较低，而国内恰恰相反。由于国内天然气紧缺，大量需要依赖进口，但是煤炭资源丰富，因此国内氢能的来源主要以煤炭为主。目前，氢能的供给形式主要有化石燃料制氢、工业副产氢、光解制氢、电解水制氢及生物制氢等。

1.1.1 化石燃料制氢

1. 煤炭制氢

原料的可获得性、低廉的成本使得煤炭制氢（煤制氢）具有极大的竞争优势。煤制氢的提出，首先受到炼焦厂降低原料成本的驱动。传统的工业规模生产氢的技术是用蒸汽重整天然气或从石油残留物部分氧化制得。在天然气供应逐渐匮乏和石油价格高涨的时期，煤制氢成为颇有竞争力的制氢技术，其中传统的煤制氢技术主要为煤气化制氢和焦炉煤气制氢。

（1）煤气化制氢　煤炭制氢工艺流程包括气化、CO变换、酸性气体脱除、氢气提纯等关键环节，经过以上处理可以得到不同纯度的氢气。在一般情况下，煤气化需要氧气，因此煤炭制氢还需要与之配套的空分系统。煤气化制氢先将煤炭气化得到以H_2和CO为主要成分的气态产品，然后经CO变换和分离、提纯等处理，获得一定纯度的产品氢气。图1-1所示为煤炭制氢工艺流程。

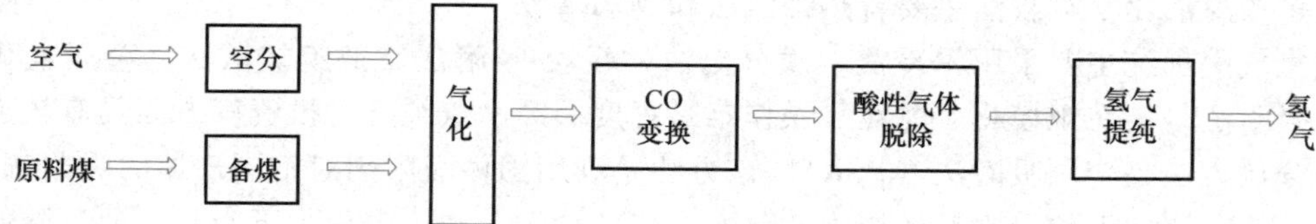

图1-1　煤炭制氢工艺流程

设置空分系统的目的是为了向煤气化装置、尾气转化装置提供工艺过程所需的氧气，副产的氮气可以作为公用工程氮气用于其他装置。为了降低能耗，目前空分技术已发展为大型全低压空分工艺，它由空气压缩、空气预冷、空气净化、空气分离和产品输送等环节组成，具有以下特点：

1）采用高效的两级精馏制取高纯度的氧气和氮气。

2）采用增压透平膨胀机，利用气体膨胀的输出功带动增压风机以节省能耗，提高制冷量。

3）热交换器采用高效的铝板翅式换热器，可使结构紧凑、传热效率高。

4）采用分子筛净化空气，具有流程简单、操作简便、运行稳定、安全可靠等优点，大大延长了装置的连续运转周期。

煤气化技术是指以煤粉、水煤浆、块（碎）煤为原料，采用固定床、（循环）流化床、气流床，在常压或加压下，以空气、水蒸气、富氧空气、纯氧与氧化物（碳氧化合物和氮氧化合物）为气化剂的气化技术。尽管早期的煤制氢考虑采用碎煤加压气化 Lurgi（鲁齐）炉的固定床工艺，但是考虑到取得经济效益所需的规模、逐渐严格的环保法规要求，使用细颗粒原料（煤粉或煤浆）在高温高压下以纯氧和水蒸气为气化剂的气流床气化技术，无论是在以气化为龙头的现代煤化工企业，还是在炼化生产氢原料的煤制氢工艺中，都是主流的气化技术。

CO 变换的作用是将煤气化产生合成气中的 CO 变换成 H_2 和 CO_2，以调节气体成分，满足后续工段的要求。在 CO 变换工艺中，变换催化剂的性能决定了变换流程及其先进性。例如，采用 Fe-Cr 系催化剂的变换工艺，操作温度为 350～550℃，称为中、高温变换工艺。其操作温度较高，原料气经变换后 CO 的平衡浓度高。Fe-Cr 系催化剂的抗硫能力差，适用于硫含量低于 80×10^{-6} 的气体。采用 Cu-Zn 系催化剂的变换工艺，操作温度为 200～280℃，称为低温变换工艺。这种工艺通常串联在中、高温变换工艺之后，可将 3%（体积分数）左右的 CO 降低到 0.3%（体积分数）左右。Cu-Zn 系催化剂的抗硫能力更差，适用于硫含量低于 0.1×10^{-6} 的气体。采用 Co-Mo 系催化剂的变换工艺，操作温度为 200～550℃，称为宽温耐硫变换工艺。其操作温区较宽，特别适合高浓度 CO 变换且不易超温。Co-Mo 系催化剂的抗硫能力极强，对硫含量无上限要求。

煤气化合成气经 CO 变换后，主要为包含 H_2、CO_2 的气体，以脱除 CO_2 为主要任务的酸性气体脱除方法主要有溶液物理吸收、溶液化学吸收、低温蒸馏和吸附四类，其中以溶液物理吸收和溶液化学吸收应用较为普遍。溶液物理吸收法适用于压力较高的场合，溶液化学吸收法适用于压力相对较低的场合。国外应用较多的溶液物理吸收法主要有低温甲醇洗法，应用较多的溶液化学吸收法主要有热钾碱法和 MDEA（N-甲基二乙醇胺）法。国内应用较多的溶液物理吸收法主要有低温甲醇洗法、NHD（聚乙二醇二甲醚）法、碳酸丙烯酯法，应用较多的溶液化学吸收法主要有热钾碱法和 MDEA 法。

粗氢气的提纯主要采用深冷法、膜分离法、吸收-吸附法、钯膜扩散法、金属氢化物法及变压吸附法等。在规模化、能耗、操作难易程度、产品氢纯度、投资等方面具有较大综合优势的分离方法是变压吸附法（PSA）。该方法是利用固体吸附剂对不同气体的吸附选择性，以及气体在吸附剂上的吸附量随压力变化而变化的特性，在一定压力下吸附，通过降低被吸附气体分压使被吸附气体解析的气体分离方法。目前，我国的 PSA 相关技术在吸附剂、工艺、控制、阀门等方面已进入国际先进水平行列。

煤炭制氢工艺的核心是气化，选择气化技术时，一般需要考虑的因素包括煤种、煤质、煤气化最终产品、规模及环境影响。

（2）焦炉煤气制氢　我国的冶金企业、炼焦生产企业在从焦炉气中制取氢气方面已经有十余年的生产实践。制取的氢气经补碳（补充一氧化碳）后用于生产甲醇等化工产品。在真空条件运行的情况下，也可用于炼化的氢源，或作为新能源使用。

焦炉煤气制氢通常采用吸附分离工艺。由于 $C_{5\text{-}6}$ 饱和烃类及萘、无机硫、焦油等组分沸点高，在吸附剂上吸附后很难在常温下脱附，因此焦炉煤气制氢工艺通常采用两种不同的吸附装置：变温吸附装置和变压吸附装置。整个焦炉煤气制氢工艺可划分为四个工段：压缩与预净化、预处理、变压吸附、精制，如图 1-2 所示。

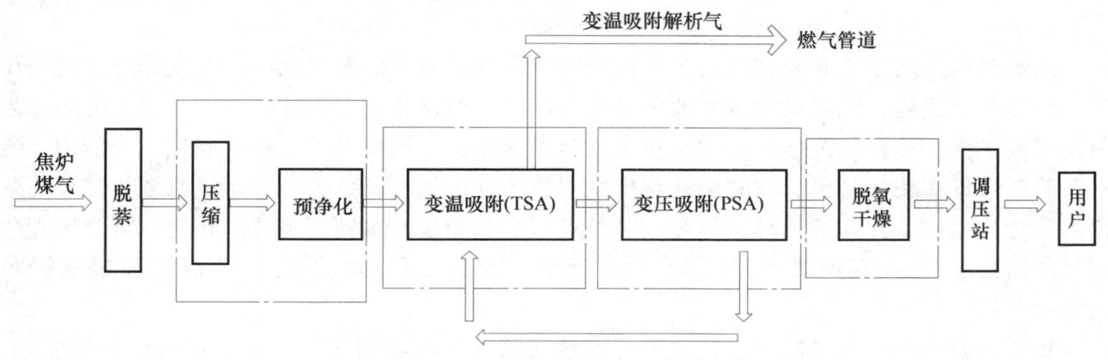

图 1-2　焦炉煤气制氢工艺简图

1）变温吸附（TSA）：变温吸附的原理是利用吸附剂对气体的吸附容量随温度的不同而有较大差异的特性，分离混合气体的成分。在吸附剂选择吸附下，常温吸附高沸点的 $C_{5\text{-}6}$ 饱和烃类及萘、无机硫、焦油等组分，在高温下脱附这些杂质，再生吸附剂，循环操作，达到对原料气连续进行预净化的目的。

2）变压吸附（PSA）：利用吸附剂对不同组分的吸附容量随压力而改变的特性，升压吸附混合物中的组分，减压脱附组分，以使吸附剂再生。经变温吸附后的焦炉煤气的主要成分是 H_2，其余为 CO、O_2、CO_2、CH_4、N_2 及 C_2—C_4 的烃类。利用气体混合物各组分的沸点不同，即易挥发的不易吸附、易吸附的不易挥发的特性，使预净化后的焦炉煤气通过吸附剂床层，这样除 H_2 和少量 O_2 以外的其余杂质会被吸附剂选择性地吸附，而沸点低的氢气基本不被吸附，从而达到 H_2 与杂质分离的目的。

3）脱氧干燥：在经过变温吸附及变压吸附后，H_2 含有少量的 O_2，这些 O_2 在精制工段经过钯催化剂进行催化反应除去，其反应式如下：

$$\frac{1}{2}O_2+H_2 \rightarrow H_2O+242\text{kJ/mol}$$

反应后生成的水经变温吸附干燥去除，其原理与变温吸附原理相同。

除了以上两种传统煤制氢技术，还有一些煤制氢新技术，如 HyPr-RING 煤制氢、化学链制氢、一氧化碳辅助铁氧化物循环裂解水制氢、煤厌氧发酵制氢、煤炭超临界水气化制氢等。

2. 天然气制氢

天然气制氢是制氢工艺中的一种。由于在整个工艺过程中利用清洁能源进行加工，并采取极具规模的工艺制造手段，实现了环保科技的标准，能够进一步提升生产效益，从而推动我国制氢工艺不断进步和发展。根据我国各大油田的现状，天然气的含量较高且密集，为制氢工艺提供了得天独厚的条件。因此，利用天然气制氢来推动制氢工艺的不断发展与完善，具有很好的奠基作用，天然气制氢技术的进一步发展对我国的氢能的发展具有一定的实际意义和应用价值。

天然气制氢的工作原理是以蒸馏技术为基础实现的工艺过程，即通过对天然气进行热加工，在变换炉中使 CO 变换成 H_2 和 CO_2 的过程。其一系列加工过程为常温减压蒸馏→天然气催化→分子裂化→再次催化重整→芳烃生产。现阶段天然气制氢工艺过程已经逐步扩展到与天然气集中开采、集中运输和集中净化等工艺过程合为一体，实现了真正意义上的规模化天然气制氢工艺过程。天然气制氢工艺原理的化学反应方程式为

$$CH_4+H_2O \rightarrow CO+3H_2O - QCO+H_2O \rightarrow CO_2+H_2+Q$$

天然气制氢新工艺和新技术最为突出的特点是原料自身的氧化反应，在工艺控速过程中为快速的氧化反应，能够很大程度地提升生产能力。通过热加工设计使含有氧元素分布的炉内稳定性增强，可以解决催化剂中预热床层热点问题，从而提升了天然气制氢生产能力。在对天然气进行催化的阶段，与利用氧化反应制成的合成气相比，天然气制氢将催化部分与氧化部分合二为一，并且这两种反应可以同时进行。这种新技术同原有技术相比，可将天然气制氢的初始投资和装置成本降至原来的 25%～30%，带动生产成本也相对大幅度降低 30%～50%。

目前，我国的天然气制氢工艺主要有天然气蒸气转化法制氢、天然气部分转化法制氢、甲烷自热转化制氢和甲烷催化裂解制氢等。

（1）天然气蒸气转化法制氢 目前，约有 1/2 的氢气是通过天然气蒸气转化法（SRM）制取的。甲烷蒸气转化法主要的工艺技术提供方有 Technip（KTI）、Uhde、Linde、Foster Wheeler、Topsoe 和 Hpwe Baker 等，其基本工艺流程大致相同，包括原料气处理、蒸气转化、CO 变换和氢气提纯四个单元，如图 1-3 所示。

图 1-3 天然气蒸气转化法制氢工艺流程

原料气处理主要采用加氢催化脱除天然气中的硫，普遍采用的方法是 Co-Mo 加氢转化串联 ZnO 脱硫技术：当原料气在转化炉对流段预热到 350～400℃后，先采用 Co-Mo 催化剂加氢法在加氢反应器中将气体原料中的有机硫转化为无机硫 H_2S，再用 ZnO 吸附脱硫槽脱除 H_2S。此技术能将气体中的硫含量降到 $0.1mg/m^3$ 以下。

蒸气转化是在催化剂存在及高温条件下，使甲烷与水蒸气反应，生成 H_2、CO 等混合气，由于该反应是强吸热的，需要外界供热。蒸气转化工序的关键设备是主转化炉，它包括辐射段和对流段。原料在进入主转化炉之前需要在预转化炉中进行预转化。预转化不仅可以将天然气中的重碳氢化合物全部转化为甲烷和 CO_2，从而大大降低主转化炉结焦的可能性，还能将原料气中残余的硫全部除去，使转化炉中的催化剂不会发生硫中毒，延长催化剂的使用寿命。

CO 变换是使来自蒸气转化单元的混合气体在装有催化剂的变换炉中进行水煤气反应。CO 进一步与水蒸气反应，从而将大部分 CO 转化为 CO_2 和 H_2。其工艺一般按照变换温度可分为高温变换和中温变换。变换后的气体经冷却后，再经过分离工艺中冷凝液处理后，最终送至氢气提纯工艺。

氢气提纯的方法包括冷凝-低温吸附法、低温吸收-吸附法、变压吸附法（PSA）及钯膜扩散法等。目前氢气提纯普遍使用变压吸附法，它具有能耗低、产品纯度高及工艺流程简单等优点。吸附塔内的吸附剂吸附除氢气以外的其他杂质，从而使氢气得以净化，净化后的氢气纯度可达 99.9%~99.99%。

（2）天然气部分转化法制氢 甲烷部分氧化法（POM）的原理是由甲烷与氧气进行不完全氧化生成 CO 和 H_2。该反应可在较低温度（750~800℃）达到 90%以上的热力学平衡转化，即

$$CH_4+\frac{1}{2}O_2 \rightarrow CO+2H_2$$

采用 POM 制合成气与传统的蒸气转化方法比，具有能耗低、反应快且转化反应快 1~2 个数量级及操作空速大等优势。自 20 世纪 90 年代以来，甲烷部分氧化制合成气已成为人们研究的热点。近年来，虽然采用甲烷 POM 制氢发展较快，但其存在以下问题：高纯廉价氧的来源、催化剂床层的热点问题、催化材料的反应稳定性、操作体系的安全性等，它们都会限制此种制氢工艺的发展。

（3）甲烷自热转化制氢 甲烷自热转化（ATRM）是结合 SRM 和 POM 的一种方法。自热反应的气体有氧气、水蒸气和甲烷。自热转化工艺的化学反应比较复杂，主要有甲烷部分氧化反应、蒸气转化反应及变换反应，即

$$2CH_4+3O_2 \rightarrow 2CO+4H_2O+Q$$

$$CH_4+H_2O \rightarrow CO+3H_2+Q$$

$$CO+H_2O \rightarrow CO_2+H_2+Q$$

Topsoe 公司开发的由两部分组成的 ATRM 反应器将蒸气转化和部分氧化结合在同一个反应器中进行。反应器的上部是燃烧室，用于甲烷的部分氧化燃烧，而甲烷和水蒸气重整在反应器的下部进行。该工艺将上部不完全燃烧释放的热量提供给下部的吸热反应，从而在限制反应器内的最高温度的同时降低了能耗。SRM 是吸热反应，POM 是放热反应，两者结合后存在一个新的热力学平衡。该热力学平衡是由原料气中 O_2/CH_4 和 H_2O/CH_4 的比例决定的，因此 ATRM 反应的关键是最佳的 O_2/CH_4 和 H_2O/CH_4 的比例，这样可以得到最多的 H_2、最少的 CO 和积碳量。自热转化工艺一般采用富氧空气或氧气，因此需要氧气分离装置，导致投资增加，成为制约该工艺发展和应用的主要障碍。目前制氧技术正在迅速发展，其中透氧膜的研究与开发具有重要意义，一旦其开发成功，将会大幅度降低制氧成本，这有利于推动 ATRM 工艺的发展。

（4）甲烷催化裂解制氢 甲烷催化裂解生成碳和氢气，甲烷分解反应是温和的吸热反应，产物气中不含碳氧化合物，避免了 SRM、POM、ATRM 制氢工艺中需要分离提纯氢的工序，从而降低了整个工程的经济成本。近年来，国内外研究者对甲烷催化裂解反应进行了大量研究，但很少有人将其用于大规模的制氢过程，主要是应用于研究甲烷制合成气以及生成碳纳米材料。

甲烷催化裂解/再生循环连续工艺是目前较有前途的工艺，它将甲烷在催化剂床层上的裂解和催化剂的再生相匹配，循环连续地生产 H_2。在甲烷裂解反应中，催化剂的失活是由于 Ni 表面被积碳覆盖引起的。该工艺催化剂再生是利用水蒸气、O_2 和 CO_2 与 C 反应除去积碳，即

$$C+O_2 \rightarrow CO_2$$

$$C+2H_2O \rightarrow CO_2+2H_2$$

$$C+CO_2 \rightarrow 2CO$$

上述三种方法都能完全使催化剂的活性恢复。氧气再生过程比水蒸气再生过程快，但其可能将 Ni 氧化为 NiO 而使催化剂失活。而水蒸气再生过程中的催化剂床层温度较均匀，同时保持催化剂金属 Ni 的形式。

甲烷催化裂解制氢有其自身的优点，制约其发展的主要是适宜甲烷裂解制氢/催化剂再生循环的长使用寿命催化剂的开发。该工艺制氢的同时副产大量的碳，若想获得大规模工业化应用，关键问题在于能否保证产生的碳能够具有特定的重要用途和广阔的市场前景，否则，将限制其规模的扩大。

1.1.2 工业副产氢

当前我国的氢气生产主要在石化、化工、焦化行业，作为中间原料生产多种化工产品，少量作为工业燃料使用。在氢能产业发展初期，依托现有氢气产能提供便捷廉价的氢源，对支持氢能中下游产业发展、降低氢能产业起步难度具有积极意义。工业副产氢气是指现有工业在生产目标产品的过程中生成的氢气，主要形式包括烧碱（氢氧化钠）行业副产氢气、钢铁高炉煤气可分离回收副产氢气、焦炭生产过程中的焦炉煤气可分离回收氢气、石化工业中的乙烯和丙烯生产装置可回收氢气。

1. 焦化副产氢

焦炉气是混合物，随着炼焦配比和工艺操作条件的不同，其组成也会有所变化。焦炉气的主要成分为 H_2（55%~67%，体积分数）和 CH_4（19%~27%，体积分数），其余为少量的 CO（5%~8%，体积分数）、CO_2（1.5%~3%，体积分数）、C_2 以上不饱和烃、氧气、氮气，以及微量苯、焦油、萘、H_2S 和有机硫等杂质。通常焦炉气中的 H_2 含量在55%以上，可以直接净化、分离、提纯得到氢气，也可以将焦炉气中的 CH_4 进行转化、变换后进行提氢，最大限度地获得氢气产品。按照焦化生产技术水平，扣除燃料自用后，每吨焦炭可用于制氢的焦炉煤气量约为 200m^3，焦炉煤气中的氢气含量约为 56%~59%（体积分数）。

在以焦炉煤气为原料制取氢气的过程中广泛采用变压吸附（PSA）技术。小规模的焦炉气制氢一般采用 PSA 技术，只能提取焦炉煤气中的 H_2，解析气返回被回收后可作燃料再利用；大规模的焦炉煤气制氢通常将深冷分离法和 PSA 技术结合使用，先用深冷分离法分离出 LNG，再经过变压吸附提取 H_2。通过 PSA 装置回收的氢含有微量的 O_2，经过脱氧、脱水处理，可得到纯度为 99.999%的 H_2。图 1-4 所示为焦化制氢的工艺流程。

2. 氯碱副产氢

氯碱厂以食盐水为原料，采用离子膜或石棉隔膜电解槽生产烧碱和氯气，同时可以得到副产品氢气。电解直接产生的 H_2 纯度约为 98.5%，含有部分氯气、氧气、氯化氢、氮气及

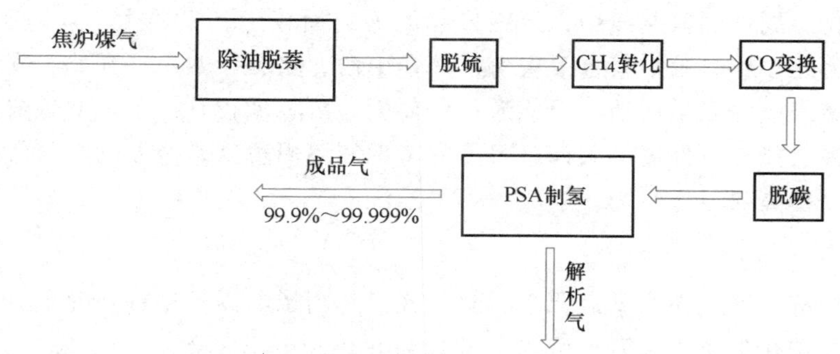

图 1-4 焦化制氢的工艺流程

水蒸气等杂质，把这些杂质去掉，即可制得纯氢。我国氯碱厂大多采用 PSA 技术提氢，获得高纯度氢气后用于生产下游产品。在氯碱工业生产中，每生产 1t 烧碱可副产氢气 280m^3。氯碱工业副产氢的净化回收成本低、环保性能较好、纯度高，经 PSA 等工艺净化回收后，适合作为汽车用燃料电池所需的氢气原料。我国氯碱企业在解决好碱氯平衡的前提下，可以进一步开拓氢气的高附加值路径。

氯碱工业副产氢气未能很好回收利用的主要原因是氢中含有微量氯和少量氧、氮，加上其含水又是饱和状态，容易腐蚀管道、设备，引起爆炸。从电解槽出来的氢气压力低，仅为 1.96kPa，发生的化学反应如下：

$$Cl_2+H_2O \rightarrow HClO+HCl$$

$$HClO \rightarrow HCl+O \text{（初生态氧）}$$

$$3HClO \rightarrow 2HCl+HClO_3$$

由此可知，1 个氯分子能生成 1 个腐蚀性极强的次氯酸分子，而次氯酸又极不稳定，遇光即分解为盐酸和初生态氧，温度稍高时又会生成盐酸和氯酸。氯酸不仅氧化性极强，还会在 40℃时分解并发生爆炸。综上所述，在氧含量较高的氢气流中，氯常扮演导火线的角色，其危害性很大。因此，在设计氯碱工业副产氢气回收流程时，必须考虑避免其危险的发生。

图 1-5 所示为采用变压吸附提纯装置电解氢提取纯氢的工艺流程。首先，原料在一定温度、压力条件下进入原料气缓冲罐，加压后经流量控制进入脱氯系统，脱除原料气中 Cl_2 等杂质组分；其次，原料气经加热器加热后进入脱氧器，脱除其中的氧气，冷凝水分后进入由多台吸附器组成的变压吸附系统；最后，产品氢气被压缩至 16MPa 后输出。经变压吸附提纯后，产品氢气中氢的体积分数可以达到 99.99%。

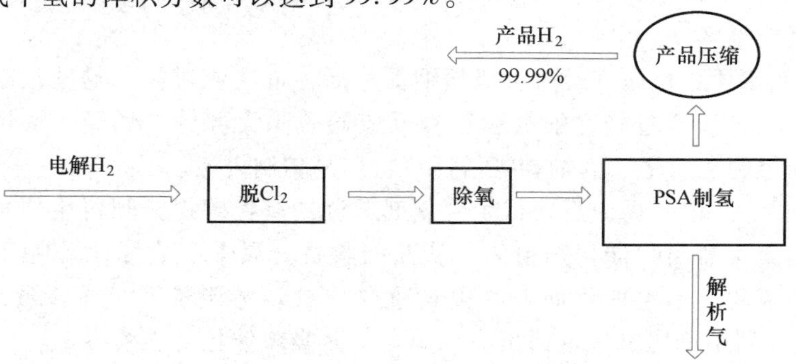

图 1-5 电解氢提取纯氢的工艺流程

在当前的化工副产制氢路线中，氯碱产能的覆盖面较广，主要生产地包括山东、江苏、浙江、河南、河北、新疆及内蒙古等省份，其在山西、陕西、四川、湖北、安徽、天津等地也有分布。氯碱产业主要生产地与氢能潜在负荷中心重叠度较好，是未来低成本氢源的良好选择，尤其是在氢能产业发展导入期，可优先考虑利用周边氯碱企业副产氢气，降低原料成本和运输成本，提高项目竞争力。

3. 丙烷脱氢副产氢

随着我国经济发展，作为基础化工原料，我国对丙烯的需求也在快速上升。工业生产丙烯的主要方式是催化裂解乙烯联产丙烯、催化裂化炼厂气分离等。近年来，随着技术进步，以 Oleflex 和 Catofin 为代表的丙烷脱氢（PDH）技术逐渐成熟并实现工业化应用，在丙烯工业中逐步占据部分市场份额。PDH 是指在高温和催化剂的作用下，丙烷的 C—H 键断裂，氢原子脱离丙烷生成丙烯，同时副产氢气。PDH 尾气经过 PSA 提纯后，可满足燃料电池用氢标准，提纯成本为 0.05～0.1 元/Nm^3。目前，我国共建有 13 个 PDH 项目，还有多个 PDH 项目处于前期工作中。“十四五”期间，我国 PDH 项目的丙烯总产能将突破 1×10^7t/a，副产氢气超过 4×10^5t/a。

丙烷脱氢制丙烯装置的原料大多依赖进口，东部沿海地区具有码头区位优势，因此丙烷脱氢产能大多分布在东部沿海地区（京津冀、山东、江浙、福建、广东）。从产业布局来看，丙烷脱氢产业与氢能产业负荷中心有很好的重叠，丙烷脱氢装置副产氢接近氢能负荷中心，可有效降低氢气运输费用，并且副产氢容易净化，回收成本低，因此丙烷脱氢装置副产氢有望成为氢能产业良好的低成本氢气来源。

（1）Oleflex 工艺 Oleflex 工艺是一个绝热连续工艺，采用移动床反应器，失活催化剂在再生器中再生后可送回脱氢反应器。该工艺主要由原料预处理工段、反应工段、回收精制工段、催化剂再生工段组成，其流程简图如图 1-6 所示。

1）原料预处理工段：原料丙烷经脱汞床、干燥床除去内部的金属化合物汞和水，以保护 Pt 催化剂和设备。丙烷含量 95%以上经过 1 号、2 号脱丙烷塔后，塔顶部丙烷进入反应工段，2 号塔底部回收 C_4 及以上重组分。

2）反应工段：原料丙烷或轻烃经加热后在脱氢反应器内横向穿过催化剂床层进行反应，催化剂在反应器内受到重力作用自上而下流动。反应器采用的是移动床式反应器，由加热炉和反应器交替串联布置，加热炉提供反应所需热能。原料氢烃比约为 1∶1，液化时空速为分子单位，用 Pt-Sn/Al_2O_3 催化剂，氢气作稀释剂，用于抑制结焦和热裂解，并作为载热体维持脱氢反应温度。

3）回收精制工段：反应气经过多级压缩深冷后，依次流过氯化物处理罐和干燥塔，丙烷、丙烯等被送入 SHP（选择性加氢脱氧）反应器脱除大部分二烯烃、炔烃，以得到聚合级丙烯产品，通过脱乙烷塔、丙烯精制塔后可得产品精制丙烯。

4）催化剂再生工段：反应后，待生催化剂通过二氧化碳提升到再生器顶部料斗，含有催化剂的粉尘由集尘器回收催化剂粉末，从而回收贵金属 Pt。在重力作用下，待生催化剂在再生器中向下流动，待生催化剂上的积炭通过与二氧化碳和氧气［含量约 1%（体积分数）］烧焦再生，利用增压氢气返回反应系统，从而实现催化剂连续再生。

Oleflex 工艺的特点是采用移动床反应器、技术成熟、催化剂能连续再生，缺点是采用

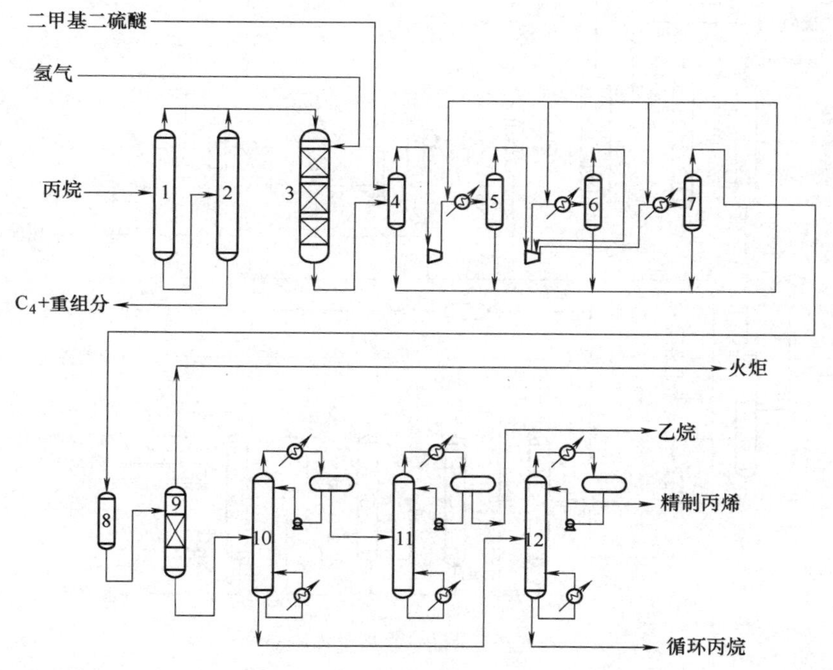

图 1-6 Oleflex 工艺流程简图

1—1 号脱丙烷塔 2—2 号脱丙烷塔 3—丙烷脱氢反应器 4—产品气体压缩机入口罐 5—产品压缩机一级罐 6—产品压缩机二级罐 7—氯化物处理罐 8—干燥塔 9—SHP 反应器 10—脱乙烷塔 11—脱乙烷精馏塔 12—丙烯精制塔

贵金属铂系催化剂、对原料丙烷要求高及需要预处理。

（2）**Catofin 工艺** Catofin 工艺是 ABB Lummus 公司开发的 C_3 ~ C_5 烷烃脱氢生产单烯烃技术。它采用逆流流动固定床技术，使反应器中的空气向下流动、烃类向上流动，低碳烷烃在铬催化剂床层上进行脱氢生产丙烯；催化剂的使用寿命为 2~3 年。该工艺主要包括丙烷脱氢、产品气体压缩、回收、精制四个工段，其工艺流程简图如图 1-7 所示。

原料丙烷与循环丙烷混合后，先经原料气化器脱除重组分（主要为原料中 C_4 以上的组分），然后加热到脱氢反应需要的温度，进入脱氢反应器，在催化剂作用下发生脱氢反应。脱氢反应器排出料（生成气）经冷却、压缩及干燥后，气相组分为轻质气，主要成分为反应生成的氢气及原料中 C_2 以下组分，送去 PSA 单元制氢气；液相组分主要为反应生成的丙烯及未反应的丙烷，进入产品分离塔进一步精制后得到精制丙烯。

由于 Catofin 工艺使用非贵金属催化剂，反应在真空条件下进行，没有氢的再循环和蒸汽稀释，单程转化率最高（40%~45%），可以降低能耗和操作费用；采用多个平行固定床反应器循环操作的连续工艺过程，开车迅速，操作可靠，在线率高；催化剂配合使用生热材料（Heat Generation Material，HGM）提高选择性、延长催化剂使用寿命，其特点是采用廉价的铬系催化剂，不需要对原料进行预处理，原料适用范围广。

上述两种丙烷脱氢制丙烯工艺大体相同，区别只在于脱氢和催化剂再生部分。

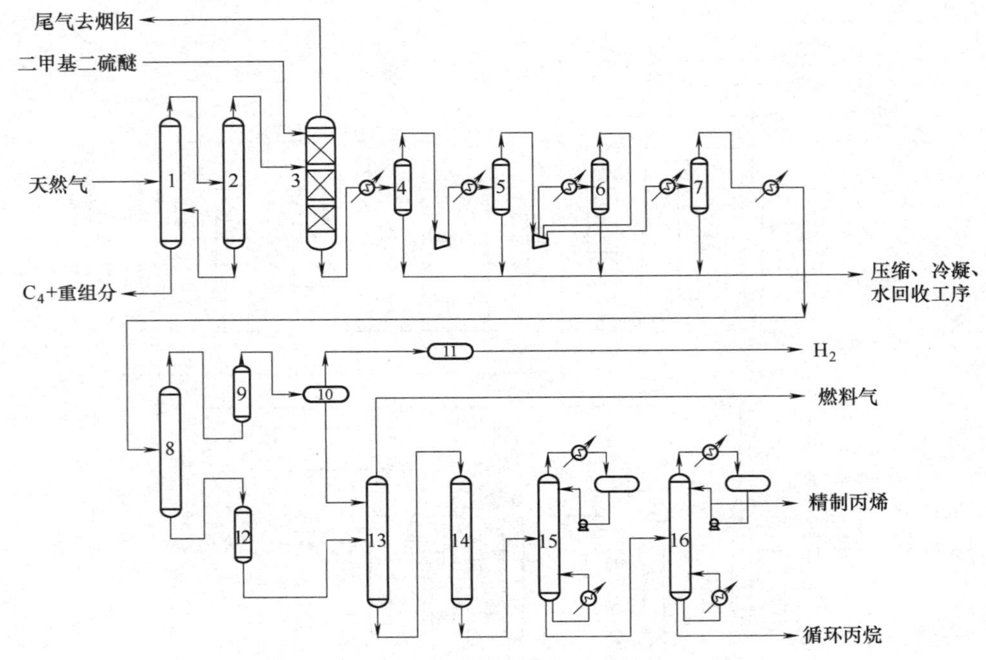

图 1-7　Catofin 工艺流程简图

1—脱油塔　2—气化器　3—脱氢反应器　4—产品气体压缩机入口罐　5、6、7—级间缓冲罐　8—干燥缓冲罐　9—气体干燥器　10—缓冲罐　11—PSA 多级压缩　12—液体干燥器　13—脱乙烷塔　14—脱硫床　15—丙烷丙烯分馏塔　16—丙烯精制塔

1.1.3　光解制氢

光解水制氢技术始自 1972 年，由日本东京大学 Fujishima A 和 Honda K 两位教授首次报告了 TiO_2 单晶电极光催化分解水产生氢气这一现象，从而揭示了利用太阳能直接分解水制氢的可能性，开辟了利用太阳能光解水制氢的研究道路。随着电极电解水向半导体光催化分解水制氢的多相光催化（heterogeneous photocatalysis）的演变和 TiO_2 以外的光催化剂的相继发现，兴起了以光催化方法分解水制氢（简称光解水）的研究，并在光催化剂的合成、改性等方面取得了较大进展。

光催化反应可以分为两类，即“降低能垒”（down hil1）和“升高能垒”（up hil1）反应。光催化氧化降解有机物属于降低能垒反应，此类反应的 $\Delta G<0$，反应过程不可逆，在光催化剂的作用下引发生成 O^{2-}、HO^{2-}、OH^- 和 H^+ 等活性基团；水分解生成 H_2 和 O_2 则是升高能垒反应，此类反应的 $\Delta G>0$（$\Delta G=237kJ/mol$），可以将光能转化为化学能。要使水分解释放出氢气，热力学要求作为光催化材料的半导体材料的导带电位比氢电极电位 EH^+/H_2 稍负，而价带电位比氧电极电位 EO_2/H_2O 稍正。光解水的原理：光辐射在半导体上，当辐射的能量大于或相当于半导体的禁带宽度时，半导体内的电子受激发从价带跃迁到导带，空穴则留在价带，导致电子和空穴发生分离，然后分别在半导体的不同位置将水还原成氢气或者将水氧化成氧气。Khan 等提出了作为光催化分解水制氢材料需要满足的条件：高稳定性，不产生光腐蚀；价格便宜；能够满足分解水的热力学要求；能够吸收太阳光。

“蓝氢”和“绿氢”这两个术语的使用通常与氢的生产方式有关。对于使用天然气制造的氢，其工艺中采用了碳捕获、利用和存储（CCUS）技术，这一工艺通常被称为蓝氢的制造方法之一。当采用电解水的方法制氢时，其制造工艺由低碳能源（如太阳能、风能、水能）提供动力，这一工艺通常被称为绿氢的制造方法。虽然蓝氢和绿氢已被普遍使用，但二者并没有公认的定义。

氢能的应用领域和场景具有很强的多样性，除了用作燃料，还可作为原料应用于多个领域进行深度脱碳，主要包括工业原料、工业供热、交通运输、住宅取暖、发电等。其中，氢能是实现交通运输、工业和建筑等领域大规模深度脱碳的最佳选择。氢气主要消费途径如图1-8所示，2030年绿氢应用场景及需求预测如图1-9所示。

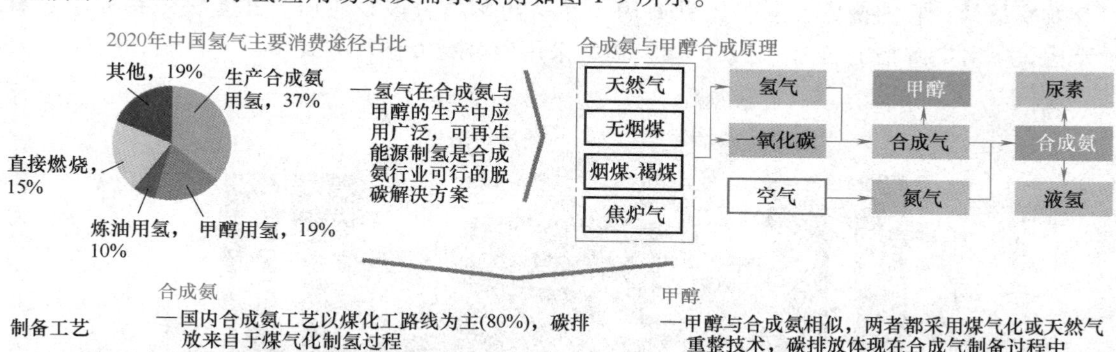

	合成氨	甲醇
制备工艺	—国内合成氨工艺以煤化工路线为主(80%)，碳排放来自于煤气化制氢过程	—甲醇与合成氨相似，两者都采用煤气化或天然气重整技术，碳排放体现在合成气制备过程中
CO_2排放规模	—国内合成氨二氧化碳排放量约在亿吨级别，占国内碳排放总量约2%	—CO_2排放量约为2亿t，与合成氨排碳量水平相当
绿氢应用前景	—若未来合成氨年产量保持约为5000万t水平，合成氨对于绿氨一年的需求量约为900万t左右	—可使用绿氨来平衡煤制甲醇或天然气制甲醇过程的氢碳比 —绿氢盈亏平衡点须达到与灰氢平价的水平
绿氢规模化替代	—2030年左右	—2030年左右
评论	—合成氨工业是一个必需但又高耗能、高排放的工业，绿氢替代将带来合成氨行业的深度脱碳	—推动液态阳光甲醇规模化(万t至百万t级)合成的工业化示范试点，并通过项目补贴等手段鼓励绿氢替代技术的研发和应用

图 1-8 氢气主要消费途径

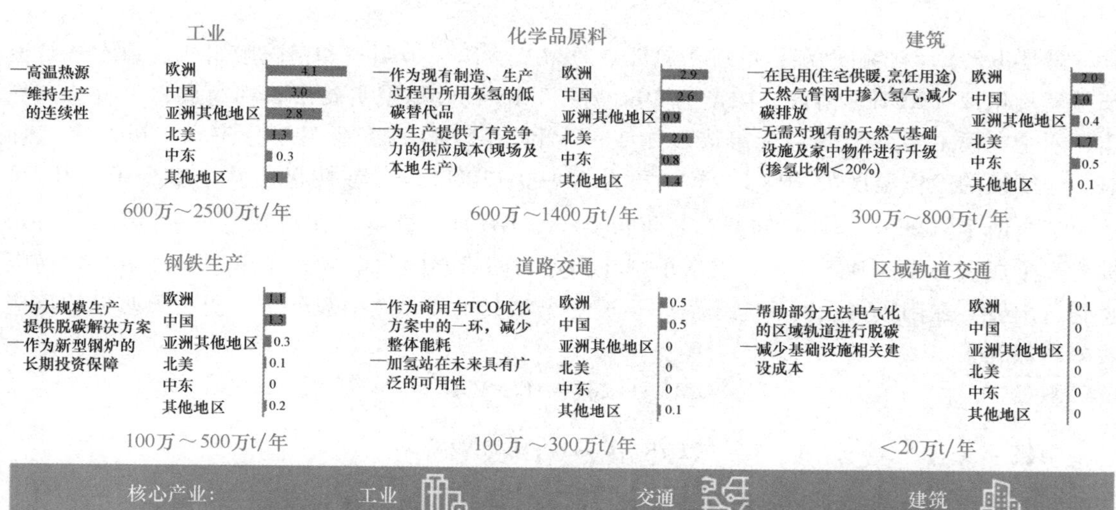

图 1-9 2030 年绿氢应用场景及需求预测

注：图中各数值均为所消耗的氢气量（单位为万 t/年）。

1.1.4 电解水制氢

电解水制氢是一种较为方便的制取氢气的方法。在充满电解液的电解槽中通入直流电，水分子在电极上发生电化学反应，分解成氢气和氧气。由于对氢能源研究的日益深入，电解水技术也得到了迅猛发展。发展至今，已有三种不同种类的电解槽，分别为碱性电解槽、聚合物薄膜电解槽和固体氧化物电解槽，电解效率也得以不断提高。

1. 碱性电解槽

碱性电解槽是发展时间最长、技术最为成熟的电解槽，具有操作简单、成本低的优点，但其效率最低，它的槽体示意图如图 1-10 所示。电解槽一般采用压滤式复极结构或箱式单极结构，每对电解槽电压为 1.8~2.0V，通常采用混合碱液循环方式。

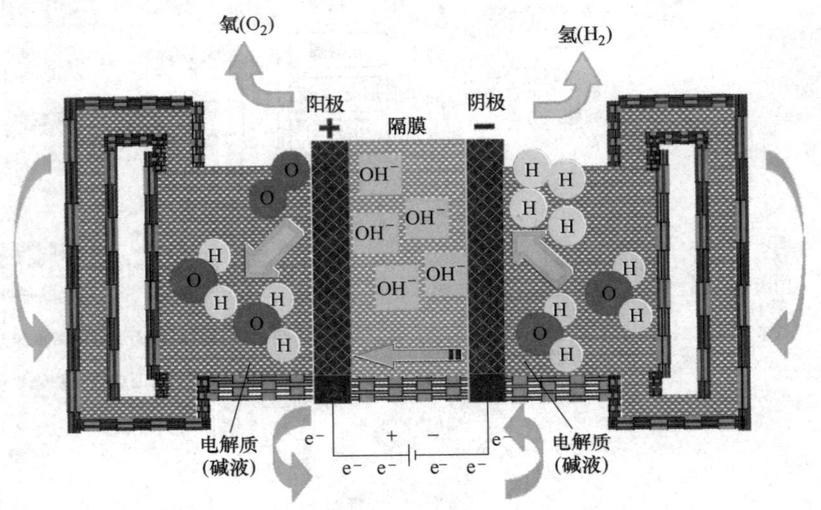

图 1-10 碱性电解槽的槽体示意图

碱性电解槽主要由电源、电解槽箱体、电解液、阴极、阳极和横隔膜组成。通常电解液都是氢氧化钾（KOH）溶液，浓度为 20wt%~30wt%；横隔膜主要由石棉组成，负责分离气体；两个电极主要由金属合金组成，如 Ni-Mo 和 Ni-Cr-Fe，主要用于分解水，以产生氢和氧。电解槽的工作温度为 70~100℃，压力为 100~3000kPa。在阴极，两个水分子（H_2O）被分解为两个氢离子（H^+）和两个氢氧根离子（OH^-），氢离子在得到电子生成氢原子后，进一步生成氢分子（H_2）；氢氧根离子则在阴极与阳极之间的电场力作用下穿过多孔的横隔膜到达阳极，在阳极失去两个电子后，生成一个水分子和 1/2 个氧分子。阴、阳两极的反应式分别如下：

阴极
$$2H_2O+2e^- \rightarrow H_2+2OH^-$$

阳极
$$2OH^- \rightarrow \frac{1}{2}O_2+H_2O+2e^-$$

目前广泛使用的碱性电解槽结构主要有两种：单极式电解槽和双极式电解槽。

电极材料的使用寿命和能耗是衡量碱性电解槽优劣的关键因素。目前，国内外广泛采用镍、镍网或镍合金作为碱性电解槽阴极的活化涂层。贵金属氧化物，如 RuO_2、IrO_2 和 RhO_2

等具有较好的氧催化活性，但其在碱性介质中的耐腐蚀性较差，价格也昂贵。除了贵金属，钴、锆、钒、镍等金属也具有较高的氧催化活性，其中镍以具有很好的耐腐蚀性、价格便宜等优势在电解槽阳极材料中获得较为广泛的应用。另外，具有尖晶石结构的氧化物，如 $NiCo_2O_4$、$CoFeO_4$ 等复合金属氧化物也可用于碱性电解槽阳极的制备。

除了阴、阳两极的电极材料，隔膜质量的好坏也直接关系到氢气和氧气的纯度和电耗问题。理想的电解隔膜应满足以下条件：能使离子透过，但气体分子无法透过；隔膜的物理化学性质均一，力学性能良好；导电性好；耐蚀性好等。在水电解工业中应用最广的是石棉隔膜，但是石棉隔膜的溶胀性和化学稳定性差、使用寿命短，加上自身的毒性问题，导致它的应用越来越受到限制。于是一些改性的石棉隔膜应运而生，如聚四氟乙烯树脂改性石棉隔膜，经测定，该隔膜的耐蚀性和力学性能都有提高。美国的 Oxytech 公司于 20 世纪 80 年代初开始研究非石棉膜，主要物质为高聚物/无机物复合纤维，所用的高分子主要为含氟或含氯的聚合物。聚砜类材料也是应用较早的一种隔膜材料，它不仅具有优良的力学性能，还有耐高温、耐酸碱腐蚀、价格低廉等优点，因而使用较为广泛。此外，还有聚苯硫醚隔膜等。

碱性电解槽结构简单、操作方便、价格较便宜，比较适用于大规模的制氢，但缺点是效率不够高，一般为 70%～80%。为了进一步提高电解槽的效率，又研发出聚合物薄膜（PEM）电解槽和固体氧化物电解槽。

2. 聚合物薄膜（PEM）电解槽

PEM 水电解技术的特点在于它用一种可以使质子透过而无法使气体透过的有机物薄膜代替了传统碱性电解槽中的隔膜和电解质，从而使电解槽的体积大大缩小。PEM 电解槽的结构与 PEM 燃料电池基本相同，其核心部件也为 MEA，即由质子交换膜和分布两侧的由催化剂构成的多孔电极组成。为了增加 MEA 的纵向传输能力，扩大反应空间，有的科研单位制作的 MEA 还具备扩散层及附着于催化层两侧的导电多孔层。MEA 的两端有水和气体流通的通道，即流场，刻有流场的流场板还起到集电的作用，流场板的两侧为绝缘板和起支撑作用的端板，如图 1-11 所示。

PEM 电解槽主要由两电极和聚合物薄膜（质子交换膜）组成，质子交换膜通常与电极催化剂制成一体化结构（Membrane Electrode Assembly，MEA）。在这种结构中，以多孔的铂材料作为催化剂结构的电极紧贴在交换膜表面。薄膜由 nafion 组成，包含 SO_3H，水分子在阳极被分解为氧和 H^+，而 SO_3H 很容易分解成 SO_3^- 和 H^+，H^+ 和水分子结合生成 H_3O^+，在电场作用下穿过薄膜到达阴极，在阴极生成氢。PEM 电解槽不需要电解液，只需要纯水，比碱性电解槽安全、可靠。使用质子交换膜作为电解质具有高的化学稳定性、质子传导性，以及良好的气体分离性等优点。由于较高的质子传导

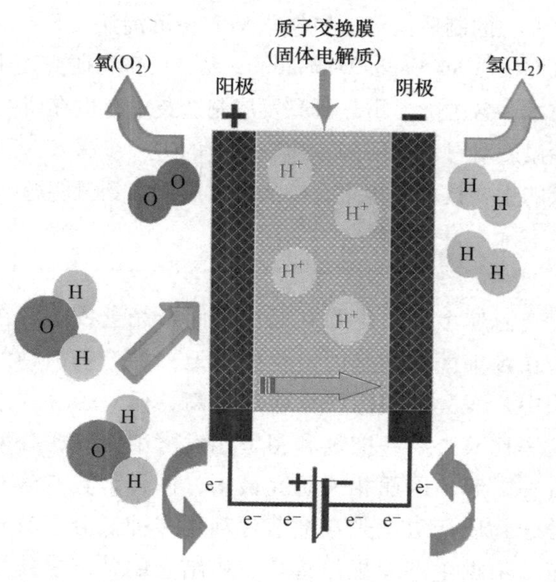

图 1-11　PEM 电解槽结构示意图

性，PEM 电解槽可以工作在较高的电流下，从而提高了电解效率。此外，由于质子交换膜较薄，减小了电阻损失，也提高了系统的效率。目前，PEM 电解槽的效率可以达到 85%或以上，但因在电极处使用铂等贵重金属且 nafion 也是很昂贵的材料，故 PEM 电解槽还难以投入大规模的使用。为了进一步降低成本，当前的研究主要集中在如何降低电极中贵重金属的使用量和寻找其他质子交换膜材料上。有机材料如 Poly［bis(3-methyl-phenoxy) phosphazene］和无机材料如 SPS，都经过实验证明具有和 nafion 很接近的特性，但成本比 nafion 低，因此可以考虑作为 PEM 电解槽的质子交换膜。随着研究的进一步深入，有望找到更合适的质子交换膜，并且随着电极贵金属用量的减少，PEM 电解槽的成本将会大大降低，从而成为主要的制氢装置之一。

3. 固体氧化物电解槽

固体氧化物电解槽于 1960 年首次提出，从 1980 年开始发展，目前还处于早期发展阶段。由于其工作在高温下，部分电能由热能代替，效率很高，但成本不高，其结构如图 1-12 所示。

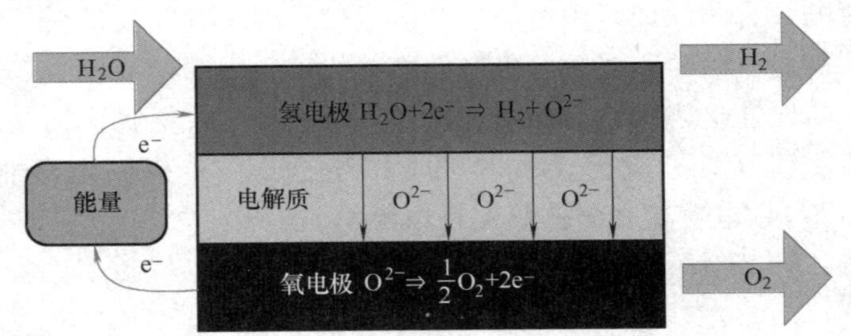

图 1-12　固体氧化物电解槽结构示意图

高温水蒸气进入管状电解槽后，在其内部的负电极处被分解为 H^+ 和 O^{2-}，H^+ 得到电子生成 H_2，O^{2-} 则通过电解质 ZiO_2 到达外部的阳极，生成 O_2。目前，固体氧化物电解槽的效率比上述两种电解槽的效率都高，加上其反应的废热可以通过汽轮机、制冷系统等得到利用，总效率可达 90%，但因工作在高温下（1000℃），它也存在材料和使用方面的一些问题。适合作为固体氧化物电解槽的材料主要是 YSZ（Yttria-stabi-lized zirconia）。这种材料并不昂贵，但其制造工艺较贵，使得固体氧化物电解槽的成本高于碱性电解槽。其他比较便宜的制造技术，如电化学气相沉淀法（Electrochemical Vapor Deposition，EVD）和喷射气相沉淀法（Jet Vapor Deposition，JVD）正在研究之中，有望成为未来固体氧化物电解槽的主要制造技术。各国除了重点研究发展制造技术，也在研究中温（300~500℃）固体氧化物电解槽，以减少温度对材料的限制。随着研究的进一步深入，固体氧化物电解槽将和质子交换膜电解槽成为制氢的主要技术，构建一座从可再生能源到氢能源的桥梁。

1.1.5　生物制氢

总体上讲，生物制氢技术尚未完全成熟，在大规模应用之前尚需深入研究。研究大多集中在纯细菌和细胞固定化技术上，如产氢菌种的筛选及包埋剂的选择等，在这些生物制氢方法中，发酵细菌的产氢速率最高，而对条件要求最低，具有直接应用前景；光合细菌的产氢速率比藻类高，能量利用率比发酵细菌高，并能将产氢与光能利用、有机物的去除有机地耦合在一起，因而相关研究最多，同样是具有潜在应用前景的一种方法。非光合生物可降解大分子物质产氢，光合细菌可利用多种低分子有机物光合产氢，而蓝细菌和绿藻可光裂解水产氢，依据生态学规律将其有机结合的共产氢技术已引起人们的研究兴趣。混合培养技术和新生物技术的应用，将使生物制氢技术更具有开发潜力。不同生物制氢方法的比较见表 1-1。

表 1-1 不同生物制氢方法的比较

生物制氢方法	产氢效率	转化底物类型	转化底物效率	环境友好程度
光解水制氢	低	水	低	需要光,对环境无污染
光发酵制氢	较高	小分子有机酸、醇类物质	较高	可利用各种有机废水制氢,制氢过程需要光照
暗发酵制氢	高	葡萄糖、淀粉、纤维素等碳水化合物	高	可利用各种工农业废弃物制氢,发酵废液在排放前需要处理
光发酵和暗发酵耦合制氢	最高	葡萄糖、淀粉、纤维素等碳水化合物	最高	可利用各种工农业废弃物制氢,在光发酵过程中需要氧气

1. 光解水制氢

光解水制氢是指微藻及蓝细菌以太阳能为能源，以水为原料，通过光合作用及其特有的产氢酶系，将水分解为氢气和氧气。此制氢过程不产生 CO_2。蓝细菌和绿藻均可光裂解水产生氢气，但它们的产氢机制不同。蓝细菌的产氢分为两类：固氮酶催化产氢和氢酶催化产氢，绿藻则是在光照和厌氧条件下由氢酶催化产氢。

2. 光发酵制氢

光发酵制氢是指光合细菌利用有机物通过光发酵作用产生氢气。有机废水中含有大量可被光合细菌利用的有机物成分，利用牛粪废水、精制糖废水、豆制品废水、乳制品废水、淀粉废水、酿酒废水等作底物进行光合细菌产氢的研究较多。光合细菌利用光能，催化有机物厌氧酵解产生的小分子有机酸、醇类物质作为底物的正向自由能反应而产氢。利用有机废水产生氢气要解决污水的颜色（颜色深的污水减少光的穿透性）、污水中的铵盐浓度（铵盐能够抑制固氮酶的活性，从而减少氢气的产生）等问题。若污水中的 COD（化学需氧量）值较高或含有一些有毒物质（如重金属、多酚、多环芳烃），在制氢前必须进行预处理。

3. 暗发酵制氢

暗发酵制氢是指异养型厌氧细菌利用碳水化合物等有机物，通过暗发酵作用产生氢气。工农业生产中的废弃物若不经过处理直接排放，会对环境造成污染。暗发酵制氢以造纸工业废水、发酵工业废水、农业废料（秸秆、牲畜粪便等）、食品工业废液等为原料进行生物制氢，既可获得洁净的氢气，又不会额外消耗大量能源。在大多数的工业废水和农业废弃物中，存在大量的葡萄糖、淀粉、纤维素等碳水化合物，淀粉等高分子化合物可降解为葡萄糖等单糖，而葡萄糖是一种容易被利用的碳源。

4. 光发酵和暗发酵耦合制氢

光发酵和暗发酵耦合制氢，比单独使用一种方法制氢具有很多优势。将两种发酵方法结合在一起，相互交替，相互利用，相互补充，可提高氢气的产量。

1.1.6 国内外研究进展

1. 美国

美国 HyperSolar 公司正在开发一种具有成本效益和变革性的纳米颗粒光催化制氢系统，

如图 1-13 所示。该系统试图通过光吸收材料、催化剂和系统工程的创新来解决现有技术对耐久性的限制，进而提升氢气生产效率并降低系统成本。每个纳米粒子都是一个完整的制氢单元，数十亿个纳米太阳能电池以阵列的形式封装在 $1cm^2$ 的保护层内，极大增加了纳米粒子的光电压，从而提高了太阳能制氢（Solar-To-Hydrogen，STH）效率。结构化的纳米尺寸设计同时使得系统材料和制造成本大大降低。接下来，该公司希望利用其专有的稳定涂层和催化剂，以及封装在带有水的面板——“制氢面板”中来实现完全可再生制氢系统的量产。

图 1-13 HyperSolar 纳米颗粒光催化制氢系统

2. 日本

1972 年，日本的 Fujishima 和 Honda 教授首次报告了用 TiO_2 进行光催化水分解产生氢气的过程，开启了光解水研究的序幕。经过数十年的研究，日本涌现出九州大学、东京大学等多个优秀的光解水制氢研究团队。

日本东京大学 Kazunari Domen 教授团队基于改良的铝掺杂钛酸锶（$SrTiO_3$/Al）光催化剂，将先前发展的 $1m^2$ 面板反应器系统拓展为 $100m^2$ 的光催化分解水制氢系统，成功实现了安全且“大规模”的光催化水分解、气体收集及分离。该系统能稳定运行数月，使用膜分离技术（聚酰亚胺膜）从湿润混合气体中回收氢气，最大 STH 效率为 0.76%。相关成果发表在 *Nature* 杂志上，引起了媒体的关注。

3. 欧洲国家

德国、法国、英国均重视光解水制氢研究。受德国联邦教育和研究部（BMBF）资助，在弗劳恩霍夫太阳能系统研究所牵头的联合科研项目 H_2Demo 中。该项目开发了可扩展的光伏-光电耦合光解水制氢示范模块（图 1-14），用于大型光伏-光电耦合光解水制氢集成式反应器。该项目中的反应器由弗劳恩霍夫太阳能系统研究所研究的 GaInP/AlGaAs/Si 三重光吸收层和慕尼黑技术大学通过原子层沉积方法合成的超薄顺理 TiO_2 保护层组成，首次在辐照强度为 $1000W/m^2$ 的实验中，饱和电流密度超过 $7.5mA/cm^2$，STH 效率达到 9.2%。该项目计划在 2026 年验收时，光伏-光电耦合制氢模块的目标尺寸达到 36cm×36cm，STH 效率>15%。

图 1-14 H_2Demo 光伏-光电耦合光解水制氢示范模块

4. 中国

西安交通大学是我国国内最早开启太阳能光催化分解水制氢研究的团队之一，率先建立了首个直接太阳能连续流规模化制氢示范系统。该系统稳定运行超过

200h，同时制定了 GB/T 26915—2011《太阳能光催化分解水制氢体系的能量转化效率与量子产率计算》。

中国科学院大连化学物理研究所李灿研究团队一直在探索太阳能制氢规模化应用的示范。该团队借鉴农场大规模种植庄稼的思路，提出并验证了基于粉末纳米颗粒光催化剂体系的太阳能规模化分解水制氢的“氢农场”（Hydrogen Farm Project，HFP）策略（图 1-15），其 STH 效率超过 1.8%，成为目前国际上报道的基于粉末纳米颗粒光催化分解水 STH 效率的最高值。

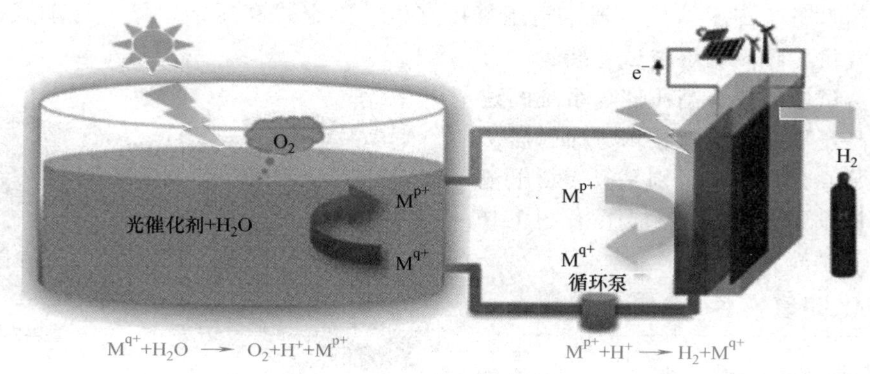

图 1-15　太阳能规模化分解水制氢的“氢农场”策略示意图

1.2 氢能存储

氢气具有强可燃性和爆炸性，因此在其应用储存的过程中需要较高的安全技术。目前成熟的储氢技术主要包括高压气态储氢、液化储氢、金属氢化物储氢及复合储氢等，与其他储氢技术相比有着较好的安全性和可行性。高压气态储氢在我国应用比较成熟，液氢技术则在美国应用较多，而金属氢化物的安全性较高。按储氢原理可以分为物理储氢和化学储氢，物理储氢可以分为液化储氢、高压储氢、低温压缩储氢等；化学储氢分为活性炭吸附储氢、有机液氢化物储氢、碳纤维和碳纳米管储氢、无机物储氢及金属氢化物储氢等。

1.2.1 高压气态储氢

自然形态下最常用、最简单的氢气储存方法是高压气态储氢。高压气态储氢是指通过高压压缩方式来储氢，通常使用氢气罐。其优点是储存耗能低、成本低、充放气快，在常温下可以直接放气，即使是在零下几十度的环境中，它依旧能够正常工作，并且通过减压阀可以直接调控氢气的释放，简单易行。高压气态储氢是目前较为成熟的储氢方法。

增大罐内的储存压力是提高储氢容量的有效方式，也是当前的发展方向。高压储氢的发展主要有三个阶段，分别为金属储氢容器、金属内衬纤维缠绕储氢容器、全复合储氢容器。轻质高压储氢容器的主要发展方向是全复合纤维缠绕结构，各层设有不同作用的多层压力容器，分别由内衬、过渡层、纤维增强层、外层纤维保护层组成。其中，内衬不需要承担压力载荷，能够有效防止容器内的氢气外渗，在选择高压储氢内衬材料时，应选用质轻、易成型的材料。这样不仅可以减缓内衬与纤维增强层之间产生的切应力，提高二者的整体性，还能对纤维增强层起到固定作用，可以有效防止纤维脱落。该容器承受外部载荷的主要部分是纤维增强层，因此它应该具有高强度、高模量、高比强度、耐高温等性能，并需要抗腐蚀能力和耐高、低温等能力。外层纤维保护层的主要作用是保护脆性的纤维，同时承受相应的额外强度。

高压气态储氢的缺点是储氢密度较低，需要高压环境，对储氢材料要求较高，易泄漏，储存成本较高。

我国已经具备了高压储氢容器、高压氢压缩机、固定式高压加氢站、移动式高压加氢站、高压加气机、超高压爆破试验装置、大容积高压疲劳试验装置等高压储氢系统的建造能力，在高压储氢、加氢技术方面已居于世界先进水平，为氢能，特别是氢燃料电池汽车的发展提供了有力的技术支撑。图 1-16 所示为高压气罐简图。

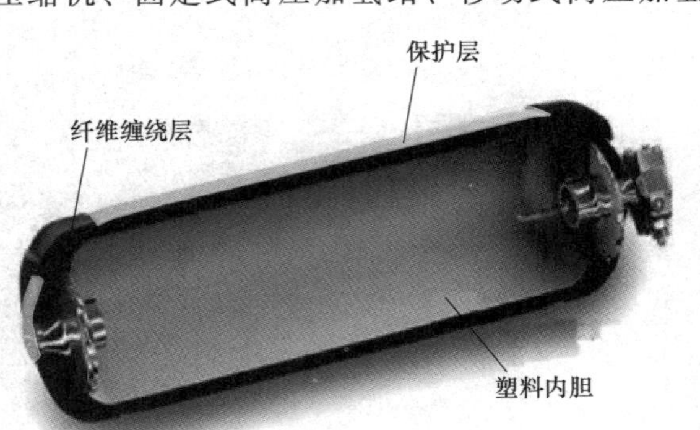

图 1-16　高压气罐简图

1.2.2　液化储氢

液氢的密度是常温、常压下气态氢的 845 倍，体积密度是压缩储存体积密度的几倍。液化储氢将氢压缩并深冷至 21K，使其液化后，将其保存进特制的绝热真空容器中。与高压气态储氢相比，在同一体积下，它的储氢质量会大幅度提高。因此，从质量密度与体积密度角度考虑，液氢是一种比较理想的好的储氢方式。但是液化储氢有两大技术难点：一是液氢储存容器的隔热问题，因为储液氢罐内的温度与外界温度相差较大，为了有效控制罐内氢的蒸发损耗，保证储液氢罐的安全性（主要指抗冻、承压），对储液氢罐的材料及安全设计都有较高的要求；二是液化氢时压力较大，在将其液化的过程中所消耗的能量占利用氢能所得到的能量的 30%，导致液氢的经济性降低。

液化储氢罐是液化储氢的关键，一般可以将液化储氢罐分成内外两层。内层采用铝合金或者不锈钢等材料，通过支撑物，设置在外层壳体的中心，其内装有 20K 的液氢。支撑物由玻璃纤维制成，具有良好的绝热性。在内外层之间填充多层镀铝涤纶薄膜，可以有效减少热辐射，在薄膜之间放置绝热纸，可以增加热阻并吸附残余气体。将夹层内的气体全部抽走，产生真空形态，可有效避免真空中气体对流漏热。与此同时，将液体注入管和气体排放管同轴并采用热导率很小的材料制作，使其盘绕于夹层内部，可以有效降低管道的热量损失，图 1-17 所示为液化储氢罐，图 1-18 所示是液化储氢系统。

图 1-17　液化储氢罐

液氢储存的储量大小与其所带来的经济性密切相关。例如，储氢量较大时，储氢成本会降低，经济性更好。对于容积较小的储氢罐（<100L），一般使用真空绝热或加液氮真空绝热，它的质量分数损失大概是

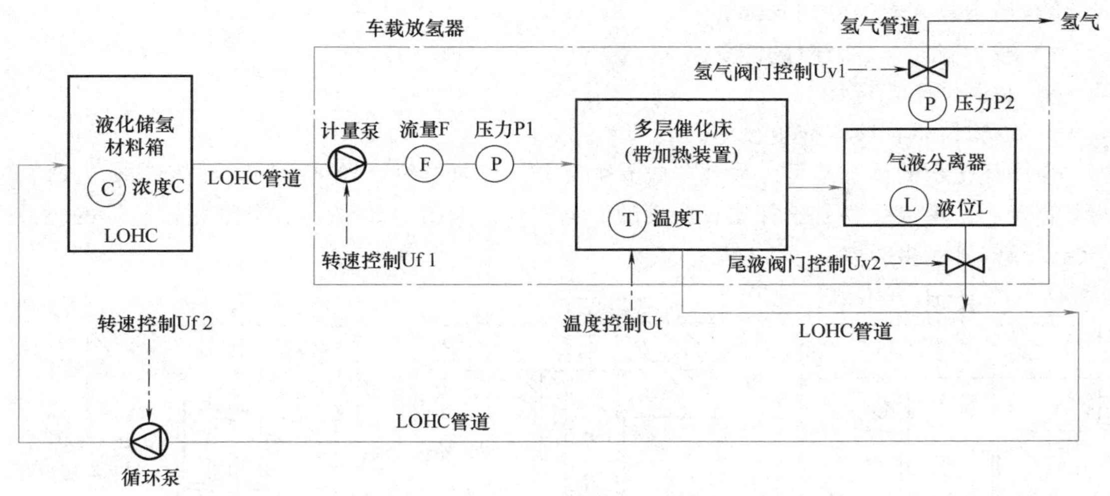

图 1-18　液化储氢系统

0.4%/天；对于大型储罐，质量分数损失为（1%~2%）/天。

1.2.3　金属氢化物储氢

金属氢化物以固定的形式储存氢气（常温、常压），与气态、液态储存氢相比其安全性高，储氢密度更高，储氢量更大。这些优点使得金属氢化物储氢比上述两种储氢方法更适合应用于车载燃料电池和镍氢电池等。

金属氢化物与氢之间离解化学吸附：

$$M+\frac{x}{2}H_2 \Leftrightarrow MH_x$$

金属氢化物与电化学分解水的反应：

$$M+\frac{x}{2}H_2O+\frac{x}{2}e^- \Leftrightarrow MH_x+\frac{x}{2}OH^-$$

式中，M 代表金属，可以把它看成溶液，其中氢原子为溶质，金属原子为溶剂。事实是只有一部分氢原子被吸附，形成了金属固溶体 α 相；随着时间流逝，氢原子进一步被吸收，金属固溶体 α 相逐渐变成金属化合物 β 相。吸氢、储氢容量的大小由晶胞体积、吸放氢步骤、相组成、晶体状态和晶体大小等金属氢化物方面的性质决定。可以说金属氢化物储氢就是利用金属氢化物的储氢材料吸收或释放氢，也就是该材料与氢气反应形成金属氢化物来吸氢，之后对金属氢化物加热使其放氢。金属氢化物储氢有储氢质量密度比大、安全性好、可逆循环、氢气纯度高、氢气体积比大等优点，但它也存在一些问题：金属氢化物的粉末会流动，吸入氢气后体积膨胀使得装置变形；金属氢化物的粉末导热性差，使得装置内部热传递较为缓慢，影响吸放氢效率。

虽然金属氢化物储氢的安全性要高于气态储氢和液化储氢，但是将金属氢化物储氢商业化还为时尚早，需要思考以下问题：

1）提高单位质量和体积的吸氢容量。

2）能够在较低温度和压力下分解。

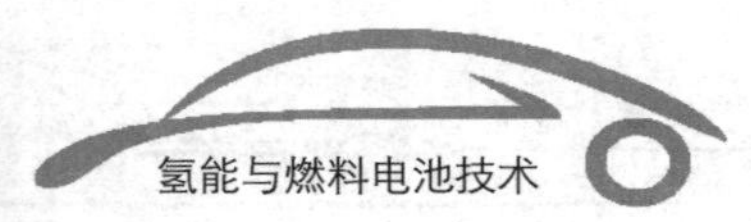

3）减少放氢时需要的热量。

4）减少吸氢与放氢时的能量损失。

5）提高动态稳定性。

6）有效降低回收与充电设施的成本。

金属氢化物的储氢罐可以大致分成五个部分：储氢材料、导气机构、导热机构、阀门及储氢容器。金属氢化物有三种比较典型的储氢结构，如图 1-19 所示，分别是圆柱形的空腔、空腔内导气管、多腔室。

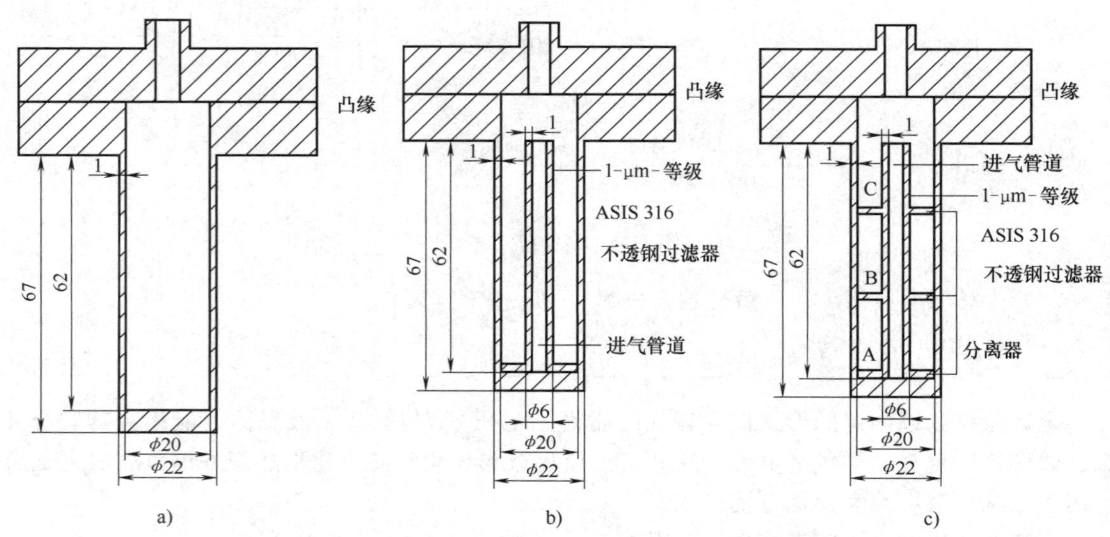

图 1-19　金属氢化物储氢结构示意图

a）圆柱形的空腔　b）空腔内导气管　c）多腔室

1.2.4　复合储氢

上文介绍的三种储氢方法都存在问题，为了有效解决和应对这些问题，考虑将两种储氢方法相结合，复合储氢应运而生。下面以低温高压储氢技术和高压金属氢化物储氢技术两种复合储氢技术为例进行介绍。

1. 低温高压储氢技术

低温高压储氢技术是将高压气态储氢与液化氢相结合，使液化氢在高压下的储氢密度增加。例如，对于温度为 21K 的液氢，当压力从 101. 3kPa 增加到 24008kPa 时，液氢的密度由 70g/L 上升到 87g/L，储氢的质量分数和体积分数都会显著提高。加利福尼亚州的劳伦斯利沃莫尔国家实验室已研制出新型的低温高压液态储氢罐，如图 1-20 所示，其尺寸为直径 58cm，长 129cm。容器内部是铝衬里，罐外被碳纤维缠绕。在容器内有高反射率的金属化塑料及不锈钢制成的外护套填充，并且两者之间为真空。该罐被用在混合动力车上测试，结果显示它可以有效维持 6 天不泄氢，高于现在使用的储氢罐。

2. 高压金属氢化物储氢技术

高压金属氢化物储氢技术将高压气态储氢与金属氢化物储氢相结合。一般轻质的高压储

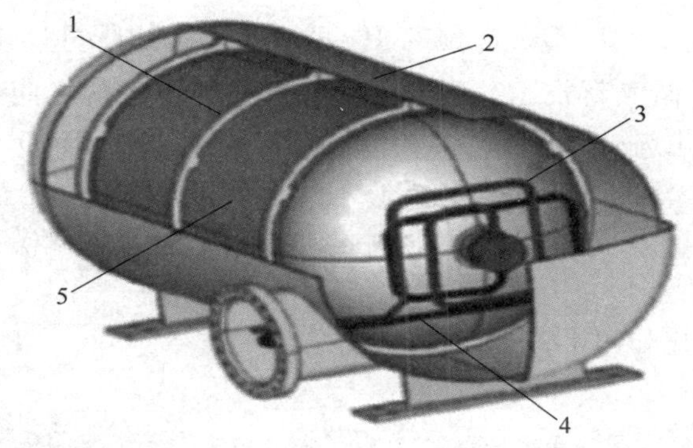

图 1-20 低温高压液态储氢罐

1—复合材料支撑圈 2—不锈钢真空壳 3—气态氢导管 4—液氢导管 5—碳纤维高压罐

氢容器都能满足储氢要求中对质量密度的要求，但是容器的体积比较大，不容易安放；普通金属氢化物的储氢体积密度比较小，很难超过 3.0%，于是提出轻质混合高压储氢容器，如图 1-21 所示。该储氢罐由轻质高压罐和储氢合金组成。采用铝-碳纤维复合材料构造高压罐，储氢合金用 $NaLi_5$。把金属氢化物装进高压容器内部，通过装入储氢材料的多少来调整容器内部体积储氢密度、质量储氢密度。

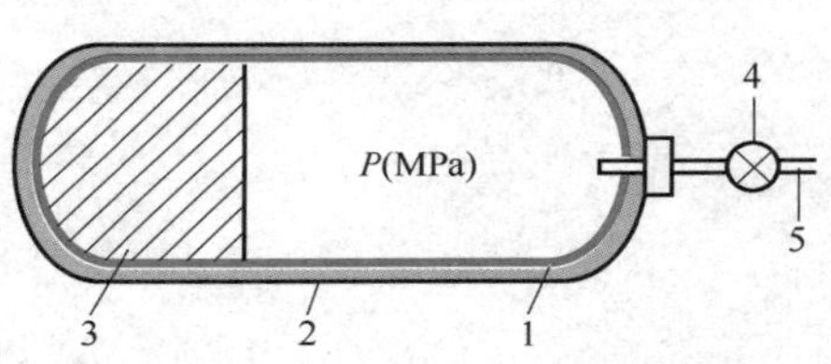

图 1-21 轻质混合高压储氢容器

1—铝层 2—碳纤维-环氧树脂层

3—储氢合金 4—阀门 5—导氢管

1.2.5 其他储氢技术

除以上介绍的储氢技术外，还有活性炭吸附储氢、液化有机氢化物储氢、无机物储氢及碳纤维和碳纳米管储氢等方法。

1. 活性炭吸附储氢

活性炭的特点是吸附容量大、抗酸耐碱、化学稳定性好、解析容易，在较高温度下解析再生其晶体结构没有什么变化，经多次吸附和解析操作仍保持原有的吸附性能。需要明确的是活性炭吸附储氢并不是直接进行应用，而是与上文介绍的储氢方法联合使用，特别是压缩储氢方法。

2. 液化有机氢化物储氢

液化有机氢化物储氢利用不饱和液态芳烃和对应环烷烃之间的加、脱氢反应，实现季节性储氢和远距离输氢，以解决地区间能源分布不均的问题。该技术的原理和特点：不饱和芳烃与对应氢化物（环烷烃），如苯环己烷、甲基苯-甲基环己烷等有机物能在不破坏主体结构下加氢与脱氢，并且反应可逆，使得反应产物可以循环利用。

液化有机氢化物储氢有许多优点：催化反应可逆，反应物产物可以循环利用，氢储存量较高。如果用于 PEM 燃料电池，可以实现 CO_x 零排放。

3. 无机物储氢

一些无机物（如 N_2、CO、CO_2）能与 H_2 反应，其产物既可以作燃料，又可分解获得 H_2，是目前正在研究的储氢新技术。例如，碳酸氢盐与甲酸盐之间相互转化的储氢反应，反应以 Pd 或 PdO 作催化剂，以吸湿性强的活性炭作载体，以 $KHCO_3$ 或 $NaHCO_3$ 作储氢剂，储氢量可达 2wt%。该方法的主要优点是便于大量储存和运输，安全性好，活化容易，平衡压力适中，吸放氢平衡压差小，抗杂质气体中毒性能好，适合室温操作，但储氢量和可逆性不好。

储氢技术优缺点对比如图 1-22 所示。

储氢方法		储氢技术	密度/(kg/m^3)	能量输入/(kW·h/kg H_2)	优点	缺点
高压气态储氢/kPa	35	以特定压力压缩氢气，增加能量密度	3	−1	– 水电解制氢在35×10^{5}Pa压力下生成氢气 – 在25℃压缩	– 易燃
	150		11	−1		
	350		23	−4		
	700		38	−6		
低温液态储氢		−253℃低温压缩氢气	71	−9	– 更经济，适用于空间有限且氢气需求高的场合 – 液化1kg的氢气就要消耗4～10kW·h的电量	– 能量损失高(尤其与液化天然气转换技术相比) – 挥发率高(最高1%每天)
液氨储氢		与氮气化合反应	121	储氢过程为3kW·h/kg，转换氢气过程最高为8kW·h/kg	– 工艺成熟，可用现有基础设施	– 有毒，空气污染 – 转换氢气能量需求高
有机液态储氢(如甲基环己烷)		与甲基环乙烷(MCH)混合储氢后，转换回氢气	110	储氢过程放热，转换氢气过程约为12kW·h/kg	– 无须冷却	– 甲苯具有毒性，易燃，价格高，需要回运
金属氢化物储氢		与金属进行可逆化合反应，加热释放氢气	86(MgH_2)	4	– 成本低，损耗少 – 更安全 – 比气体压缩能量密度高	– 存储单元重 – 充放电时间长 – 使用寿命短

图 1-22 储氢技术优缺点对比

1.3 氢能运输

现在大部分的氢气都被用作化工原料，用于相关行业（如化肥工业或炼油厂）。作为一种附属或中间产品，其生产制造和应用大多是就近发生的，氢气的制取也没有脱离相关行业。而未来氢被当作能源利用的情况下，其应用场景和规模将远超现在，以可再生能源为基础的大规模制氢将会独立出来，氢的制取与应用将不仅限于就近发生。因此，大规模氢能储运体系的建立成为发展氢经济的基础和依托。

氢储存和运输的所有可能性见表 1-2，具体包括：氢气的气态常压储存及高压储存，低温条件下的物理液化氢的液态储存，以及化学形式下的氢储存。可能的化学液氢储存系统包括氨和液态有机载氢体（Liquid Organic Hydrogen Carrier，LOHC）。从理论上讲，也可以使用金属氢化物使氢以固体形式储存。但是这种储存技术面临诸如质量大和资源稀缺之类的若干困难，因而难以在大型储存系统中应用。

表 1-2 各种物理状态下氢的物流

物理状态	储存形式	储存体积	储存时间	运输模式
气态	洞穴存储	中~大	数周~数月	管道,汽车拖车,火车
	枯竭的气田	大	季度	
	加压容器	小	天	
液态	液化氢	小~中	数天~数周	轮船,汽车拖车,火车
	氨	大	数周~数月	管道,轮船,汽车拖车,火车
	液态有机载体	中~大	数周~数月	管道,轮船,汽车拖车,火车
固态	金属氧化物	小	数天~数周	轮船,汽车拖车,火车

氢的不同储存和物流形式具有各自的优点和缺点。运输技术的最大经济运输距离、技术就绪程度和物流技术的经济可行性是评估技术潜力的重要指标。

1.3.1 气态氢的运输

当前我国液氢运输和管道运输的基础尚不成熟，主流氢气运输方式仍为气态运输，气态氢运输所需长管拖车运输设备在我国应用较广泛。鉴于氢在一般环境条件下的特性，气态氢运输为许多应用提供了简单且能效高的解决方案。为了提高氢的运输效率，气态氢通常被压缩。在氢能汽车领域，高压储氢罐的最高压力可达 70MPa。而常规管道、储存和物流用的储气罐，其压力则低得多，一般为 5~20MPa。气态氢的运输模式及其通常的运输距离见表 1-3。

表 1-3 气态氢的运输模式及其通常的运输距离

运输分类	长途运输	短距离输配		
运输模式	管道	管道	货车	火车
运输距离/km	约 2000	灵活	<500	<1000

气态氢运输的最大缺点是体积能量密度较低，常压下的气态氢仅提供 3kW · h/m^3 的低热值能量。约 70MPa 的压缩氢气可使能量密度增加到约 1200kW · h/m^3 的低热值能量，相对高于约 500kW · h/m^3 的锂离子电池。由于气态氢的体积能量密度相当低，长距离大规模使用交通工具的运输效率低，管道成为一种可行的选择。在石油化工和化肥行业领域，局域性或地区性纯氢气管道已经使用多年，2016 年在全球范围内的总长度超过 4500km。

1.3.2 液氢的运输

分子氢在一般环境条件下不会以液态形式呈现。因此，液氢的储存和运输需要额外的物理和/或化学转化过程。氢气在 1atm[㊀]时，在-253℃（20K）以下的温度液化。与 30MPa 的气态氢相比，氢的低温液化带来的好处是将其体积能量密度提高到 3 倍以上（30MPa 时氢的单位体积能量低热值为 750kW · h/m^3，液氢的单位体积能量低热值为 2417kW · h/m^3），这使得液化氢成为在需要高体积能量密度时的首选方案。然而，与常规液体燃料（如柴油或喷气燃料）相比，液氢的体积能量密度仍然很低（柴油的单位体积能量低热值为 10000kW · h/m^3）。但液氢仍可以在重载公路运输、海上运输和部分航空领域中成为可行的燃料。

另一种广泛讨论的方案是使用船舶运输大量液氢。与使用船舶运输传统的液化天然气相

㊀ 1atm = 101.325kPa。

似，液氢也可以远距离运输，但是液氢通常不能直接应用，因此需要在使用地点进行再气化。与液化天然气的温度（约-160℃）相比，液氢的温度要低得多，并且具有不同的物理和化学性质，因此液氢的运输在技术上要求更苛刻。目前，日本的海上运输液氢示范项目 Hy STRA 正在澳大利亚和日本之间超过 9000km 的距离进行示范运行。

1.3.3 氨作为载氢体

氨（NH_3）作为富氢分子，被当作能量载体是氢液态运输的另一种可能方案。生产氨最常见的工艺（哈伯-博施法）已有一百余年的历史，现在仍主要用于化肥生产。氨可以在-33℃的温度下进行液化，比液化氢更方便。另外，氨也可以在 20℃ 环境温度和约 0.9MPa 的压力下液化。在常规氨运输中，通常选择冷却和加压储存的组合。液氨的氢体积密度约为液氢的 1.5 倍（液氨在 0.1MPa 和-33℃时的体积氢密度约为 120kg/m^3；液氢在 0.1MPa 和-253℃时的体积氢密度约为 70kg/m^3）。因此与液化氢相比，同等体积的氨可以输送更多的氢。使用海上运输或管道进行工业级的氨运输已有较长的发展时间，全球约有 120 个港口设有氨进出口设施；在美国有大规模输氨主干管道（NuStar 氨运输管道，全长约为 3200km），在俄罗斯也有大规模输氨主干管道（Togliatti-Odessa 氨运输管道，全长约为 2000km）。

氨用作载氢体时，其总转化效率比其他技术路线低，因为氢必须首先经化学反应转化为氨，并在使用地点重新转化为氢。氢—氨—氢转化和再转化过程中的能耗约占氢所含能量的 35%，与液氢相似（氢液化的能耗占氢所含能量的 30%~33%）。

1.3.4 液态有机载氢体作为载氢体

液态有机载氢体（Liquid Organic Hydrogen Carrier，LOHC）为氢运输提供了另一种有希望的选择。在 LOHC 中，氢化学键结合到有机烃载体分子上（氢化），并可以逆向过程（脱氢）释放出来。LOHC 分子通常由芳香族和非芳香族碳环结构组成，例如甲基环己烷（MCH）。甲基环己烷在脱氢为甲苯时会释放氢，如图 1-23 所示。

常见的 LOHC 系统：诸如甲基环己烷、二苄基甲苯（DBT）或十氢萘/萘酚等，通常在一个相当宽松的标准条件下以液体形式存在，无论是氢化形式，还是脱氢形式，都与常规化石燃料（如柴油）具有相似的物理性质。鉴于其与常规液体燃料的物理相似性，在现有基础设施内 LOHC 具有容易使用和方便运输的潜力。

氢化
+3H_2
放热
CH_3
CH_3
甲基环己烷
吸热
-3H_2
甲苯
脱氢

图 1-23 甲基环己烷脱氢为甲苯示意图

为了形成 LOHC 循环，必须将脱氢后的 LOHC 运回加氢工厂，对于散装运输（海运、公路和铁路），这意味着车辆必须在两个方向上运输液体；对于管道运输，则需要第二条管道将脱氢的 LOHC 送回加氢工厂。LOHC 系统的另一个缺点是在氢化反应中是放热反应，而在脱氢过程中是吸热反应。因此在脱氢的地点，需要额外的能源（热），最好有特别廉价的热源，如废热。在脱氢过程中，如果没有其他热源，则需要用一部分氢气产生热量，这会使 LOHC 的整体效率进一步降低。

氢气储运设备及机制预判如图 1-24 所示。

	长管拖车	液氢罐车	氢气管道
技术现状	- 长管拖车是国内最普遍的运氢方式，这种方法在技术上已经相当成熟 - 由于氢气密度很小且储氢容器自重大，所运输氢气的质量只占总运输质量的1%~2%	-相对于国外成熟的液氢技术，国内标准缺失，仍未大规模运用 - 将氢气深度冷冻液化后，装入压力通常为0.6MPa的圆筒形专用低温绝热槽罐内运输	- 我国氢气管网发展不足，布局有较大提升空间 - 由于氢气需要在低压状态(工作压力1～4MPa)下运输，相比高压运氢能耗更低
成本	- 运输成本随距离增加大幅度上升：50km内，运输成本接近5元/kg；500km时，运输成本将超过20元/kg	- 运输成本变动对距离不敏感：50～500km时，运输成本在13.51～14.01元/kg内小幅度提升	- 运输成本与距离正相关：100km时，运氢成本为1.20元/kg，仅为同等距离下气氢拖车成本的1/5；500km时的运输成本为3.02元/kg
适用范围	- 运输距离较近(运输半径低于200km) - 输送量较小	- 运输距离远(运输半径超过200km) - 输送量高	- 运输距离远 - 输送量大
趋势研判	- 国内放宽对储运压力的标准，提高管束工作压力，从而降低运氢成本	- 液氢标准出台 - 储氢密度和传输效率都更高的低温液态储氢	- 国内氢气管网建设提速，到2030年，我国将建成3000km以上的氢气长输管道

图 1-24 氢气储运设备及机制预判

1.4 氢能利用现状与发展前景

氢能作为一种可再生清洁高效二次能源，具有资源丰富、来源广泛、燃烧热值高、清洁无污染、利用形式多样、可作为储能介质及安全性好等优点，将成为助力能源、交通、石化等多个领域实现深度脱碳的现实途径，也将成为我国构建现代清洁能源体系重要的接替能源，加快氢能发展步伐已成为全球共识。氢能将在全球能源新格局中扮演重要角色，其发展所带来的科技创新、行业竞争和巨量投资机会是提高社会生产力和综合国力的战略支撑，因而备受世界主要发达国家的关注。氢能在我国的碳中和路径中也将扮演重要角色：氢能的利用可以实现大规模、高效可再生能源的消纳；在不同行业和地区间进行能量再分配；充当能源缓冲载体，提高能源系统韧性；降低交通运输过程中的碳排放；降低工业用能领域的碳排放；代替焦炭用于冶金工业降低碳排放，降低建筑采暖的碳排放。

1.4.1 国内氢能利用现状与发展前景

氢能应用范围相对广泛。例如，它可以为炼化、钢铁、冶金等行业直接提供热源，减少碳排放；可以用于燃料电池，降低交通运输对化石能源的依赖；可以应用于分布式发电，为家庭住宅、商业建筑等供电供暖；甚至可以作为风力、电力、热力、液体燃料等能源转化媒介，实现跨能源网络协同优化。氢能作为一种良好的能源载体用作周期性能源调峰媒介，可以更经济地实现电能、热能的长周期、大规模储存，解决弃风、弃光、弃水问题。

1. 国内氢能利用现状

氢能的主要开发利用方向是新能源汽车。氢燃料电池能量密度高，约为锂电池的120倍，续航能力优秀，一次充满不足5min，行驶距离可达400km。而目前应用最广泛的锂电池新能源汽车，一次充电7h，最大行驶距离为300km，续航能力远没有氢燃料电池汽车优秀。但是氢能源汽车受限于当前技术和配套的供氢网络，短时间内无法完全替代锂电池汽车。近期最好的利用方式是两种新能源汽车互相补充，乘用车以技术和网络成熟的纯电动汽车为主，货物运输车、城市公交车、长途货车则更适合应用氢燃料电池汽车。氢能源在作为交通能源的同时也可以利用其作为能源媒介的优点，把弃光、弃水、弃风等能量转化为可储存可输送的氢能加以利用，每年至少能生产 500 万 t 氢气，足够满足 100 万辆氢燃料电池汽车使用。

在氢能加注方面，我国目前累计建成加氢站已超过 270 座，约占全球加氢站总数的 40%，加氢站数量居于世界第一，其中广东和上海占据数量优势，走在全国氢能加注领域的前面。目前，我国加氢站保有数量与国外相比没有落后，但是国内加氢站基本采用高压气态氢气，由于受制于相关政策和技术问题，尚未采用在技术上比较具有优势的液氢加氢站，不过已经开始起步。

我国氢能源发展目前主要集中在氢燃料电池汽车及配套加氢站建设方向。2018 年下半年以来，我国氢能产业发展热情空前高涨，在氢燃料电池汽车领域的布局已初见成效。但是作为一种二次能源，氢能的潜力远不止于氢燃料电池汽车，利用氢能在电力、工业、热力等领域构建未来低碳综合能源体系已被证明拥有巨大潜力。

氢气作为燃料主要应用于航空航天领域。早在第二次世界大战期间，氢燃料就被用作 A-2 火箭发动机的液体推进剂；20 世纪 50 年代，美国就将氢燃料用于超声速和亚声速飞机；随后的尤里·加加林进入太空所乘的东方 1 号宇宙飞船，美国阿波罗号登月飞船和哥伦比亚号航天飞机利用的都是氢燃料，这些无不体现了氢燃料的优势——热值高。也就是说，完全燃烧产生相同的热量时，氢所需的质量小，比其他的化石燃料、生物燃料等都小，与汽油相比大约可以减少 2/3，这对于航空航天领域来说是极大的优势。相信氢燃料作为现代航天器燃料，在航天界将得到更广泛的应用。此外，氢能也可以作为燃料用于交通，如用于专门的汽车加氢站，将液氢直接注入以氢为燃料的汽车发动机中燃烧，其性质和基本原理与燃油汽车类似。

在发电领域，火电、风电及水电等都是由电厂发电，经过电网输送到达终端供用户使用的。由于用户用电有时是高峰，有时是低谷，用电负荷并不规律，而氢能发电能够很好地解决该问题。氢能发电站相对灵活，能够快速起动，具有良好的调峰作用。此外，还有一种氢氧发电机组，其原理是燃烧氧气和氢气，可以用于火箭，不需要蒸汽系统，只需内燃机加上发电机即可，具有简单的结构，能够实现快速起停，并且便于修理。氢能发电不仅具有调峰作用，还可以通过改变火电机组运行状况，提高发电能力。未来，随着传统发电污染严重、占地面积大等问题凸显，氢能发电等新能源发电的应用将变得越来越广泛。

图 1-25 所示为备选的氢价值链及其相关能源损失。确定可行的氢价值链不仅要将生产与消费联系起来，还要考虑能源效率和损失、经济性、温室气体排放和地理因素。在决定价值链时，能源损失很重要，因为它决定了经济情况。然而，整体经济情况通常是氢价值链建立和设计的主要决定因素。氢的生产与每个价值链中的重大能源损失相关，但是当氢的生产来源（如未来几十年的可再生电力）充足时，从长远来看，能源损失并非很重要，价值链温室气体排放将是建立特定氢价值链的决定性因素。氢的获取者，如国家或最终使用部门，将对价值链温室气体排放有偏好，从而激励其实施。氢的运输是影响氢价值链的另一个决定性因素，世界上的一些地区可能无法满足其对氢的区域需求，因此不得不通过管道或海运进

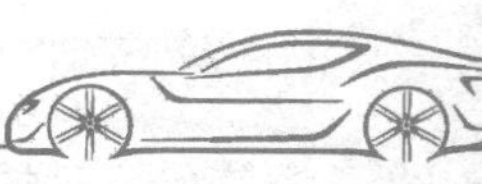

口氢，与此相关的是地理因素。世界上的一些地区可以利用丰富的风能和太阳能资源来生产绿氢，而其他地区可能需要从天然气中获得氢。不过上述所有因素都被经济评估所左右，因为氢的生产成本很高，需要合理使用。

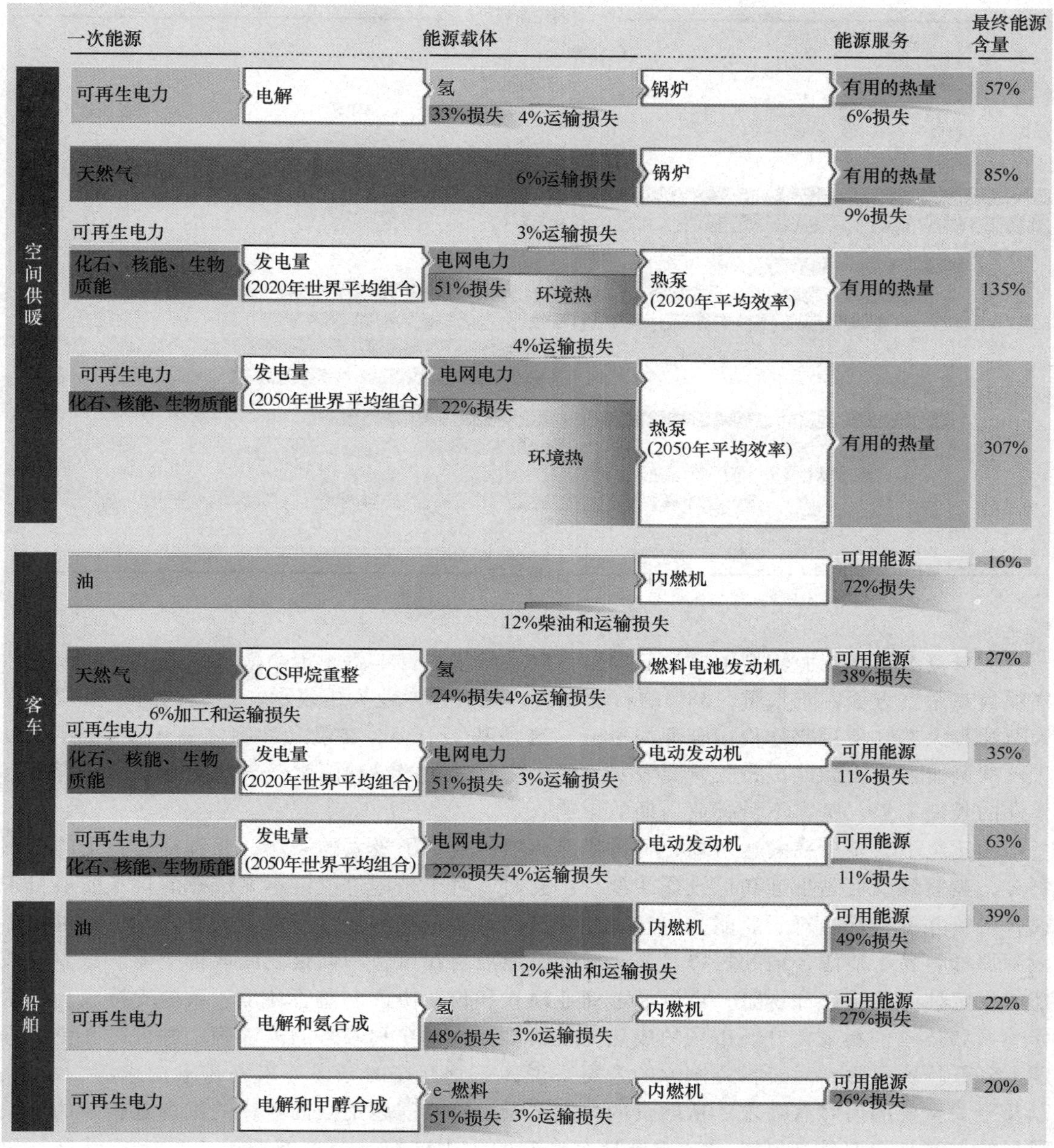

	一次能源	能源载体			能源服务	最终能源含量
空间供暖	可再生电力	电解	氢 33%损失 4%运输损失	锅炉	有用的热量 6%损失	57%
空间供暖	天然气	6%运输损失		锅炉	有用的热量 9%损失	85%
空间供暖	可再生电力 化石、核能、生物质能	发电量(2020年世界平均组合)	电网电力 51%损失 3%运输损失 环境热	热泵(2020年平均效率)	有用的热量	135%
空间供暖	可再生电力 化石、核能、生物质能	发电量(2050年世界平均组合)	电网电力 22%损失 4%运输损失 环境热	热泵(2050年平均效率)	有用的热量	307%
客车	油	12%柴油和运输损失		内燃机	可用能源 72%损失	16%
客车	天然气	CCS甲烷重整 6%加工和运输损失	氢 24%损失 4%运输损失	燃料电池发动机	可用能源 38%损失	27%
客车	可再生电力 化石、核能、生物质能	发电量(2020年世界平均组合)	电网电力 51%损失 3%运输损失	电动发动机	可用能源 11%损失	35%
客车	可再生电力 化石、核能、生物质能	发电量(2050年世界平均组合)	电网电力 22%损失 4%运输损失	电动发动机	可用能源 11%损失	63%
船舶	油	12%柴油和运输损失		内燃机	可用能源 49%损失	39%
船舶	可再生电力	电解和氨合成	氢 48%损失 3%运输损失	内燃机	可用能源 27%损失	22%
船舶	可再生电力	电解和甲醇合成	e-燃料 51%损失 3%运输损失	内燃机	可用能源 26%损失	20%

图 1-25　备选的氢价值链及其相关能源损失

2. 国内氢能发展前景

从世界范围看，氢能发展已经受到各国政府、能源生产企业、装备制造企业和研究机构更多的关注。随着能源转型的加速，能源公司正在对其未来作出关键的长期战略决策，许多行业都在转型绿色投资。与此同时，金融行业正在重新评估并提出化石燃料的未来风险——担心资产搁浅，并受到 ESG㊀、分类法、碳定价及来自股东和公众的压力等方面的推动。能源公司投资偏好如图 1-26 所示。

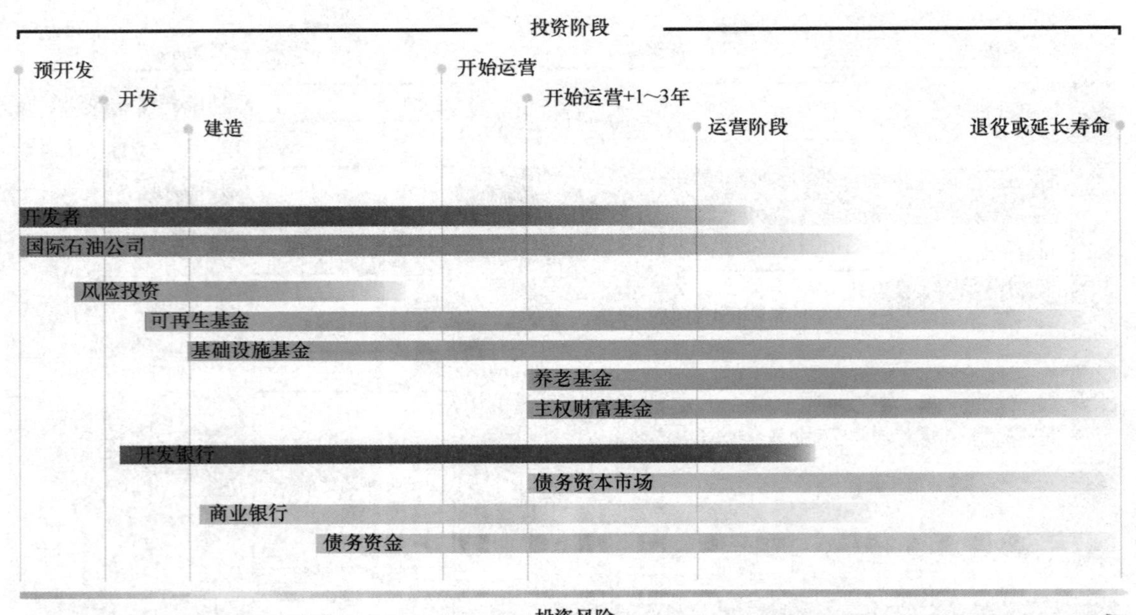

图 1-26　能源公司投资偏好

大量资本正在能源转型中寻找新投资方向，但这些资本不一定会流入氢能。石油和天然气项目在融资方面困难重重，38%的石油和天然气资深专业人士表示，他们的组织发现难以为石油和天然气项目获得价格合理的融资，这是基于 DNV㊁在俄乌冲突之前于 2022 年 1 月进行的调研。尽管如此，相关研究表明，远离化石燃料的驱动因素——脱碳和能源转型具有弹性的长期趋势，基本不受行业周期的影响。

相比之下，至少在发达市场，可再生能源项目受到了极大的关注，并且拥有充足的可用资金，其瓶颈反而是批准和可投资的项目。然而，对于采用价值链不太成熟的技术的项目来说，融资并不容易。对于氢能，虽然兴趣和投资预期都在增加，但资金的流入并不像可再生能源那样容易。能源公司和投资者需要确保氢能项目在风险和回报之间取得平衡。这需要长期的稳定性、确定性和视野，可以通过商业模式和长期协议、监管环境、政府支持、合作伙伴关系和技术创新来提升。市场的成熟度也很重要，现在和未来的需求确定性可以在更大程度上降低投资风险。对于投资制氢的公司来说，一直存在的顾虑是未来需求的来源、级别，以及至关重要的何时有需求。从融资的角度来看，核心问题是当前氢能的机遇是长期的、低回报的，并且看似是高风险的。如果没有政府的大力支持，金融行业不太可能接受这种风险-这就是当前的市场表现。

㊀ ESG，即环境（Environmental）、社会（Social）、治理（Governance），是指在投资和企业经营决策中考虑环境、社会和治理因素的一种方法。

㊁ DNV，即 DNV-DET NORSKE VERITAS，是一个权威、专业、独立的非营利性基金组织，成立于 1864 年，总部位于挪威首都奥斯陆。

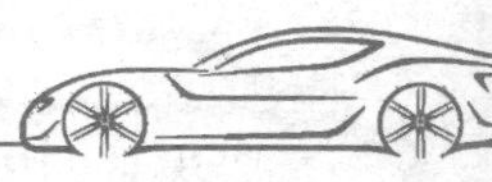

在技术推广初期，成本往往很高，企业必须遵循长期战略，实施短期内可能缺少利润的计划。其目的是在行业中获得市场份额，以期在氢供需增加时，成本会下降，利润会提高。早期投资是一个挑战，需要初期支持和行业参与，将项目快速推进到风险较低并适合广泛使用的金融机制的阶段，这是一个以更低价格实现大规模低碳氢安全生产的问题。其目标是发展市场和投资者的成熟度，以便于不同的金融从业者在项目的每个阶段（从概念到完成）都有商业模式和风险偏好。除试点和研发外，大多数氢能项目都处于预开发阶段。这一阶段风险很高，活跃的是开发商和国际石油公司。

国际氢能委员会预测，到2050年全球氢能占能源比重约为18%，氢能产业链产值将超过2.5万亿美元。全球氢能产业已处于快速发展前期，预计随着技术研发和产业资本的持续投入，未来10~20年全球氢能产业将迎来快速发展的重大机遇期。我国是世界第一大能源生产国和消费国，能源生产和消费结构均以化石能源为主，应对气候变化、保护生态环境面临巨大压力和挑战，氢能巨大的发展潜力为破解我国能源发展难题提供了新的可能性。鉴于氢能技术要求高、产业链复杂、投资需求大，需要政府、企业和行业组织等多方协同发力，抢占未来氢能经济发展先机。

加快顶层设计，尽快制定出台国家氢能产业发展战略规划，明确氢能在我国能源体系中的定位，根据我国不同区域的资源、市场、产业等特点，整体规划氢能产业重点发展区域，提出氢能产业发展路线图，整体规划氢能生产、运输、储存、利用等全环节发展路径。

近年来，氢能在能源转型中的作用变得更加清晰，也更加紧迫。少数几个行业的脱碳途径在很大程度上依赖于氢能的环境认证，同时要确保经济性、可用性和安全性。作为能源安全未来的战略能源载体，可再生和低碳氢将发挥越来越重要的作用。然而，实现任何创新之举都取决于能否促进利益相关者合作，以及调整决策和集体能力的监管框架。有必要从生产、运输和使用中共同发展氢能价值链和“生态系统”。与此同时，政策必须释放额外的可再生能源产能和CCS（中国船级社）部署，因为两者都是可再生氢（绿氢）和低碳氢（蓝氢）、e-燃料和氢载体的先决条件。

新兴和协调监管框架可以塑造氢能创新的轨迹，有助于克服障碍，并可展示从政府政策到行业监管通过实践准则和标准来激励各方齐心协力。对于任何新兴的能源载体和市场，都需要制定一个全面的监管框架，氢能也不例外。政策制定者和监管机构面临来自分散的参与者和不同能源子行业的各种复杂情况，而传统上它们都在各自领域内独自运营和接受监管的。

政府正在通过将氢能纳入规划和要求来引导其发展轨迹。其目标和专项氢能预算旨在促进项目规模化和标准化，以实现2030年和2050年的气候目标。与此同时，政府的战略和政策都面向产业定位、竞争优势，并且越来越多地面向能源安全。然而，相关区域的分析表明，并非所有地区和政府都在从生产到使用的整个链条中全面刺激氢能的开发。

先驱国家之间的政策措施开启了技术成本的相互追逐。从太阳能和风能的早期开发中可以看到这一点，特定的制氢技术也是如此。领跑国家在开启学习和降低成本方面发挥着重要作用。例如，德国正在加快其氢能转型，提供70亿欧元用于到2030年的市场推广；而美国将投入80亿美元用于氢枢纽的建设，目标是在十年内以1$/kg$H_2$的价格生产清洁氢能。企业是从示范和部署到氢基础设施及运输的所有发展阶段的关键代理人。一些制氢技术设施已建成（如灰氢直接用于炼油厂和制氨），另一些设施则还未建成（如用于新终端用途的基础

设施、大型电解槽和海上生产）。对于安全且节约成本的氢生产、运输和使用的工业化或商业化规模扩大，需要精心制定的政策框架才能顺利实现。

国际合作正在拉动政府和行业参与者共同发展氢能，国际可再生能源机构（IRENA）与氢能理事会之间的合作协议就是一个例证。IRENA 和世界经济论坛（WEF）；世界可持续发展工商理事会（WBCSD）SMI 氢工业承诺倡议（H2Zero），以及拟议的政策，这些合作举措有助于促进最佳实践的协调和交流。

监管框架和政策需要量身定制，才能克服氢规模扩大的行政、技术和经济障碍，并将安全作为跨领域的优先事项。图 1-27 所示为目前政策须克服的氢能发展障碍，其灵感来自 IRENA 和 WEF2022 的工作。需要克服潜在的阻碍以促进制氢的安全和加速规模化，启用基础设施，支持新的氢能消费。该图显示了政策必须克服的主要障碍类别，但它不是一份详尽无遗的清单。虽然有些障碍是总体性的、全球性的和区域性的，但大多数必须按各个国家的情况分别对待。

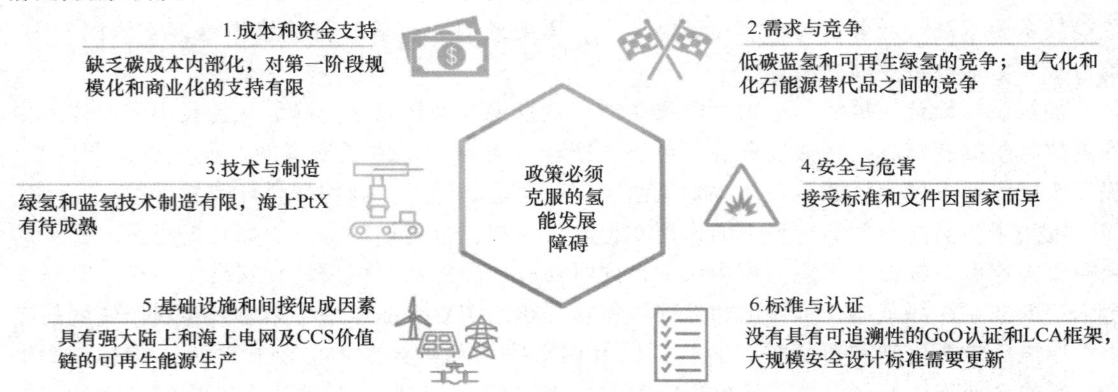

图 1-27　政策须克服的氢能发展障碍

绿色氢能经济规模亟须扩大。从总体上来看，在氢能市场发展初期，继续发展低成本工业副产制氢，结合清洁能源基地建设探索开展可再生能源电解制氢项目示范；到发展中期，在煤制氢基础上配置碳捕捉与封存设施，推动可再生能源电解水制氢产业化；到发展远期，随着我国能源结构转向以可再生能源为主的多元格局，可再生能源电解水制氢将成为制氢主流方案，煤制氢配合碳捕捉与封存技术、生物制氢等技术成为有效补充，实现整体绿色规模经济。

氢能发展离不开全产业链技术创新和突破。依托大型能源企业成立国家级联合研发和推广应用平台，有效整合社会资源，推动全社会相关领域科研力量的广泛参与和协同攻关，聚焦核心技术，加快突破薄弱环节，同时也为新技术、新产品的推广应用提供成熟的产业依托和试用平台，健全产业标准体系。

政策应主要解决氢能产业“鸡生蛋、蛋生鸡”的问题。众所周知，依靠强有力政策扶持，丹麦成为世界风电的先行者，并催生了全球领先的风电产业链，培育了当今世界最大的风机制造商和海上风电开发商。我国可借鉴丹麦对新能源发展初期的政策支持经验，从基础研发投入、财政补贴、扶持重点企业及标准规范、开展示范项目等方面，制定出台支持氢能产业持续、稳定发展的金融财税优惠政策，鼓励市场主体积极投资和参与氢能产业，实现政策支持→规模扩大→成本降低→投资聚集的良性循环。

1.4.2 国外氢能利用现状与发展前景

根据欧盟的氢能利用方案，欧洲国家在制氢方面，主要通过 PtG（power-to-gas）技术来最大限度地解决欧洲可再生能源利用和运输问题。PtG 技术即利用富余的可再生能源电解水，将电能转化为氢气，以化学能的形式实现可再生能源的利用与长期储存。电解得到的氢气可直接多样化应用于交通运输、工业利用或燃气发电等领域，也可将氢气混入天然气管网后进行储运，还可将氢和二氧化碳相结合，转化为甲烷后输入天然气管网。

欧洲可再生能源资源通常远离需求中心，如南欧的产能远远超过地区的能源需求，虽然可以通过远距离输电网将电力输送到需求地区，但因涉及各国的政策和规划问题，成本高昂，难以实现。可再生能源就地转化为氢气后进行运输被认为是一种解决可再生能源远距离运输问题更可行的方法。

目前，全欧洲已有超过 128 个不同类型的 PtG 示范项目正在德国、英国、西班牙、荷兰、丹麦等地广泛开展。此外，德国已于 2022 年建成一座 100MW 规模的 PtG 项目；欧洲能源宏伟计划（100GW 北海风电枢纽计划）也将在枢纽人工岛上配建 PtG 项目，预计在 2030 年建成后，将有约 10000 台风力发电机组向电解制氢装置供能。

除了氢能燃料电池汽车，欧盟正在研发将氢气混入欧洲天然气管网中形成混合气的技术。将混合气通过天然气管网直接输送给居民用户作为燃料，是欧洲氢能利用的主要发展方向之一。建筑物能耗占欧洲总能源消费的第二位，占二氧化碳总排放量的 15%。为实现《巴黎协定》目标，该部分的碳排放量需在现有水平下降低 57%。建筑节能有多种手段，但利用氢气为天然气“脱碳”在欧洲已被认为是在改造难度和成本效益上更具竞争力的方式。天然气是欧洲建筑物供暖的最主要燃料，占所有家庭用能的 42%。欧洲天然气管网为大约 9000 万家庭提供天然气。

日本电力系统以集中式发电为主，福岛核事故暴露了现行体制的脆弱性。由于能源严重依赖海外供给、核电发展停滞等情况，日本能源自给率从 2010 年的 20%降至 2016 年的 8%左右。实现自给自足的分布式能源体系已成为日本能源转型的方向。构建氢能供给系统在消费地就近使用，已被认为是一种有效、经济、安全的途径。特别是对于自然灾害频发的日本来说，氢能的多种利用方式既适合分布式能源发展，也适用于大型集中发电，大大丰富了能源系统的灵活性。按照日本“氢能社会”国家战略的目标，氢能最终将与电能、热能一起构成新的二次能源供给结构，在整个社会得到普及和利用。

1.5 氢能市场规模

2016 年《巴黎协定》正式签署，提出本世纪后半叶实现全球净零排放，以及控制全球温升较工业化前不超过 2℃，并努力将其控制在 1.5℃以下的目标（下文简称 1.5℃目标）。为了实现 2℃的温升目标，全球碳排放必须在 2070 年左右实现碳中和；如果想实现 1.5℃的目标，全球需要在 2050 年左右实现碳中和。至今已有超过 130 个国家和地区提出了实现零碳或碳中和的气候目标，其中包括欧盟、英国、日本、韩国在内的 17 个国家和地区已有针对性立法。零碳愿景成为全球范围内氢能发展的首要驱动力，大力发展绿氢是实现碳中和路径的重要抓手。

1.5.1 全球市场规模

在全球低碳转型的进程中，清洁氢能将发挥重要作用。根据高盛 2022 年 2 月公布的报告，全球氢能市场的总规模约为 1250 亿美元，到 2030 年将在此基础上翻一番，到 2050 年将达到万亿美元市场规模。随着可再生能源制氢技术的突破和成本的降低，氢能在全球能源市场中的占比将进一步提升。

国际能源机构针对 2050 年氢能在全球能源总需求中的占比进行了预测，如图 1-28 所示。其中最乐观的为氢能委员会和彭博新能源财经，其预测到 2050 年氢能在总能源中的占比将达 22%，其余几家机构的预测值则在 12%～18%间不等。不管基于哪个预测，与氢能目前在全球能源中约 0.1% 的占比相比，都将实现质的飞跃。

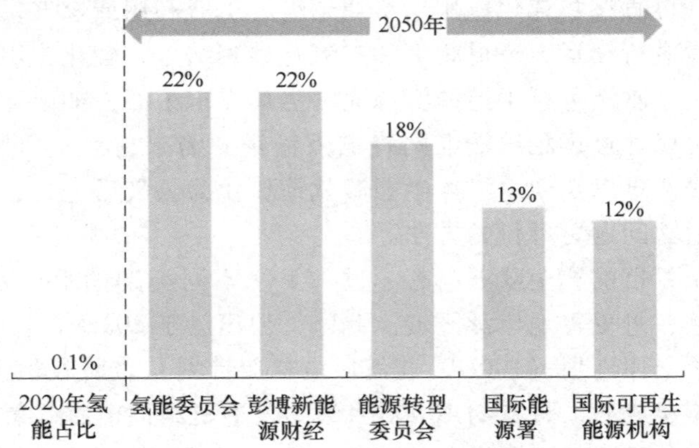

图 1-28 国际能源机构对 2050 年氢能在全球能源总需求中占比的预测

以国际可再生能源机构 12%的占比预测为例，清洁氢能产量将从目前几乎可以忽略不计的基础提升到 2050 年的 6.14 亿 t，而在氢能的几大行业重点应用领域，包括交通业、工业和建筑中，清洁氢能的总消耗量也将在目前基础上得到大大提升。目前，清洁氢能在交通业能源中的占比约为 0.1%，预计到 2030 年将上升到 0.7%，到 2050 年将达到 12%。国际可再生能源机构对实现 1.5℃目标情境下的全球氢能预测见表 1-4。

表 1-4 国际可再生能源机构对实现 1.5℃目标情境下的全球氢能预测

核心指标	2020 年	2030 年	2050 年
清洁氢能产量(亿 t/年)	0	1.54	6.14
清洁氢能在总能源消耗中的占比(%)	<0.1	3.0	12.0
清洁氢能在交通业总能源消耗中的占比(%)	<0.1	0.7	12.0
氨、甲醇、合成燃料在交通业总能源消耗中的占比(%)	<0.1	0.4	8.0
清洁氢能在工业中的总消耗量(艾 J/年)	0	13.0	38.0
清洁氢能在建筑中的总消耗量(艾 J/年)	0	2.0	3.2
氢能及其衍生物的总投资(十亿美元/年)		133.0	176.0
氢能及其衍生物对能源行业碳减排的贡献率(%)			10

此外，国际氢能贸易的发展潜力也不容忽视。国际可再生能源机构预计，到 2050 年，全球约 25%的氢能可以跨境交易，主要依靠现有天然气管道的改造及氨船进行运输，氢能的进出口将形成新的贸易网络。该机构预计到 2050 年，通过管道输送氢气的主要出口国及地区将包括智利、北非和西班牙，它们合计占管道贸易市场的近四分之三。北非和西班牙拥有太阳能资源和靠近欧洲西北部的优势，也有现成的天然气管道可以利用。尤其是欧洲西北部，其对氢能的需求量很大且可再生资源贫乏。日本、韩国等则将成为氢能的主要进口国。

1.5.2 中国市场规模

自 2020 年“双碳”目标提出后，我国氢能产业热度攀升，发展进入快车道。2021 年我国年制氢产量约为 3300 万 t，同比增长 32%，成为当前世界上最大的制氢国。我国历年氢能产量如图 1-29 所示。中国氢能产业联盟预计到 2030 年碳达峰期间，我国氢气的年需求量将达到约 4000 万 t，在终端能源消费中的占比约为 5%，其中可再生氢供给可达约 770 万 t。到 2060 年碳中和的情境下，氢气的年需求量将增至 1.3 亿 t 左右，在终端能源消费中的占比约为 20%，其中 70%为可再生能源制氢。

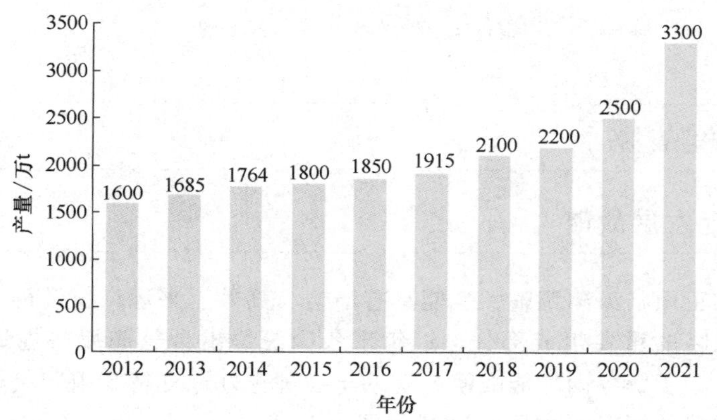

图 1-29 我国历年氢能产量

2020 年我国制氢结构如图 1-30 所示。从产量结构来看，2020 年我国氢气总产量达到 2500 万 t，主要来源于化石能源制氢（煤制氢、天然气制氢）。其中，煤制氢占我国氢能产量的 62%，天然气制氢占比为 19%，而电解水制氢受制于技术和高成本，占比仅为 1%。2020 年全球制氢结构如图 1-31 所示。从全球制氢结构来看，化石能源也是最主要的制氢方式，其中天然气占比为 59%，煤占比为 19%。

化石能源制氢过程中的碳排放巨大，在“双碳”目标进程中将逐渐被淘汰，而工业副产氢既可减少碳排，又可以提高资源利用率与经济效益，可以作为氢能发展初期的过渡性氢源，加大发展力度。

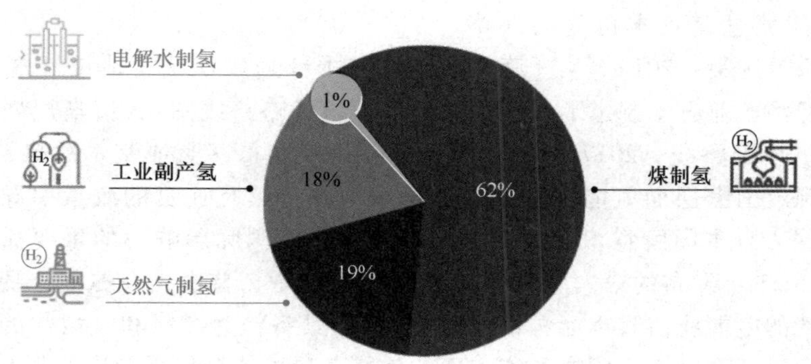

图 1-30 2020 年我国制氢结构

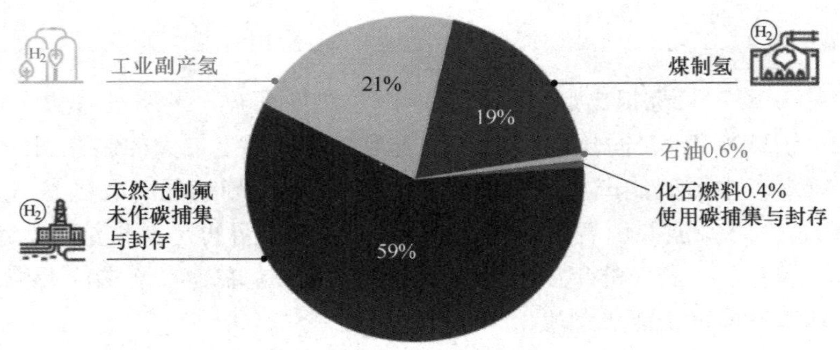

图 1-31　2020 年全球制氢结构

1.6　氢能发展战略

1.6.1　国际氢能发展战略

世界能源结构正面临深刻调整，氢能具有清洁、高效、来源广泛及可再生等特点，已成为各国未来能源战略的重要组成部分，近年来各国纷纷出台氢能战略规划，抢占发展制高点，中国身处其中，了解各国氢能战略，有助于我国更好地支持和引导氢能产业的发展。全球历年发布氢能战略的国家（地区）数量如图 1-32 所示。

1. 日本：构建全球“氢能社会”

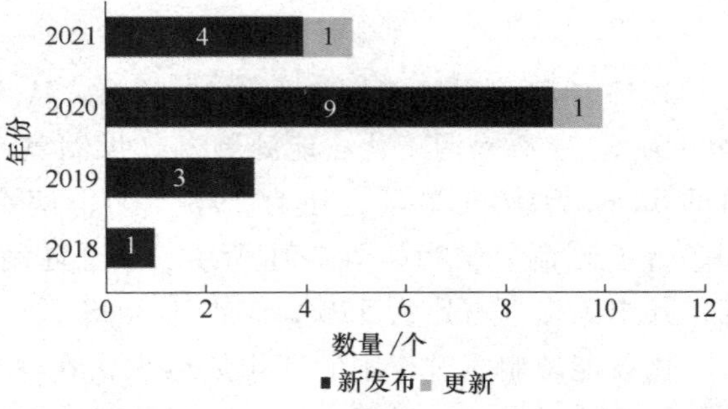

图 1-32　全球历年发布氢能战略的国家（地区）数量

日本氢能战略的出发点是维护本国能源安全，目标是构建全球“氢能社会”，力求在全球范围内打造日本主导的氢能产业链。

受矿产资源匮乏的地理条件限制，以及石油危机和福岛核泄漏等事件的影响，日本在能源安全方面一直存在强烈的危机感。为了更好地维护国家能源安全，日本将氢能作为一个重要突破口。早在 2013 年，安倍政府就通过《日本再复兴战略》将发展氢能上升为国策；2014 年，《第四次能源基本计划》明确了建设“氢能社会”的战略方向，日本经济产业省也制定了《氢能与燃料电池战略路线图》，清晰规划了实现“氢能社会”目标的三步走路线；2017 年，日本政府进一步发布《氢能基本战略》（见表 1-5），成为全球首个制定国家层面氢能发展战略的国家。在持续且连贯的政策引导下，“氢能社会”理念逐渐深入日本国民意识，也成为日本建立氢能国际影响力的重要抓手。值得一提的是，在日本 2021 年发布的第六版《氢能战略计划》中，首次提及氨能，提出到 2030 年，利用氢和氨生产的电能将占日本能源消耗的 1%。氨具备作为燃料和氢载体的潜力，随着日本氢能战略转向氢氨融合，各国在氨能方面的战略布局可能会出现相应调整。

日本对于“氢能社会”的构想，涵盖了制氢、储氢和氢能利用及基础设施建设等氢能全产业链，仅靠发展国内市场不足以支撑大规模产业化的氢能发展，因此，日本高度重视在全球范围内搭建氢能供应链和创造氢能需求。一方面，制氢需要各种资源，尤其是可再生能源，但因日本本土资源有限，所以日本不断在海外寻找成本低廉的化石能源，结合 CCS 技术制氢，或直接利用海外可再生能源制氢后，通过液化氢运输等形式保障国内氢能供应，日本与挪威、澳大利亚、文莱和沙特阿拉伯等均进行了相关合作。另一方面，氢能产业化需要下游应用需求带动，日本通过在交通、电力、建筑、工业等领域供应氢气，刺激了这些领域的用氢需求。不过从长期来看，日本国内氢气消费量有限，积极发展全球市场仍是日本氢能商业化的重要战略。

表 1-5 世界各国氢能战略发展比较

国家/地区	主要政策文件	发布时间	发展目标	重点内容
日本	第六版《氢能战略计划》	2021.10	2030 年：制氢成本降至 30 日元/Nm^3；氢气供应量达 300 万 t/年。 2050 年：制氢成本降至 20 日元/Nm^3；氢气供应量达 2000 万 t/年	到 2030 年，氢/氨发电占比将实现突破，即从第五次计划设定的 0 提高到本次设定的 1%（2019 年氢/氨发电还未部署应用），以实现清洁能源多元化
美国	《氢能计划发展规划》	2020.11	2030 年：电解槽成本降至 300 美元/kW，运行寿命达到 8 万 h，系统转换效率达到 65%，工业和电力部门用氢价格降至 1 美元/kg，交通部门用氢价格降至 2 美元/kg	DOE“氢能计划”使命：研究、开发和验证氢能转化相关技术（包括燃料电池和燃气轮机），并解决机构和市场壁垒，最终实现跨应用领域的广泛部署。该计划将利用多样化的国内资源开发氢能，确保丰富、可靠且可负担的清洁能源供应
欧盟	《欧盟氢能战略》	2020.7	2024 年：安装 600 万 kW 的电解设施，生产 100 万 t 绿氢。 2030 年：安装 4000 万 kW 的电解设施，生产 1000 万 t 绿氢。 2050 年：对所有脱碳难度系数高的工业领域使用绿氢替代	为欧洲未来 30 年清洁能源，特别是氢能的发展指明了方向，概述了全面的投资计划，包括制氢、储氢、运氢的全产业链，以及现有天然气基础设施、碳捕集和封存技术等投资。预计总投资超过 4500 亿欧元
澳大利亚	《国家氢能战略》	2019.11	15 大发展目标强调三大重点：发展清洁、创新、安全、有竞争力的氢能；使所有澳大利亚人受益；成为全球氢能产业主要参与者	确定了 15 大发展目标、57 项联合行动，旨在将澳大利亚打造成亚洲三大氢能出口基地之一，同时在氢安全、氢经济及氢认证方面走在全球前列
智利	《国家绿色氢能战略》	2020.11	2025 年：可再生能源发电制氢的装机规模达 500 万 kW。 2030 年：智利成为世界上生产绿氢最便宜的国家之一。 2040 年：实现氢能出口	系统分析了智利的绿氢发展机会，提出成为全球绿氢出口领导者的战略目标，明确了绿氢产业三阶段发展规划和各阶段的重点目标

2. 美国：强化全链条技术储备

氢能是美国能源多元化发展战略的重要方向之一。当前美国正积极储备氢能全产业链技术，助力实现其在气候领域做出的减排承诺。

美国“能源独立”战略一直重视新能源，但历届政府优先关注的领域不尽相同，导致氢能产业政策规划缺乏连贯性。不过美国始终保持了对氢能技术的研发投入，尤其是在近年来全球气候变化极端事件频发的背景下，拜登政府积极推进“气候新政”，其氢能战略规划

逐渐明晰。2020 年 11 月，美国能源部（DOE）发布了《氢能计划发展规划》（见表 1-5），设定了到 2030 年氢能发展的技术和经济指标，范围涉及“制氢-运氢-储氢-用氢”全链条。该规划是对 2002 年的《国家氢能路线图》和 2004 年启动的“氢能行动计划”的更新，可以视为美国氢能战略的一次阶段性调整。2021 年 7 月，DOE 宣布发起“能源攻关计划”，旨在使清洁氢能成本在未来 10 年内降低 80%，达到 1 美元/kg，这标志着美国开始从以化石能源制氢（灰氢、蓝氢）为主，转向以可再生能源制氢（绿氢）为主，以此助推《氢能计划发展规划》落地。

美国重视加强全链条技术储备，加快推进低成本绿氢技术，力求保持其在氢能技术方面的领先优势，建立全球氢能技术主导权。相关研究表明，近 10 年（2012—2021 年）尽管美国在氢能专利申请数量上低于中国和日本，但在制氢技术和氢储运技术专利价值度排名中，美国位居榜首，这说明其专利技术质量仍领先中、日两国。不过，值得注意的是，美国通过“页岩气革命”获得了丰富且廉价的天然气，氢能在终端应用上和天然气相比暂时不具备价格优势，氢能应用推广因此面临一定阻力。同时，尽管当前美国政府力图保证氢能的使用规模并扩大应用市场，并且其氢燃料电池汽车保有量位居全球第一，但是美国各州氢能发展存在较大差异，氢燃料电池汽车推广和加氢站建设主要集中在加州，后续美国政府若不能有效刺激其他州的用氢需求，将面临用氢需求增长乏力的风险，这不利于氢能大规模发展。

3. 欧盟：以绿氢助力脱碳经济

欧盟氢能战略的出发点是实现脱碳，目标是大规模快速部署绿氢。尤其是在俄乌冲突爆发后，欧盟越发重视摆脱对俄罗斯的能源依赖，加速推进绿氢发展。

绿色转型是欧洲经济复苏的重要驱动力之一，相关产业政策处于全球领先地位，已建立了包括氢能在内的清洁能源战略布局。近年来，欧盟相继通过《欧洲绿色协议》《欧洲气候法》和“减碳”等一揽子计划，逐步构建起相对完善的碳中和政策框架，明确到 2030 年将温室气体净排放量至少减少 55%（相较于 1990 年），到 2050 年欧洲实现“碳中和”。欧盟将发展绿氢作为实现减排目标的重要途径，并于 2020 年 7 月出台《欧盟氢能战略》（见表 1-5），提出了氢能发展的渐进式路线，旨在降低可再生能源制氢成本，通过大规模应用绿氢促进经济脱碳，以确保实现总体气候目标。

2022 年以来，全球性能源危机进一步加剧，欧洲能源价格大幅度走高，再加上俄乌冲突不断升级，欧盟对外针对俄罗斯实施煤炭禁运等制裁，对内开始加快向可再生能源和氢能过渡，以求与俄罗斯能源脱钩。在欧盟 2022 年 5 月发布的 RepowerEU 计划中，再次重申了《欧盟氢能战略》制定的“到 2030 年实现可再生制氢年产量 1000 万 t”的目标，并提出了从不同的来源进口 1000 万 t 绿氢的目标。

欧盟重点发展风、光、电制氢。一方面，欧洲南部有丰富的太阳能资源，近海地区可以开展风力发电，根据 Ember 数据，2021 年欧盟风光发电量合计已超过煤电，有望为绿氢生产提供能源支撑；另一方面，欧盟不断完善天然气基础设施网络，后续可为氢能的运输提供支持。不过，目前全球都面临绿氢成本高的难题，欧盟选择将成本相对更低的蓝氢作为短中期能源选项，本质上还是以天然气作为能量来源的，这不利于其解决能源依赖问题。此外，在俄乌冲突的背景下，近来已有部分欧洲国家开始重启煤电以应对能源短缺，可能在一定程度上拖累欧盟国家整体能源转型的步伐。

4. 澳大利亚：成为亚洲氢能出口大国

澳大利亚立足本国资源优势打造新型经济增长点，目标是成为亚洲氢能出口大国。澳大利亚正在大力发展氢能枢纽，推动行业尽快实现规模经济。

澳大利亚自然资源丰富，是煤炭、铁矿石、天然气等资源产品的重要出口国。为了适应世界经济向绿色能源转型的大趋势，澳大利亚政府将氢能视为下一个出口增长点。2019 年 11 月，澳大利亚发布了《国家氢能战略》（见表 1-5），确立了 15 大发展目标、57 项联合行动，旨在到 2030 年成为亚洲氢能出口前三，同时在氢安全、氢经济、氢认证方面走在全球前列。2020 年 9 月，澳大利亚发布首份低碳技术排放声明，提出制氢成本要低于 2 美元/kg，并公布了 19 亿美元的新能源技术投资计划，其中包括建设本国第一个氢能出口枢纽。2021 年 12 月，澳大利亚工业、科学、能源与资源部发布了《2021 氢能现状》，在梳理氢能产业现状的基础上，提出了未来发展的三大重点，即建立需求、实现低成本大规模制氢、降低输氢成本，政府将通过创建氢能枢纽刺激国内需求，并大力开拓国外市场，推动氢能在 2030 年前后实现大规模生产。

澳大利亚发展氢能具备资源、技术、市场三重优势。首先，澳大利亚太阳能、风能资源丰富且土地利用强度低，是大规模开展可再生能源制氢的理想地点；其次，煤炭、天然气等能源产业基础较雄厚，氢能发展具备良好的产业环境；最后，澳大利亚成熟的能源贸易关系，在很大程度上为其氢能出口铺平了商业化道路。澳大利亚希望在不影响安全、生活成本、水资源、土地使用权和环境可持续性的情况下，实现清洁氢能的新就业和新增长，但这需要面对现实中的各种挑战。例如，2021 年 6 月澳大利亚政府就以保护湿地生态为由，暂时搁置为西澳大利亚皮尔巴拉的亚洲可再生能源中心项目颁发环境许可证；2022 年年初，澳大利亚国内专家评估认为，正在建设的澳大利亚-日本氢气供应链，实际会使日本碳排放向外转移，如果没有强有力的政策支持低碳制氢，澳大利亚碳排放将会面临上升压力。

5. 智利：依托绿氢促进经济转型

智利希望借助绿氢实现经济增长驱动力转变，从以铜矿等不可再生资源为主，转向风能、光能等可再生能源驱动，成为全球绿氢出口领导者。智利和澳大利亚同属于出口导向型经济，但智利高度依赖进口煤炭发电。为了提高能源自主可控性，智利政府强调摆脱火电，大力发展可再生能源发电，并进一步开展大规模低成本可再生能源制取，实现经济转型升级。2020 年 11 月，智利能源部发布《国家绿色氢能战略》（见表 1-5），提出分三阶段建设氢能强国：第一阶段完成国内增产和出口准备，第二、三阶段通过出口绿氢，做大规模，成为全球绿氢供应商。其目标是到 2025 年，智利可再生能源发电制氢的装机规模达到 500 万 kW；到 2030 年，智利成为世界上生产绿氢最便宜的国家之一；到 2040 年，智利实现氢能出口。

智利希望生产“最便宜”的绿氢，除可再生能源储量丰富外，其独特的地形条件也极为重要。一方面，智利国土面积小，北部阿塔卡马沙漠是全球阳光直射最集中、稳定的地区之一，南部地区风能资源丰富，并且靠近大型消费中心、天然气管网和港口等物流枢纽，有利于减少国内氢能基础设施建设和运输成本；另一方面，智利海岸线狭长、风力充足，开展海上风力发电，对陆地生态系统的影响较小。在氢能出口贸易中，可以直接利用海上风电制取绿氢，无须额外消耗成本将电力输送到岸上，绿氢也可直接通过海底管道、输氢船等销往海外。不过，当前海上风电制氢还面临海上风电波动大、制氢设备运维难度大、氢储运难等问题。智利海上风电制氢项目和其他大部分绿氢项目尚在规划中，智利要想顺利将资源潜力转变为氢能经济优势，仍需克服诸多挑战。

1.6.2 中国氢能战略

1. 氢能是未来国家能源体系的重要组成部分

自2019年氢能首次被写入《政府工作报告》以来，我国各部委密集出台各项氢能支持政策，内容涉及氢能制、储、输、用加全链条关键技术攻关，以及氢能示范应用、基础设施建设等，国家层面氢能相关政策（2019—2022年）见表1-6。2022年3月，国家发展和改革委员会（以下简称发改委）、国家能源局联合印发《氢能产业发展中长期规划（2021—2035年）》（以下简称《规划》），以实现“双碳”目标为总体方向，明确了氢能是未来国家能源体系的重要组成部分，提出了氢能产业的三个五年阶段性发展目标，同时也明确了氢能是战略性新兴产业的重点方向，将氢能产业上升至国家能源战略高度。

表1-6 国家层面氢能相关政策（2019—2022年）

发布时间	发布机构	政策文件	政策解读
2022.06	发改委、国家能源局等9部委联合印发	《“十四五”可再生能源发展规划》	内容：推动光伏治沙、可再生能源制氢和多能互补开发；推动可再生能源规模化制氢利用 意义：明确要推动可再生能源规模化制氢利用，为“十四五”期间氢能产业的发展明确了方向
2022.03	发改委、国家能源局	《氢能产业发展中长期规划（2021—2035年）》	内容：分析了我国氢能产业的发展现状，明确了氢能在我国能源绿色低碳转型中的战略定位、总体要求和发展目标，提出了氢能创新体系、基础设施、多元应用、政策保障、组织实施等方面的具体规划 意义：氢能上升至国家能源战略高度
2021.11	国家能源局、科学技术部	《“十四五”能源领域科技创新规划》	内容：攻克高效氢气制备、储运、加注和燃料电池关键技术，推动氢能与可再生能源融合发展 意义：为氢能制、储、输、用全链条关键技术提供了创新指引，为氢能的示范应用和安全发展提供了重要指导
2021.10	国务院	《2030年前碳达峰行动方案》	内容：积极扩大电力、氢能、天然气等新能源、清洁能源在交通运输领域应用 意义：明确了氢能对实现碳达峰、碳中和的重要意义
2021.03	第十三届全国人民代表大会	《中华人民共和国国民经济和社会发展第十四个五年规划和2035年远景目标纲要》	内容：在氢能与储能等前沿科技和产业变革领域，组织实施未来产业孵化与加速计划，谋划布局一批未来产业 意义：氢能作为国家前瞻谋划的六大未来产业之一写入“十四五”规划
2020.12	发改委、商务部	《鼓励外商投资产业目录（2020年版）》	内容：氢能与燃料电池全产业链被纳入鼓励外商投资的范围 意义：产业对外开放程度提高
2020.04	国家能源局	《中华人民共和国能源法（征求意见稿）》	内容：能源，是指产生热能、机械能、电能、核能和化学能等能量的资源，主要包括煤炭、石油、天然气、核能、氢能等 意义：首次将氢能列入能源范畴，从法律层面明确了氢能的能源地位
2019.03	国务院	《政府工作报告》	内容：稳定汽车消费，继续执行新能源汽车购置优惠政策，推动充电、加氢等设施建设 意义：氢能首次被写入《政府工作报告》

根据《规划》，到2025年，中国将基本掌握核心技术和制造工艺，燃料电池汽车保有量达5万辆左右，部署建设一批加氢站，可再生能源制氢量达到10万~20万t/年，实现二氧化碳减排100万~200万t/年。到2030年，形成较为完备的氢能产业技术创新体系、清洁能源制氢及供应体系，有力支撑碳达峰目标实现。到2035年，形成氢能多元应用生态，可再生能源制氢在终端能源消费中的比例明显提升。

《规划》从国家层面为氢能产业打造了顶层设计，首次清晰描述了氢能的战略定位，为中国氢能科技创新和产业高质量发展指明了方向。这有利于政府统筹推进氢能产业发展，制定产业发展总体思路、目标定位和任务要求，各地方充分考虑本地区发展基础和条件，在科学论证的基础上，合理布局，共同推动氢能产业健康、有序、可持续发展。

2. 地方政府积极推出氢能支持政策

《规划》出台后，截止到当年8月中旬，全国至少有9个省（自治区、直辖市）发布了氢能产业发展规划或“十四五”能源发展规划，部分省市发布的氢能发展规划见表1-7。《规划》主要包括以长三角（江浙沪）、珠三角（广东）、京津冀（北京）为代表的主要用能区域，以及以西南（贵州、重庆）、西北（宁夏）为代表的可再生能源供应区域。

其中，主要用能区域着重强调推动以氢燃料电池汽车为代表的氢能交通应用。例如，北京、浙江均明确提及推动氢燃料电池汽车在交通领域的发展。我国氢能产业下游应用现以氢燃料电池汽车为主，已经在京津冀、上海、广东、河南初步形成五大燃料电池汽车示范城市群。示范城市群受政策驱动积极发展氢燃料电池汽车产业，并借此带动氢能全产业链布局发展。例如，广东计划加快培育氢气制储、加运及燃料电池堆（简称为电堆）、关键零部件和动力系统集成的全产业链；上海重点瞄准氢能冶金、氢混燃气轮机、氢储能等赛道；江苏、浙江则积极探索以风电为主的可再生能源制氢技术。

表1-7 部分省市发布的氢能发展规划

地区	发布时间	省市区	政策文件	主要内容
主要用能区域	2022.08	辽宁	《辽宁省氢能产业发展规划(2021—2025年)》	1)在氢气制备、氢气储运、燃料电池、氢能应用四方面明确了多项发展重点； 2)着力构建“一核、一城、五区”的氢能产业空间发展格局，打造大连氢能产业核心区、沈抚改革创新示范区氢能产业新城、鞍山燃料电池关键材料产业集聚区等
	2022.06	上海	《上海市氢能产业发展中长期规划(2022—2035年)》	1)夯实上海在氢燃料电池、整车制造、检验检测等方面的产业优势； 2)抢占氢能冶金、氢混燃气轮机、氢储能等未来发展先机
	2022.06	江苏	《江苏省“十四五”可再生能源发展专项规划》	1)探索开展规模化可再生能源制氢示范，实现季节性储能和电网调峰，推进化工、交通等重点领域的绿氢替代； 2)探索开展海上风电柔性直流集中送出、海上风电制氢等前沿技术示范
	2022.05	浙江	《浙江省能源发展“十四五”规划》	1)推动氢燃料电池汽车在城市公交、港口、城际物流等领域应用，到2025年规划建设加氢站近50座； 2)探索应用氢燃料电池热电联供系统。用好全省工业副产氢等资源，探索开展风电、光伏等可再生能源制氢试点
	2022.04	广东	《广东省能源发展“十四五”规划》	打造氢能产业发展高地。多渠道扩大氢能应用市场，聚焦氢能核心技术研发和先进设备制造，加快培育氢气制储、加运及燃料电池堆、关键零部件和动力系统集成的全产业链

（续）

地区	发布时间	省市区	政策文件	主要内容
主要用能区域	2022.04	北京	《北京市“十四五”时期能源发展规划》	1)聚焦推动氢能与氢燃料电池全产业链技术进步与产业规模化、商业化发展,加快氢气制备(制造)储运加注、氢燃料电池设备及系统集成等关键技术创新研发; 2)加快推进氢能基础设施建设和氢燃料电池汽车规模化示范应用
可再生能源供应区域	2022.07	贵州	《贵州省“十四五”氢能产业发展规划》	“十四五”期末,初步建立氢能全产业链,初步拓展氢能应用场景,为建设西南地区氢能循环经济产业新高地,创造贵州省能源结构转型新增长筑牢基础
	2022.06	重庆	《重庆市能源发展“十四五”规划(2021—2025年)》	1)围绕中国西部(重庆)氢谷、成渝氢走廊建设,稳步提升制氢能力,并探索优化储运方式,适度超前建设加氢基础设施网络; 2)以两江新区、九龙坡区、西部科学城重庆高新区为龙头,积极打造氢燃料电池及核心零部件产业集群,推动氢气制备、储运、终端供应全产业链发展; 3)氢能利用示范:建设成渝氢走廊,开展氢能在交通领域示范应用,推广应用氢燃料电池汽车,到2025年规模达到1500辆,建设多种类型加氢站30座
	2022.05	宁夏	《宁夏回族自治区氢能产业发展规划(征求意见稿)》	到2025年,形成较为完善的氢能产业发展制度政策环境,产业创新能力显著提高,氢能示范应用取得明显成效,市场竞争力大幅度提升,初步建立以可再生能源制氢为主的氢能供应体系

可再生能源供应区域依托水力、风能、太阳能等资源优势，因地制宜发展可再生能源制氢。例如，宁夏规划到2025年初步建立以可再生能源制氢为主的氢能供应体系。可再生能源供应区域从上游制氢切入再谋求建立氢能全产业链生态，有利于尽早探索出低成本、可大规模应用的制氢技术路线，并超前布局氢储运等基础设施网络。重庆的氢能产业规划就体现了这一发展思路。

2019年以来，至少有12个省（自治区、直辖市）制定了到2025年的氢能发展量化目标，全国部分省市氢能发展目标见表1-8。和《规划》提出的全国性目标进行对比，仅内蒙古一地规划的可再生能源制氢量就已超过20万t/年，北京、河北、山东、上海四地计划推广燃料电池汽车总量已达4万辆。由此不难看出，在氢能将迎来广泛应用的确定趋势下，各地对氢能发展普遍持积极态度。一方面，地方政策相较国家层面政策更加具体且有针对性，有利于快速完善从国家到地方各级的氢能政策框架，切实推动各地区氢能产业的发展。但从另一方面来讲，政策能有效落地才是关键。当前我国氢能发展尚处于初期阶段，攻克部分关键产业链节点尚需时间，因此各地区应当科学评估当前产业基础、市场空间和发展潜力，制定行之有效的政策规划，遵守发改委提出的“严禁各地以建设氢能项目名义‘跑马圈地’、互相攀比”的要求。

氢能产业在不同发展阶段存在不同特点，我国的氢能支持政策也在随着行业的发展不断做出调整。在氢能产业发展前期，国家补贴政策聚焦于燃料电池汽车的推广和示范应用。2009年，财政部等发布了《节能与新能源汽车示范推广财政补助资金管理暂行办法》，对试点城市示范推广单位购买和使用燃料电池汽车给予补助。2015年《关于2016—2020年新能

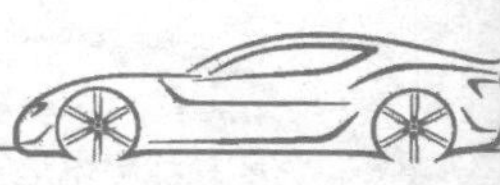

源汽车推广应用财政支持政策的通知》明确指出“中央财政对购买新能源汽车给予补助，实行普惠制”。2018 年，国家进一步调整完善新能源汽车推广应用财政补贴政策，指出“燃料电池汽车补贴力度保持不变，燃料电池乘用车按燃料电池系统的额定功率进行补贴”。此外，加氢站等配套基础设施不健全也成为制约产业发展的重要因素。2019 年《关于进一步完善新能源汽车推广应用财政补贴政策的通知》指出要加大支持加氢基础设施“短板”建设和配套运营服务等。

表 1-8　全国部分省市氢能发展目标

地区	省市区	发布时间	政策文件	氢能发展目标(2025)		
				燃料电池汽车/万辆	加氢站/座	可再生能源制氢/万 t
东部	上海	2022.06	《上海市氢能产业发展中长期规划(2022—2035 年)》	1.0	70.0	—
	天津	2022.02	《天津市能源发展“十四五”规划》	0.09	5.0	—
	北京	2021.08	《北京市氢能产业发展实施方案(2021—2025 年)》	1.0	37.0	—
	河北	2021.07	《河北省氢能产业发展“十四五”规划》	1.0	1.0	—
	山东	2020.06	《山东省氢能产业中长期发展规划(2020—2030 年)》	1.0	100.0	—
	浙江	2022.05	《浙江省能源发展“十四五”规划》	—	50.0	—
	广东	2020.09	《广东省培育新能源战略性新兴产业集群行动计划(2021—2025 年)》	—	300.0	—
西部	贵州	2022.07	《贵州省“十四五”氢能产业发展规划》	0.1	15.0(含油气综合站)	—
	重庆	2022.06	《重庆市能源发展“十四五”规划(2021—2025 年)》	0.15	30.0	—
	宁夏	2022.05	《宁夏回族自治区氢能产业发展规划(征求意见稿)》	0.05	10.0	8
	内蒙古	2022.02	《内蒙古自治区“十四五”氢能发展规划》	0.5	60.0	48(氢能供给能力达 160 万 t/年，绿氢占比超 30%)
东北	辽宁	2022.08	《辽宁省氢能产业发展规划(2021—2025 年)》	0.2	30.0	—

在燃料电池汽车补贴方面，近年来国家越发重视补贴资金的运行效率，2020 年 9 月《关于开展燃料电池汽车示范应用的通知》发布，将对燃料电池汽车的购置补贴政策调整为燃料电池汽车示范应用支持政策，针对示范期间的城市群，财政部等部门采取“以奖代补”方式，依据其目标完成情况给予奖励。该政策推动了各地产业互补、企业强强联合，进一步激活了产业活力和企业创新力、竞争力，避免企业形成“补贴依赖症”。2019 年发布的《关

于进一步完善新能源汽车推广应用财政补贴政策的通知》也指出“切实防止重复建设，推动提高产业集中度”，坚决遏制新能源汽车盲目投资等乱象，不断提高产能利用率和产业发展质量。

思考题

1-1 制氢途径有哪些？各有什么优缺点？

1-2 氢气储存有什么难点？目前有哪些储氢方式？

1-3 氢能生产过程中可能涉及哪些环境影响？如何降低这些影响？

1-4 氢气的安全性如何？氢能的运输需要考虑哪些问题？

1-5 通常说的灰氢、蓝氢、绿氢指的是什么？

1-6 气态氢和液氢的运输方式有哪些？各有什么优缺点？

1-7 氢能有哪些特点？什么是可再生氢气？

1-8 什么是高压气态储氢？其原理是什么？

1-9 解释“氢能转型”和“氢社会”这两个概念，并分析它们的可行性。

1-10 储氢装置需要设置什么安全附件？

1-11 氢能产业备受全球关注。在我国无论是各地政策规划的相继出台，还是二级市场相关概念的持续爆发，氢能产业均受到热捧。然而，在日渐升温的“氢能热”中，更需客观理性的“冷思考”。请结合网络资源分析氢能产业、氢能利用有哪些方面需要理性的“冷思考”。

1-12 试比较氢能和其他清洁能源（如太阳能、风能）之间的优缺点。

第2章　氢燃料电池

发展新能源是国家经济发展的需求，国际局势的变动造成化石燃料价格上涨，需要采取措施阻止能源危机发生。在世界石油价格上涨的大趋势面前，我国能源供应的安全性将受到威胁。经济发展造成社会对能源的需求日益增加，对新能源的开发也产生了推动和刺激作用。要想解决我国能源供应不足的问题，必须发展新能源，需要大规模引入可再生能源和新能源，减少对化石能源的依赖。

氢燃料电池是一种将燃料（和氧化剂）的化学能连续转化为电能的装置。氢燃料电池以化学方式实现能量转换，不受发动机卡诺循环的限制，具有较高的转换效率。氢燃料电池在全球大范围环保趋势下已成为最清洁环保的电动汽车用电池。

2.1　氢燃料电池发展史

氢能研究是社会发展的需求。化石燃料的燃烧引起了全球性的环境问题，如酸雨和全球变暖。1997 年 12 月通过的京都无记名协议，规定发达国家降低温室效应的目标>5%，相比 1990 年，在 2008—2012 年要下降 6%。要想从根本上降低我国能源对外依赖程度、解决环境污染问题，开发利用新能源与可再生能源是一条符合发展趋势的可行之路。氢能的生产、储运和利用是大规模开发和利用氢能必须解决的关键科学问题。

1839 年，英国科学家 Willam Robert Grove 用电将水分解成氢和氧，即氢燃料电池的电解实验，它是继水力发电、热能发电和原子能发电之后的第四种发电技术。

1889 年，蒙德和莱格提出了燃料电池概念，几乎在同一时间内燃机出现了，内燃机的出现使得燃料电池在未来 69 年里淡出了人们的视野。1958 年，美国出现了真正实用的燃料电池，其输出功率为 5kW，工作温度为 200℃，电力足以开动电车和风钻。1959 年，培根首次开发出氢氧燃料电池，为燃料电池的发展打下了坚实的基础。在 20 世纪 60 年代，美国选择改进后的氢燃料电池以获取更大的动力，例如将其应用于 1965 年和 1966 年的阿波罗航天器上，以提供动力。

1970 年前后，世界经历了两次石油危机，各国都在寻找可以代替的能源以应对石油危机。到 20 世纪 80 年代，美国、日本和欧洲等发达国家或地区都想在燃料电池方面有所突破，经过近 10 年的研究，燃料电池取得重大进展，尤其是在燃料技术方面，东芝、三星、

佳能等企业都研发出自己的产品，燃料电池正式进入应用阶段。巴拉德动力系统公司（Ballard Power Systems）自1979年成立以来，已申请专利超过1500项，垄断了全球超过70%的氢燃料电池份额，奔驰、大众、福特、丰田和本田等都在使用其技术。

进入20世纪90年代后，氢燃料电池开发的参与者越来越多。1991年，马自达研发出了氢燃料转子发动机。丰田第一台氢燃料电池汽车FCHV-1（氢燃料电池混动汽车一号）于1997年问世，该车采用氢燃料电池和镍氢电池混合动力，氢燃料电池输出功率只有25kW。同年，马自达研制出Demio FCEV，它采用压缩氢气，配合带PEM的20kW燃料电池。1998年，巴拉德展示了运营服务和试验项目的3辆燃料电池客车。本田Clarity最早的两个研发版本——一号原型机（液氢）和二号原型机（甲醇）于1999年发布。2000年后，大众Bora HyMotion通过液氢加异步电动机，实现了最高90迈（MPH，mile/h）[⊖]220km的续航（项目开始于1996年）。

2001年，通用汽车在法兰克福举办的车展上展出了一款以“氢3”燃料电池驱动的汽车。“氢3”燃料电池驱动系统由200个串联的燃料电池块组成的电池组一起产生电能，使用68L储氢罐为燃料电池组供氢，用电池产生的电能驱动功率为60kW的三相异步电动机，该过程不会产生任何噪声。采用“氢3”燃料电池驱动的汽车百公里加速时间约为16s，最大速度为160km/h。储氢罐储存液氢，储存温度为-253℃，最大压力为70MPa，驱动里程可达到400km。

2005年，通用汽车公司的氢燃料电池汽车亮相上海车展，被认为是氢燃料电池汽车领域中的经典。与以往的燃料电池汽车相比，通用型续航氢燃料电池汽车的行驶性能和驾驶性能均有所突破：通过使用有线传输等技术，提升汽车的各项性能，提高了其安全性；在更环保的前提下，简化了维护程序；对所有的汽车驾驶和控制部件都进行了体积上的简化，28cm厚的底盘几乎可以容纳所有的构件。相比传统汽车，通用型续航氢燃料电池汽车的动力性、稳定性和安全性都大幅度提升。最重要的是，其所采用的燃料电池在运行过程中，燃烧产物只有水蒸气，不会产生任何污染。车速从0加速到48km/h只需3s，加速到96km/h的用时不超过10s。

春兰集团开发出的新一代镍氢电池，无论在能量密度、功率密度方面，还是在寿命、充电等方面都有其不可忽略的优势，最重要的是它没有记忆效应，有助于提升电池的使用寿命。在高性能的前提下，该电池实现了无污染，这对全球环境改善和生态恢复都有重要的意义。

2006年，由北京理工大学、美国国家高新技术绿色材料开发中心、中山中央火炬森林科技有限公司、北京航空航天大学等单位参与的“EQ7200混合动力车镍氢电池组及管理模块”项目在广东中山通过验收。该项目研制的电池排放能达到国三标准，气体排放量可减少30%，降低油耗30%。在该电池的生产过程中，首先对电极材料进行预处理，然后对电极材料进行表面改性等处理。除了制定特殊的生产工艺，以保证电池较高的性能，为批量生产时可以达到较高的合格率奠定了基础，该项目还为混合动力汽车的道路试验提供管理系统和模型，从而可以保证顺利通过工作条件试验，提高了可靠性。

2006年，我国公布了两种适用于低温严酷环境的镍氢电池。新型镍氢电池是对AB5型

⊖ 1mile/h≈1.609km/h。

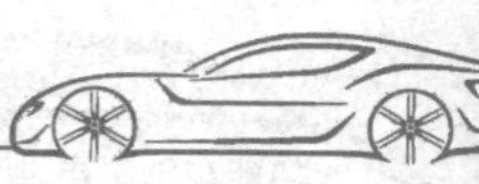

合金负极的成功突破，是在其基础上研制的一种 AA 型和 D 型镍氢电池。新型镍氢电池的成功研制填补了我国在低温燃料电池领域的空白。由于低温电池可以极大地拓展镍氢电池的应用范围，可以解决低温条件下航空、航天方面的需求。

2007 年，蒋彩蓉对电解质的制备工艺进行了优化，以提高电池各方面的性能，在经过大量研究后，选择对 YSZ㊀和 Sm 掺杂氧化铈（SDC）作为电解质，提高了电池输出功率。

2008 年 8 月 27 日，美国能源部氩气国家实验室与加拿大安大略省技术和冶金公司合作建造了一个熔铜反应器，先利用现有技术将硫化氢气体与原油分离，然后通过熔铜反应器获得纯氢气。该技术在 1000 多摄氏度下工作较好，除用于石油工业外，还可应用于其他气化能源。

2008 年，波音公司 John Tracy O 表示，该公司将 PEM 燃料电池和锂电池同时安装在飞机上，待飞机达到一定高度（可能在 1000m 高度）时起飞爬升，切断其传统动力，仅由氢燃料电池驱动。飞机在海拔 1000m 处进行了测试，结果显示其可以以 100km/h 的平均速度飞行 20min。

2009 年，上海交通大学在分析通用电池模块现有布局的基础上提出了梯形布局，对电池设计有指导作用，并可以在后续设计中广泛使用。相关实验结果表明，梯形电池能够满足电池的冷却要求。在大电流充放电、温度差较小（最高 20℃）时，交错的电池温度差异较大，超过 50℃。这表明交错电池组的散热效果不能满足电池的散热需求，需要加以改进。

2009 年，孙振东研究了氢燃料电池汽车碰撞安全性，在综合了解氢燃料电池汽车国内外相关法律法规的基础上，制定了氢燃料电池汽车碰撞安全综合标准。

2012 年，孙绪旗将传统车型的内燃机改型为氢燃料电池，对整个动力系统进行了设计和整体布置，确定了动力系统各个零部件的相关参数，对氢燃料电池的动力系统进行了仿真试验，并对氢燃料电池的各个部件进行了整体优化设计，通过多次试验证明其有很高的实用性。

2013 年，陈哲开发了逆变器系统的两级结构，分析了双升压逆变电路拓扑结构的直流增益特性和交流增益特性，给出了改进的交流增益特性，建立了硬件实验系统平台和软件仿真系统。

2014 年，李明对氢氧燃料电池智能控制系统进行了设计，目标是检测氢气泄漏；在正常温度条件下，结合数字 PID 和散热热风机将燃料电池系统控制在特定的温度。

2015 年，井洪宇提出了基于氢燃料电池的电能变换系统，分析了氢燃料电池的工作机理、内部组成和模型构建模式，利用 MATLAB/Simulink 模拟和分析了氢燃料电池的两级 DC/DC 电源转换系统，最大程度地提高了氢燃料电池的电能利用率，实现了升压和稳压的功能。

2015 年，丰田汽车公司根据美国环保局公布的数据，宣布其氢燃料电池汽车 MiLAI 创下行驶里程 502.1km 的纪录，特斯拉 Model S 电动车的最长行驶里程超过 435km。

2016 年，孙建起等对太阳能-氢能电池系统进行了各项性能的研究。其结果表明，氢燃料电池的发电效率比太阳能发电的效率高，前者的发电效率可达 36.4%，而后者的发电效率只有 15%~18%；氢燃料电池在反应过程中不产生任何污染，具有高效无污染的特点。

㊀ YSZ，表示一类掺杂稀土元素钇的氧化锆。

2016 年 7 月，本田与通用宣布就研发新一代燃料电池技术开展合作，这是继丰田与宝马、戴姆勒与福特、日产与雷诺之后又一世界级汽车企业在新一代氢燃料电池汽车方面的牵手。

2017 年，中通客车控股股份有限公司研发了氢燃料电池的热管理系统、方法和控制管路；2017 年，浙江瀚广新能源科技有限公司研发了一种氢燃料电池启动系统及方法。同年，巴拉德成为首家为客车供电的燃料电池公司，运营服务累计超过 1000 万 km。

2018 年，许东阳在氢燃料电池汽车的去离子装置关键技术研究中提出了一种去离子装置技术。该技术可使去离子装置内的离子交换树脂不断地和溶液中新增的导电离子发生交换，当开启去离子装置后，整个系统的电导率明显下降；而关闭该装置后，电导率开始攀升。为了满足不同的燃料电池系统需求，各大燃料电池汽车厂商研发的去离子装置内部结构不尽相同，但主要结构一般由上壳体、下壳体、滤网、滤芯 4 部分构成，其中滤芯内含阴阳离子交换树脂。去离子装置工作时，冷却液先从上壳体入口进入，经滤网物理过滤杂质后进入滤芯与阴阳离子交换树脂发生反应，再经过下层滤网从下壳体出口流出，完成冷却液的去离子功能，从而降低冷却液的电导率。

2018 年，史成荫利用 G20 燃料电池测试平台对膜电极进行了测试试验，测试数据表明膜电极的制作方法有效解决了我国燃料电池发展过程中遇到的技术难题。

2018 年，Sivaprakash 提出用于生产燃料电池的氢气或合成气最具吸引力的路线之一是重整和部分氧化碳氢化合物，即通过外部或内部重整来实现碳氢化合物在高温燃料电池中的使用。通过重整和部分氧化将碳氢化合物转化为富氢合成气，这在燃料加工技术中发挥着重要作用。

2019 年，上海燃料电池汽车动力系统有限公司展示了一款 30kW 氢燃料电池发动机，它具有以下特点：空间利用率很高；发动机起动、停机和加载响应快；发动机状态可实时监控和智能诊断；环境适应性强，维护成本低。该发动机主要由一个 36kW 电堆、空气压缩机、中冷器、增湿器、PTC 加热器及节气门组成，同时安装了管路、线束、氢气浓度传感器，以及压力传感器、流量计等。未势能源科技有限公司和上海燃料电池汽车动力系统有限公司联合展出了国内首个 85kW 乘用车燃料电池系统，它属于完全自主开发，拥有自主知识产权。

2019 年，福建雪人有限公司开发了一种使用寿命长（超过 10000h）、功率可达 31kW、系统效率超过 50%的氢燃料电池，达到世界顶尖水平。目前，通过国内技术制造的氢燃料电池一般仅具有约 2000h 的使用寿命，效率仅为 40%左右，而雪人公司开发的电池使用寿命超过 10000h，是前者的 5 倍。

2.2 氢燃料电池基本原理

氢燃料电池是使用氢化学元素制造的储存能量的电池。氢燃料电池发电的基本原理是电解水的逆反应，其产物是电和水，具体反应过程如下：电池阳极上的氢在催化剂作用下分解为质子和电子，带正电荷的质子穿过隔膜到达阴极，带负电荷的电子则在外部电路运行，从而产生电能；电池阴极上的氧离子在催化剂作用下和电子、质子发生化合反应生成水。电池组通过大量串联这样的燃料电池，就可以产生足够的电能来驱动汽车。氢燃料电池的基本原理如图 2-1 所示。

氢燃料电池与普通电池的区别主要如下：干电池、蓄电池作为一种储能装置，先把电能储存起来，在有需要时再释放电能；而氢燃料电池像发电厂一样，把化学能直接转化为电能，它是一种电化学发电装置。另外，氢燃料电池的电极采用特制的多孔性材料制成，它是氢燃料电池的一项关键技术，不仅要为气体和电解质提供较大的接触面，还要对电池的化学反应起催化作用。

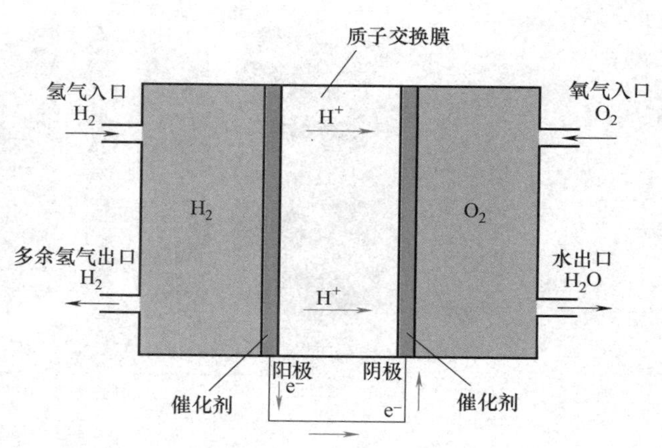

图 2-1 氢燃料电池的基本原理

2.3 氢燃料电池类型

按照不同的分类标准，氢燃料电池可以划分为不同的类别。按照电池的运行机理不同，分为酸性燃料电池和碱性燃料电池；按照电解质种类不同，分为质子交换膜燃料电池（PEMFC）、磷酸燃料电池（PAFC）、固体氧化物燃料电池（SOFC）、碱性燃料电池（AFC）、熔融碳酸盐燃料电池（MCFC）、直接甲醇燃料电池（DMFC）等；按照工作温度范围不同，分为低温型（<200℃）、中温型（200~750℃）和高温型（>750℃）燃料电池。通常 AFC、PEMFC 为低温燃料电池，PAFC、MCFC 和 DMFC 为中温燃料电池，而 SOFC 为高温燃料电池。

2.3.1 质子交换膜燃料电池

质子交换膜燃料电池（Proton-Exchange Membrane Fuel Cell，PEMFC）采用可传导离子的聚合膜作为电解质，因而又称为聚合物电解质燃料电池（PEFC）、同体聚合物燃料电池（SPFC）或固体聚合物电解质燃料电池（SPEFC），它是一种能够将物质直接通过化学方法转换成电能的装置。与传统类型电池不同，燃料电池并不需要充电，而是通过外界输入物料来进行工作，工作过程中并不受到循环的限制。这种电池具有非常高的能量转化率，主要构成部件包括电解催化剂、电极、双极板及质子交换膜，如图 2-2 所示。

质子交换膜是固体聚合物电解质。电极通过气体扩散催化构成，气体的扩散层利用碳布或者钛网进行支撑，通过黏结剂组合在一起。催化层的构成主要依靠石墨或者炭黑来对铂进行负载。燃料方面则采用碳氢液体或者纯氢。以空气或者纯氧作为氧化剂，利用负载阴阳极作为催化剂。涂层方面则采用石墨板，近几年也有用金属板的。燃料电池的电化学反应特性不同，PEMFC 只是燃料电池的一种。质子交换膜燃料电池采用聚合物半透膜的薄层形式，柔韧性良好，不会导致电解质泄漏的情况发生。

PEMFC 工作时，燃料（氢气）在阳极催化剂的作用下，离解成氢离子（H^+）并释放电子 e，氢离子（H^+）穿过质子交换膜到达阴极，电子 e 则经过电流收集板收集，由外电路流向阴极（对外电路做功）；氧化剂（氧气或空气）在阴极催化剂作用下被还原并与 H^+、外电路电子 e 结合生成仅含有水的排放物。PEMFC 的工作原理如图 2-3 所示。

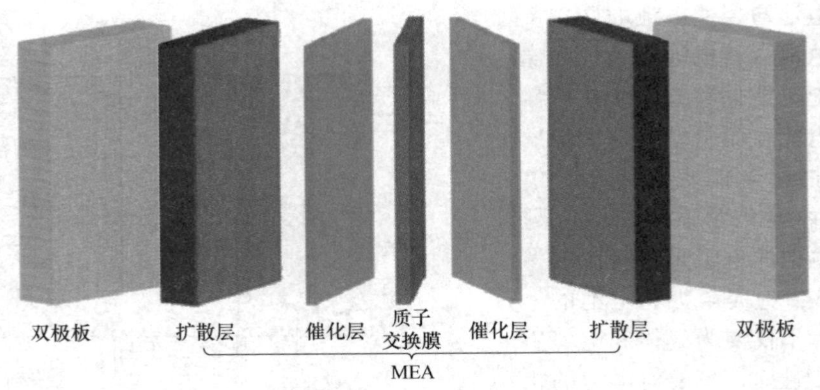

图 2-2　质子交换膜燃料电池结构

注：MEA 是指膜电极的总成，包括质子交换膜、催化层和气体扩散层。

PEMFC 的电化学反应如下：

阳极　$2H_2 \rightarrow 4H^+ + 4e^-$

阴极　$O_2 + 4H^+ + 4e^- \rightarrow 2H_2O$

总反应　$2H_2 + O_2 \rightarrow 2H_2O + Q$

由此可以看出，在 PEMFC 工作过程中，若氢气和氧气不断地从阳极与阴极输入，电池中的电化学反应就会持续进行，电子则会连续不断地从阳极输出并经外部电路形成通路电流，从而产生连续不断的电能，并为用电装备提供动力。

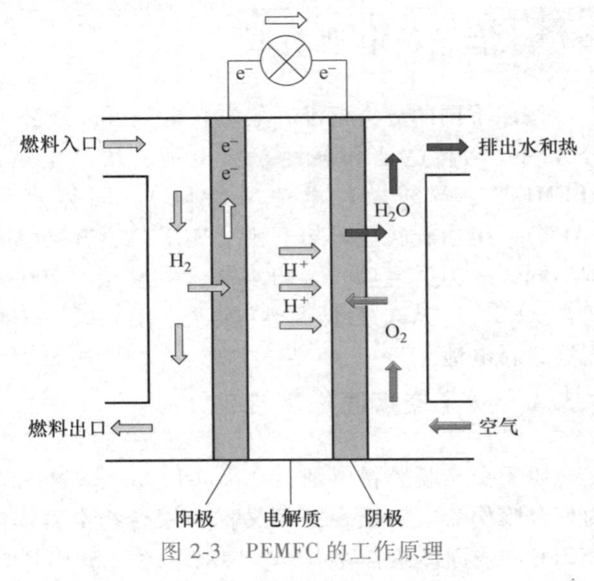

图 2-3　PEMFC 的工作原理

PEMFC 有许多优点，如使用寿命长、零噪声、零污染、零腐蚀性、体小且轻。另外，其在工作期间的电流较大，比功率和能量效率也较高，操作时候的温度低，冷起动较快，更加环保。PEMFC 的发展性更强，有更为广阔的应用空间。

2.3.2　固体氧化物燃料电池

固体氧化物燃料电池（Solid Oxide Fuel Cell，SOFC）属于第三代燃料电池，它是一种在中高温下直接将储存在燃料和氧化剂中的化学能高效、环境友好地转化为电能的全固态化学发电装置，也是几种燃料电池中理论能量密度最高的一种，被普遍认为后续会像 PEMFC 一样得到广泛应用。

作为一种新型发电装置，固体氧化物燃料电池所具有的高效率、无污染、全固态结构和对多种燃料气体的广泛适应性等特点是其广泛应用的基础。

固体氧化物燃料电池单体主要由电解质（electrolyte）、阳极或燃料极（anode，fuelelectrode）、阴极或空气极（cathode，air electrode）和连接体（interconnect）或双极板（bipolar separator）组成。

固体氧化物燃料电池的工作原理与其他燃料电池相同，在原理上相当于水电解的“逆”

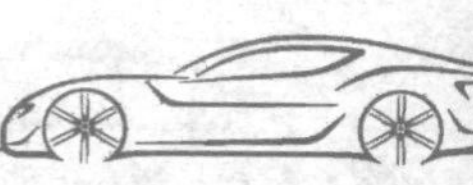

装置，它的基本原理及结构如图 2-4 所示。其单电池由阳极、阴极和固体氧化物电解质组成，阳极为燃料发生氧化的场所，阴极为氧化剂被还原的场所，两极都含有加速电极电化学反应的催化剂。该电池工作时相当于直流电源，其阳极为电源负极，阴极为电源正极。在固体氧化物燃料电池的阳极一侧持续通入燃料气，如氢气（H_2）、甲烷（CH_4）、城市煤气等，具有催化作用的阳极表面吸附燃料气体，并通过阳极的多孔结构扩散到阳极与电解质的界面。在阴极一侧持续通入空气（或氧气），具有多孔结构的阴极表面吸附氧，由于阴极本身的催化作用，使得 O_2 得到电子变为 O^{2-}，在化学势的作用下，O^{2-} 进入起电解质作用的固体氧离子导体，由于浓度梯度引起扩散，最终到达固体电解质与阳极的界面，与燃料气体发生反应，失去的电子通过外电路回到阴极。

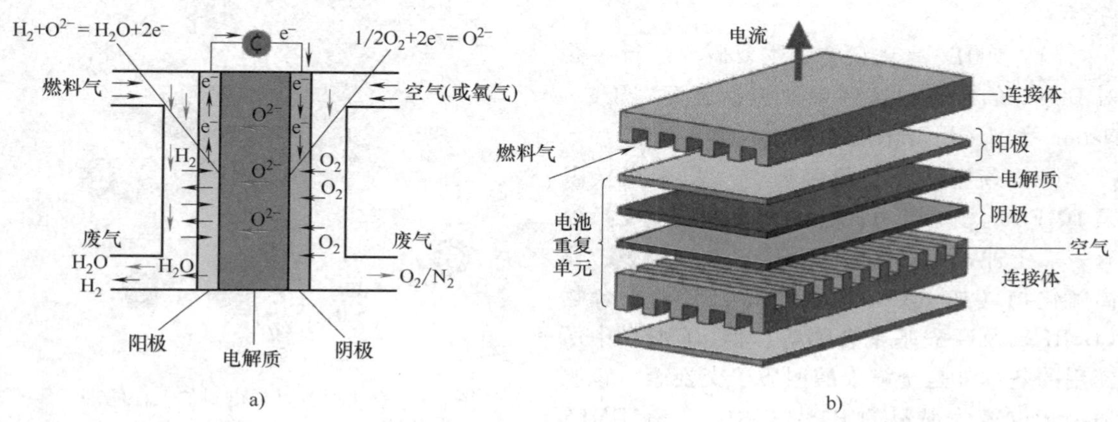

图 2-4　固体氧化物燃料电池

a）固体氧化物燃料电池的工作原理　b）固体氧化物燃料电池的结构

单体电池只能产生 1V 左右的电压，功率有限，为了使得固体氧化物燃料电池具有实际应用可能，需要大大提高它的功率。为此，可以将若干单体电池以各种方式（串联、并联、混联）组装成电池组。固体氧化物燃料电池组的结构主要包括管状（tubular）、平板型（planar）和整体型（unique）三种，其中平板型因功率密度高和制作成本低而成为固体氧化物燃料电池的发展趋势。

固体氧化物燃料电池也存在一些问题。例如，启动时间长，因操作温度为 650～1000℃，为保护电池组件，升温不能过快，每分钟升温 5～10℃，启动时间为 65～200min；固体氧化物燃料电池的使用寿命仍待考证。

2.3.3　直接甲醇燃料电池

直接甲醇燃料电池（Direct Methanol Fuel Cell，DMFC）是指直接使用甲醇为阳极活性物质的燃料电池，它是直接将燃料（甲醇）和氧化剂（氧气或空气）的化学能转化为电能的一种发电装置，也是一种是质子交换膜燃料电池，只是燃料不是氢，而是甲醇。

直接甲醇燃料电池的工作原理与质子交换膜燃料电池的工作原理基本相同，不同之处在于直接甲醇燃料电池的燃料为甲醇（气态或液态），但氧化剂仍为空气和纯氧。直接甲醇燃料电池的工作原理如图 2-5 所示，其阳极和阴极催化剂分别为 Pt-Ru/C（或 Pt-Ru 黑）和 Pt-C，电化学反应如下：

阳极 $CH_3OH+H_2O \rightarrow CO_2+6H^++6e^-$

阴极 $\frac{3}{2}O_2+6e^-+6H^+ \rightarrow 3H_2O$

总反应 $CH_3OH+\frac{3}{2}O_2 \rightarrow 2H_2O+CO_2$

DMFC 以其潜在的高效率、设计简单、内部燃料直接转换、加燃料方便等诸多优点，吸引了各国燃料电池研究人员对其进行多方面的研究。对 DMFC 的研究重点集中在以下几方面。

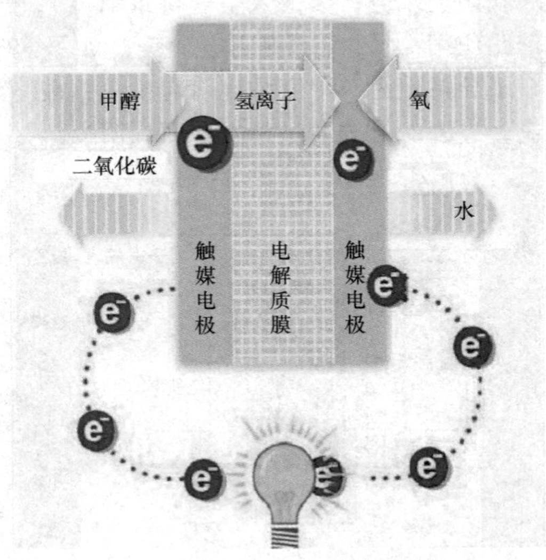

图 2-5　直接甲醇燃料电池的工作原理

（1）DMFC 性能研究　主要研究运行参数对 DMFC 的影响，这些参数包括温度、压力、Nation 类型、甲醇浓度等。

（2）新型质子交换膜研究　质子交换膜是 DMFC 的核心部分，已经开发的质子交换膜有一二十种，如高氟磺酸膜、辐射接枝膜、非高氟化物（如 BAM3G）、氟离子交联聚合物（GoRE）及磷酸基聚合物等。但 PEMFC 中所使用的基本都是全氟磺酸型质子交换膜，该膜适用于以氢为燃料的 PEMFC 中，但在 DMFC 中会引起甲醇从阳极到阴极的渗透，这一现象是由甲醇的扩散和电渗共同引起的。由于甲醇的渗透导致阴极性能衰退，电池输出功率显著降低，DMFC 系统使用寿命缩短。因此要使 DMFC 实现商业化，必须开发性能良好、防止甲醇渗透的质子交换膜。

（3）甲醇膜渗透研究　DMFC 研究中尚未解决的一个主要问题是甲醇从阳极到阴极的渗透问题，这在典型代表——全氟磺酸质子交换膜中尤为严重。

（4）电催化研究　迄今为止，在所有催化剂中，Pt-Ru 二元合金催化剂被认为是甲醇氧化最具活性的电催化剂。以 Pt 和 Pt-Ru 为基础，研究人员也对其他二元、三元或四元合金进行了广泛的研究。Pt-Sn 是仅次于 Pt-Ru 的另一类电催化剂，但人们对 Sn 的沉积方式、作用机理等仍有争议，存在许多不一致的看法。

与其他燃料电池相比，尽管 DMFC 的优势明显，但其发展比其他燃料电池慢，主要原因包含下述四方面。

1）寻求高效的催化剂，提高 DMFC 的效率。由于甲醇的电化学活性比氢至少低 3 个数量级，DMFC 需要解决的关键技术之一是寻求高效的甲醇阳极电催化氧化的电催化剂，以提高甲醇阳极氧化的速度，减少阳极的极化损失，使交换电流密度至少应大于 $10^{-5}A/cm^2$。

2）阻止甲醇及中间产物（如 CO 等）使电催化剂中毒。由于甲醇在阳极氧化过程中生成的中间产物（类似 CO 的中间产物）会使铂中毒，DMFC 大都使用具有一定抗 CO 中毒性能的铂-钌催化剂。为了提高甲醇阳极氧化的速度，目前正在开发的有铂-钌或其他贵金属与过渡金属等所构成的多元电催化剂，新的电催化剂应使电池运行 1000h 的电压降小于 10mV。

3）防止甲醇从阳极向阴极转移。DMFC 阳极的甲醇可通过质子交换膜向阴极渗透，在

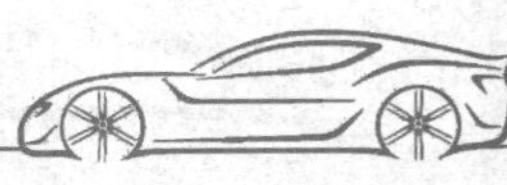

氢氧质子交换膜燃料电池中广泛采用的Nation膜具有较高的甲醇渗透率。甲醇通过离子交换膜向阴极的渗透，不但会降低甲醇的利用率，还会造成氧电极极化的大幅度增加，降低DMFC的性能。因此，开发能够大幅度降低甲醇渗透率的质子交换膜十分迫切。

4）寻找对甲醇呈惰性的阴极氧还原电催化剂，减少渗透到阴极的甲醇造成氧电极的极化。

2.3.4 磷酸燃料电池

磷酸燃料电池（Phosphoric Acid Fuel Cell，PAFC）是当前商业化发展最快的一种燃料电池。正如其名字所示，这种电池使用液体磷酸为电解质，通常位于碳化硅基质中。磷酸燃料电池的工作温度要比质子交换膜燃料电池和碱性燃料电池的工作温度略高，为150~200℃，但其仍需电极上的Pt催化剂来加速反应。磷酸燃料电池阳极和阴极上的反应与质子交换膜燃料电池相同，但其工作温度较高，因此其阴极上的反应要比质子交换膜燃料电池的阴极快。PAFC有以下特点：

1）较高的工作温度使PAFC对杂质的耐受性较强，当其反应物中含有1%~2%（质量分数）的一氧化碳和百万分之几的硫时，PAFC照样可以工作。

2）PAFC的效率比其他燃料电池低，约为40%，其加热时间也比质子交换膜燃料电池长。虽然PAFC具有上述缺点，但其也有许多优点，如构造简单、稳定、电解质挥发度低等。PAFC可用作公共汽车的动力，已有许多类似的系统正在运行，不过这种电池似乎将来不会用于私人车辆。在过去的20多年中，大量的研究使得PAFC能成功用于固定发电装置，已有许多发电能力为0.2~20MW的工作装置被安装在世界各地，为医院、学校和小型电站提供动力。

3）采用磷酸为电解质，利用廉价的炭材料为骨架，除以氢气为燃料外，还有可能直接利用甲醇、天然气、城市煤气等低廉燃料。与碱性氢氧燃料电池相比，PAFC最大的优点是不需要CO_2处理设备。PAFC已成为发展最快，也是最成熟的燃料电池，它代表了燃料电池的主要发展方向。

PAFC的工作原理如图2-6所示，它采用100%磷酸电解质，在常温下是固体，相变温度是42℃。氢气燃料被加入到阳极，在催化剂作用下成为质子，同时释放两个自由电子。氢质子和磷酸结合成磷酸合质子，向正极移动。电子也向正极运动，而水合质子通过磷酸电解质向阴极移动。因此，在正极上，电子、水合质子和氧气在催化剂的作用下生成水分子，具体的电极反应表达如下：

阴极 $H_2 \rightarrow 2H^+ + 2e^-$

阳极 $O_2 + 4H^+ + 4e^- \rightarrow 2H_2O$

总反应 $O_2 + 2H_2 \rightarrow 2H_2O$

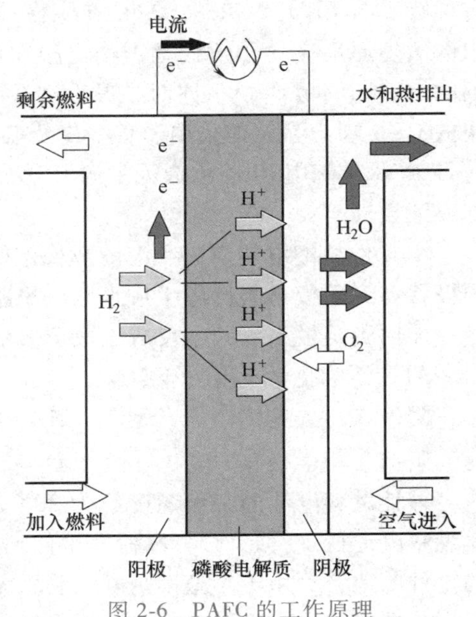

图2-6 PAFC的工作原理

PAFC被称为继火电、水电、核电之后的第四种发电方式，应用前景十分广阔。但是作为一种新型发电技术，它要想获得社会广泛认可和使用，需要进一步改进性能，降低制造成本。亟待解决的 PAFC 研究课题，概括来讲就是：

1）提高电池功率密度。

2）延长电池使用寿命，提高其运行可靠性。

3）进一步降低电池制造成本。

电池比功率指单位面积电极的输出功率，它是燃料电池的一项重要指标。提高电池功率密度不但有利于减小电池的质量和尺寸，而且可以降低电池造价。开发高活性催化剂，优化多孔气体电极结构，研制超薄的导热、导电性能良好的电极基体材料等，都将改善电池的输出性能。在 PAFC 长期运行过程中，其输出性能不可避免地会降低，特别是在操作温度比较高、电极电位也比较高的情况下，电池性能下降更快。为此，需要研究催化剂 Pt 微晶聚集长大及催化剂载体腐蚀问题，开发保证电池温度分布均匀的冷却方式，并寻找避免电池在低的用电负荷或空载时出现较高电极电位的方法。由于电池本体占整个 PAFC 装置成本的 42%～45%，降低它的制造成本非常关键。在电池性能方面，提高电池功率密度、简化电池结构对降低制造成本都是非常有效的措施。在电池加工方面，则亟待开发电池部件的大批量、大型化制造技术，以及气室分隔板与电极基板组合的技术。

2.3.5 碱性燃料电池

碱性燃料电池（Alkaline Fuel Cell，AFC）最初出现在美国航空航天局的太空计划中，用于航天器上生产电力和水。在众多类型的燃料电池中，AFC 技术是最成熟的。从 20 世纪 60 年代到 80 年代，国内外学者深入且广泛地研究并开发了 AFC。但是在 20 世纪 80 年代以后，由于新的燃料电池技术的出现，例如 PEMFC 使用了更为便捷的固态电解质，并且可以有效防止电解液的泄漏，AFC 逐渐褪去了其原有的光彩。然而，通过 PEMFC 和 AFC 之间的对比，不难发现理论上 AFC 的性能要优于 PEMFC，甚至早期的 AFC 系统都可以输出比现有 PEMFC 系统更高的电流密度。成本分析表明：AFC 系统用于混合动力电动汽车比 PEMFC 要有优势。与 PEMFC 相比，AFC 在阴极动力学和降低欧姆极化方面具有很多优势；碱性体系中的氧还原反应（ORR）动力学比酸性体系中使用 Pt 催化剂的 H_2SO_4 体系和使用 Ag 催化剂的 $HClO_4$ 体系都快。同时，碱性体系的弱腐蚀性也确保了 AFC 能够长期工作。AFC 中更快的 ORR 动力学使得采用非贵金属及低价金属（如 Ag 和 Ni）作为催化剂成为可能，这也使得 AFC 与使用 Pt 催化剂为主的 PEMFC 相比更有竞争力。因此，近年来对 AFC 研究的复苏逐渐显现。

AFC 使用的电解质为水溶液或稳定的氢氧化钾基质，但电化学反应与羟基（—OH）从阴极移动到阳极与氢反应生成水和电子略有不同。AFC 中的电子用来为外部电路提供能量，然后才回到阴极与氧和水反应生成更多的羟基离子。AFC 的工作原理如图 2-7 所示。

AFC 的电化学反应如下：

阴极 $$2H_2+4OH^-\rightarrow 4H_2O+4e^-$$

阳极 $$O_2+2H_2O+4e^-\rightarrow 4OH^-$$

碱性燃料电池的工作温度约为 80℃，因此，虽然它起动很快，但电力密度比质子交换膜燃料电池低 10 倍有余，在汽车中使用显得相当笨拙。不过它是燃料电池中生产成本最低的一种电池，可用于小型固定发电装置。

如同质子交换膜燃料电池一样，碱性燃料电池对能污染电催化剂的 CO 和其他杂质也非常敏感。此外，其原料不能含有 CO_2，因为 CO_2 能与 KOH 电解质反应生成碳酸钾，降低电池的性能。

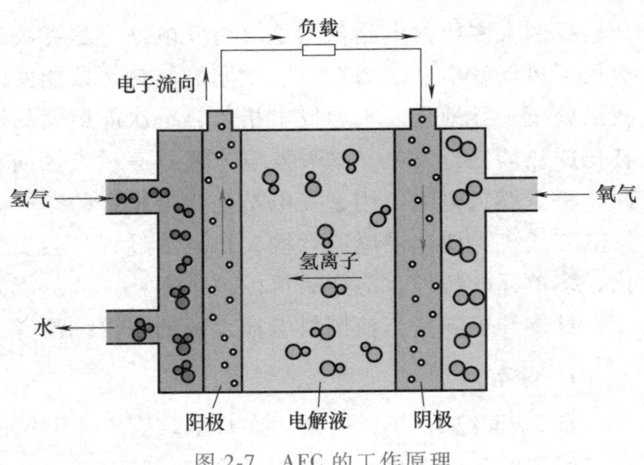

图 2-7　AFC 的工作原理

电催化剂是燃料电池的关键组成部分，其性能直接决定了燃料电池的工作性能。燃料电池对电催化剂的基本要求：

1）对电化学反应具有很高的催化活性，能够加速电化学反应的进行。

2）对反应的催化作用具有选择性，即只对反应物转化为目标产物的反应具有催化作用，对其他副反应并无催化作用。

3）具有良好的电子导电性，有利于电化学反应过程中电荷的快速转移，从而降低电池内阻。

4）具有优良的电化学稳定性，从而保证其使用寿命。

目前，国内外学者已将很多材料用于碱性燃料电池阳极电催化剂，主要包括 Pt 基、Pd 基、Au 基及非贵金属催化剂等。

2.4　氢燃料电池利用现状与发展前景

2.4.1　氢燃料电池利用现状

我国氢燃料电池主要应用于氢燃料电池汽车、航空航天领域及大型发电站。

氢燃料电池汽车在一些领域已经取得了突破性进展，发展前景越来越好。在全球环境保护问题日益突出的今天，氢燃料电池汽车作为环保型汽车越来越受到人们的重视。在一些发达国家，如英国、德国等出台了很多对氢燃料电池有利的政策，鼓励其国人购买新能源汽车。全球许多汽车制造厂商普遍预测，燃料电池汽车是最有可能代替传统内燃机汽车的清洁交通工具，燃料电池的发展趋势已经超越了蓄电池汽车。据相关报道，氢燃料电池汽车在全世界的发售量正在不断上升，上升比率也在逐年增加，相信在未来，随着氢燃料电池汽车技术不断完善，氢燃料电池汽车将会产生主导作用。我国的氢燃料电池汽车也已取得很大的发展，自主研发的氢燃料电池汽车在 2008 年北京奥运会期间就开始使用了。

我国第一个应用氢燃料电池的是航空航天领域。早在 20 世纪 60 年代，氢燃料电池就已经成功应用于航天领域。例如，往返于太空和地球之间的阿波罗飞船就安装了这种体积小、容量大的装置。波音公司于 2008 年将氢燃料电池试用于小型波音飞机上，并称这在世界航空史上属于首次，预示着未来航空领域会越来越环保。但氢燃料电池也具有技术局限性，不能为大型客机提供足够的动力支持。我国正在不断地将氢燃料电池应用于无人机方面。2020 年，我国的氢能无人机飞行时间刷新续航世界纪录。北京新研创能科技有限公司开发了一款六转子氢燃料电池无人机，可连续飞行 331min，成功打破了世界纪录。据了解，此款六旋翼无人机的核心为氢燃料电池，搭载一个高压储氧瓶为氢燃料电池提供发电所需的氧气。这一研究成果表明，我国在氢燃料电池某些方面处于世界先列。

我国大多数发电站依然是火力发电站，尽管政府采取了保护环境、节能减排等措施，也应用了风能发电、水力发电、太阳能制热、核能发电，但因种种因素的限制，火力发电站在我国处于主导地位。火力发电指依靠一次能源煤的燃烧，经过锅炉，汽轮机等器械将机械能转化成热能进行发电，这种发电方式具有污染性强、能源利用率低、能源消耗大等缺点。因此，将氢燃料电池应用于发电站是一个很好的选择。此外，火力发电方式是一种相对集中的发电方式，需要电网电线运输，在运输过程中会发生电能损耗。而氢燃料电池发电具有分散化、多单元的特性，应用后可以减小损耗、节约能源。

日本和美国是当前燃料电池市场的主要统治者。

1. 日本

自 20 世纪 90 年代以来，在日本政府支持下，由经济产业省推动，日本开展了燃料电池汽车所需的共用新技术、设备的研究。目前，日本在燃料电池各主要技术领域处于绝对的领先地位，技术也最全面。2014 年 6 月，日本经济产业省发布了到 2040 年的“氢能社会”战略路线图。该路线图指出，日本到 2020 年主要着力于扩大本国固定式燃料电池和燃料电池汽车的使用量，以占据氢燃料电池世界市场的领先地位。到 2030 年，进一步扩大氢燃料的需求和应用范围，使氢加入传统的电、热能源，从而构建全新的二次能源结构。到 2040 年，氢燃料生产采用 CO 捕获和封存组合技术，建立 CO 零排放的氢供应系统。2017 年 12 月 26 日，日本政府发布了“氢能源基本战略”，进一步确定了 2050 年氢能社会建设的目标及到 2030 年的具体行动计划。

2. 美国

美国政府将氢能和燃料电池确定为维系经济繁荣和国家安全至关重要的、必须发展的技术之一。美国能源部当前的特定目标主要有 3 个，即从现有的和未来的资源中获取氢能、自由汽车计划、燃料电池研究。美国国防部的研究则主要集中于氢能和燃料电池在军事方面的应用，研究的重点是质子交换膜燃料电池和固体氧化物燃料电池。

3. 德国

目前，全球超过 70% 的氢能和燃料电池示范项目落户欧洲。其中，德国在这项技术的商业化方面处于领先地位，活跃在这一领域的德国公司与科研机构超过 350 家。从燃料电池专利申请数量来看，德国排名第三。从技术细节来看，德国重点关注燃料堆、燃料制备与储存；从技术分类来看，德国和美国一样比较关注固体氧化物燃料电池技术；从技术应用方面来看，德国更关注燃料电池在车辆上的应用。

4. 韩国

氢能研发是韩国政府“21 世纪前沿科学计划”的主攻技术领域之一。韩国政府成立了氢能研发中心，该中心针对韩国 10 年内氢能的发展，将目标分解为 3 个阶段，每个阶段均涉及氢能生产、氢能贮藏和氢能利用三方面的内容，目前已经进入推广执行阶段。燃料电池研究则在“能源技术研发的 10 年计划”框架下展开。韩国的专利申请数量排名第四。从专利技术细节来看，韩国关注膜电极组件；从技术分类来看，韩国更关注直接甲醇与熔融碳酸盐燃料电池技术；在应用方面，韩国为关注燃料电池便携式应用。

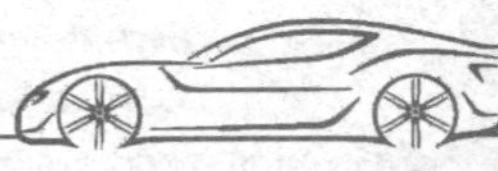

2.4.2　氢燃料电池发展前景

未来，氢燃料电池会在很多领域起着主导作用。随着国内及国外发达国家的燃料电池技术的不断提升，氢燃料电池的作用会逐渐突出。

随着最近氢燃料价格的下跌，应用范围和数量继续扩大和增长，形成了一个良好的循环。由于成本在不断降低，我国的氢燃料电池被用于许多领域。在运输以及物流方面，锂离子和氢燃料电池形成了竞争关系，特别是锂离子电池在渡轮的应用中优先于氢燃料电池。但是锂离子电池和氢电池之间主要还是互补关系，锂离子电池适用于短途和城市内使用，氢燃料电池适合于长途运输，两者相似且相辅相成。最大的担忧是氢电池汽车和加氢站的安全性。一些纯电动汽车和个别储能发电设施发生安全事故，引起了公众对其安全性的怀疑，这也表明氢电池技术及其应用正在受到普遍关注。不过，根据可靠的消息来源，氢气是安全的。空气中氢气的浓度为4.0%~75.0%（体积分数），爆炸发生范围为18.3%~59.0%（体积分数），而氢气的密度是空气中所有气体里最小的，并且很快会挥发掉，除非在密闭空间内，否则很难发生氢气大量聚集的现象。美国迈阿密大学的Michael R. Swain对燃料电池汽车进行了研究，并于2001年3月5日公布了实验结果。相关信息显示，由高压储罐中的高压氢气产生的火焰直喷空中，汽车下部着火，并在1min后开始下降，汽车的火焰开始增大。在90s内，氢燃料电池的火焰逐渐散去，燃料汽车变成了巨大的火球。该实验充分表明，氢燃料电池的安全性比现代燃油汽车更具创新性和安全性。因此，国外对加氢站的要求不是非常严格，有些甚至位于加油站旁边。随着我国经济的发展和人民生活水平的提高，运输和物流领域成为空气污染最重要的领域之一。氢燃料电池是一种可行且高效的技术，不仅有助于环境保护，也可以促进经济发展。

2.5　车用氢燃料电池系统

车用氢燃料电池系统除发电系统外，还有一些外围装置，包括燃料重整供应系统、空气供应系统、水管理系统、热管理系统、直流-交流逆变系统、控制系统及安全系统等。

2.5.1　燃料重整供应系统

燃料重整供应系统的作用是将外部供给的燃料转化为以氢为主要成分的燃料。如果直接以氢气为燃料，则供应系统比较简单；若使用天然气等气体碳氢化合物或者石油、甲醇等液体燃料，则需要通过水蒸气重整等方法对燃料进行重整；用煤炭作燃料时，需要先转换为以H_2和CO为主要成分的气体燃料。用于实现上述转换的反应装置分别称为重整器、煤气化炉等。

2.5.2　空气供应系统

空气供应系统主要用于控制空气的供应量和湿度。由于空气压缩机是燃料电池发动机附属件中功率消耗最大的部件，对于空气供应量控制的优化有助于提高发动机的总体效率。空气过量供应不仅造成效率下降，也会给空气的湿度控制增加难度；空气供应不足则容易加深燃料电池的浓差极化程度，造成发动机效率降低甚至失效。空气先经过空气滤清器滤清为洁

净空气，再经高压风机将压力提高到电堆所需条件，最后经过压力传感器、空气加湿器进入电堆参与反应，多余的空气则直接排入大气。

2.5.3 水管理系统

水管理系统可以将阴极生成的水及时带走，以免造成氢燃料电池失效。对于PEMFC，质子是以水合离子状态进行传导的，需要有水参与，并且水的多少还会影响电解质膜的质子传导特性，进而影响电池的性能。

2.5.4 热管理系统

热管理系统的作用是将电池产生的热量带走，避免因温度过高而烧坏电解质膜。燃料电池是有工作温度限制的。外电路接通形成电流时，氢燃料电池会因内电阻上的功率损耗而发热（发热量与输出的发电量大体相当）。热管理系统还包括泵（或风机）、流量计、阀门等部件。常用的传热介质是水和空气。

2.5.5 直流-交流逆变系统

直流-交流逆变系统的作用是将氢燃料电池产生的直流电转换为用电设备或电网要求的交流电。

2.5.6 控制系统

控制系统主要由计算机及各种测量和控制执行机构组成，作用是控制氢燃料电池发电装置的起动和停止、接通或断开负载，往往还具有实时监测和调节工况、远距离传输数据等功能。

2.5.7 安全系统

安全系统主要由氢气探测器、数据处理器及灭火设备构成，从材料选择、氢泄漏监测、静电防护、防爆、阻燃等方面进行控制和预防，实施防火、防爆等安全措施。

为防止质子交换膜（PEM）两侧的气体压力升高过快，需要对氢气供给系统电动调节阀的开启状况和空气供应系统高压风机的开启状况进行控制，使其压力升高按一定规律进行。当传感器探测到有氢泄漏或者冷却水系统中的电导率较高时，立即通知ECU发出信号，在氢气系统中进行减压/稳压，关闭空气系统的高压风机。氢气与空气系统中的压力差过高时，须分别切断供给。

2.5.8 水气管理系统

水气管理系统是氢燃料电池中颇具挑战性的综合性工程问题。反应气体的分布决定着电流的分布，若气体分布不均，则会影响电流密度分布均匀性，甚至引起局部缺气而不能产生电流，严重者会引起反极，导致电池性能衰减，催化剂降解，对电池造成不可逆转的伤害。因此，反应气体的分布是决定电池性能的关键因素。在理想状态下，反应气体应尽可能均匀地到达电极表面，保证同一个电池内的电流密度分布均匀。同时，电堆内每个单体电池的反应气体应得到均匀分配，以提高单体电池性能的均匀性，从而提高电池运行平稳性，最终提

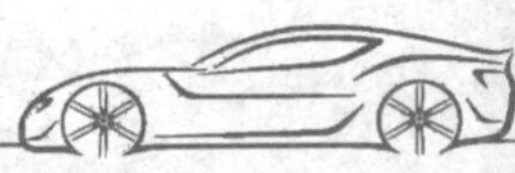

高整个电池的性能。水分布对氢燃料电池性能影响至关重要，通常在电池运行过程中需要对反应气体进行加湿，以保证PEM得到充分的润湿，减小质子传导阻力，降低内阻。若反应气体加湿不足，则会引起膜脱水，这将增加质子传导阻力，膜严重干燥易出现针孔、脆裂等现象，从而导致电池性能变差或失效。若加湿度过高，析出液态水，则会增加电池排水负担。在电池运行过程中，电化学反应会产生水，并随尾气排出电池。若产生的水无法及时排出，则会在电池内不断累积，致使电池产生“水淹”现象。液态水堵塞流道，会影响气体分配，堵塞气体扩散层，则会影响气体传输，覆盖在催化层反应区域，限制反应气体与催化层接触进行反应。这些都将导致反应气体在电堆中的每一个单体电池及单体电池中的不同区域分配的不均匀，从而造成电堆中每个单体电池性能参差不齐，严重影响整个电堆的性能。“水淹”程度严重者甚至会引起反极，产生负电压，对电池造成不可逆的损害，严重制约电池的工作寿命。

2.5.9 热回收系统

热回收系统采用水冷方式对电堆进行散热，可对氢燃料电池发电过程中的废热进行有效回收利用，提高了氢燃料电池的整体效率，从而使氢燃料电池这一比较昂贵的能源技术更具实用性。该系统的热回收效果较为明显，对于提高燃料电池总体效率意义重大。

需要说明的是，上面所说的各个部分是大容量燃料电池可能具有的结构，对于不同类型、容量和适用场合的燃料电池，个别部分可能会被简化甚至取消。

思考题

2-1 什么是氢燃料电池？其工作原理是什么？氢燃料电池的优点有什么？氢燃料电池主要应用于哪些领域？

2-2 氢燃料电池如何分类？氢燃料电池与干电池、蓄电池的区别是什么？

2-3 质子交换膜燃料电池有哪些重要部件？其作为最常见的氢燃料电池具有哪些优点？

2-4 普遍认为未来固体氧化物燃料电池会像质子交换膜燃料电池一样得到广泛应用，其工作原理是什么？当前的固体氧化物燃料电池存在哪些制约其应用的问题？

2-5 直接甲醇燃料电池的工作原理是什么？它发展缓慢的原因有哪些？

2-6 磷酸燃料电池的工作原理及特点是什么？关于它的应用需要解决哪些问题？

2-7 氢燃料电池汽车的工作原理是什么？车用氢燃料电池系统由哪些系统组成？当前的氢燃料电池汽车有什么难点？

2-8 为什么说燃料电池是最理想的电池？

2-9 约束氢燃料电池汽车发展的因素有哪些？

第3章　氢燃料电池核心组件及关键材料

氢燃料电池与常见的锂电池不同，其系统更为复杂，主要由电堆和系统部件（空压机、增湿器、氢循环泵、氢瓶）组成。电堆是整个电池系统的核心，包括由膜电极（MEA）、双极板（Bipolar Plate）构成的各电池单元和集流板、端板、密封圈等，如图 3-1 所示。膜电极的关键组件是质子交换膜（Proton Exchange Membrane，PEM）、催化层（Catalyst Layer）和气体扩散层（Gas Diffusion Layer），膜电极及材料的耐久性（与其他性能）决定了电堆的使用寿命和工况适应性。

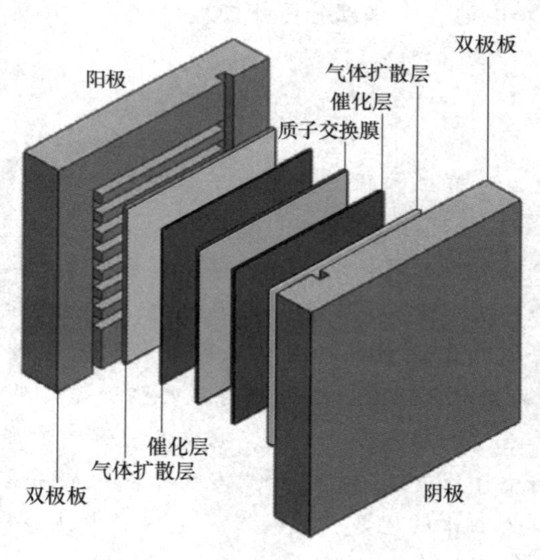

图 3-1　氢燃料电池的核心组件

3.1 膜电极组件

膜电极组件是将 PEM、催化层、气体扩散层在浸润 Nafion 液后，在一定温度和压力下热压而成的三合一组件，也是保证电化学反应能高效进行的核心，其制备技术不但直接影响电池性能，对降低电池成本、提高电池比功率与比能量也是至关重要的。

从技术上看，膜电极技术经历了几代革新，大体可以分为热压法、CCM 法和有序化膜

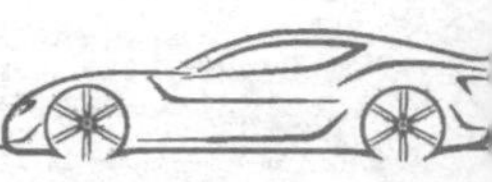

电极三种类型。膜电极的材料、结构及操作条件等决定其电化学性能。膜电极结构的有序化使得电子、质子气体传质高效通畅，为提高发电性能和降低 PGM（铂族金属）的担载量提供了新的解决方案。有序化膜电极是下一代膜电极制备技术的主攻方向。

3.1.1　质子交换膜

电解质膜的作用是允许质子通过而阻止未电解的燃料和氧化剂渗透到对方，氢燃料电池的电解质膜主要使用质子交换膜（PEM）。PEM 是氢燃料电池的核心部件，也是燃料电池电解质和电催化剂进行电化学反应的基底，作为质子传递载体将阳极催化层产生的质子转移至阴极催化层，与氧气反应生成水。它与一般化学电源中使用的隔膜有区别，既是一种致密的选择性透过膜，也是电解质（传递质子）和电极活性物质（电催化剂）的基底，而普通的隔膜属于多孔薄膜。PEM 的材料性能应满足以下要求：

1）较高的质子传导率，可以降低电池内阻，减小欧姆过电位以提高电流密度，实现较高的电池效率。

2）气体（尤其是氢气和氧气）在膜中的渗透性尽可能小，以免氢气和氧气在电极表面发生反应，造成电极局部过热，影响电池的库仑效率。

3）膜对氧化、还原和水解具有稳定性，在活性物质氧化/还原和酸性作用下不降解。

4）足够高的机械强度和热稳定性，以承受电池在加工和运行中不均匀的机械和热量冲击，从而满足大规模生产的要求。

5）膜的表面性质适于与电催化剂结合。

6）适当的性价比。

目前，质子交换膜主要包括全氟磺酸质子交换膜、复合质子交换膜、部分氟化质子交换膜、非氟烃类质子交换膜和新型高温质子交换膜。

1. 全氟磺酸质子交换膜

全氟磺酸质子交换膜是目前在 PEMFC 中唯一得到广泛应用的质子交换膜，最具代表性的是美国杜邦公司于 20 世纪 60 年代末开发的 Nafion 膜。之后，又相继出现了其他几种类似的质子交换膜，如美国 Dow 公司的 Dow 膜、日本 Asahi Chemical 公司的 Aciplex 膜和 Asahi-Glass 公司的 Flemion 膜。

这些膜在结构和形态上比较类似，主要区别在于支链长度不同，导致磺酸根的含量不同。例如，Dow 膜的支链较短，它的磺酸根含量相对较高，即膜的相对质量 Ew 更低，膜的电导率也更高，但是它的单体合成较长侧链的 Nafion 更难，因而成本更高。Nafion 膜的质子传导性能与膜的水合状态密切相关。膜的厚度对电池性能影响很大，由于膜的厚度与强度成正比，在选择用于 PEMFC 的膜时，应进行综合考虑。

以全氟磺酸膜作为质子交换膜有两个优点：①全氟磺酸聚合物是基于聚四氟乙烯的骨架，因此在氧化性和还原性环境中都显示有较强的稳定性，已经报道的最高工作寿命可达 60000h；②在 PEMFC 的工作温度下，全增湿的全氟磺酸膜质子电导率可达到 0.2S/cm，这意味着 100um 厚的膜电阻可低至 $50\text{m}\Omega\cdot\text{cm}^2$，即在 1A/cm^2 工作条件下的电压损失仅为 50 mV。

全氟磺酸质子交换膜也有一些不足之处：①在性能方面，由于膜的电导率依赖于膜的含水量，要求膜在低于 100℃下使用；②价格较高，限制了其大规模应用；③全氟磺酸膜的燃料渗透速率较大，特别是在用于直接醇类燃料电池（DMFC）时，易导致燃料电池的性能大大降低。

全氟磺酸质子交换膜价格较高的原因主要有两方面：①它的生产工艺复杂，并且存在很大的危险性；②它的单体仅用于全氟离子膜的合成，需求量目前还很小，因此决定了它的生产规模没有达到设备的最大能力。

最早实现商品化的 Nafion 膜都采用熔融拉伸成膜工艺。该工艺生产的膜具有强度高、成本低、易于扩大生产等优点；同时由于在成膜过程中，高分子链会沿拉伸方向取向，使膜具有各向异性，在干、湿转换时，膜的横、纵方向的尺寸变化不同，这对于电池的稳定性非常不利。因此，现在又开发出溶液浇铸成膜工艺，用此方法制得的膜是各向同性的，从而避免了上述缺点。

质子交换膜在高温水合状态下会发生溶胀，机械强度会下降，这影响了电池的稳定性。为了克服该缺点，需要增加膜的厚度，这不仅增加了 PEMFC 的内阻，使电池的性能下降，同时也增加了 PEMFC 的成本。

针对上述问题，人们想到使用增强的质子交换膜，即采用多孔材料与离子交换树脂相结合，制成复合膜。这样既可减少离子交换树脂的用量，也可保持膜的质子传导性能，不但节省了材料，降低了成本，还改善了原有膜的性质，提高了膜的机械强度和尺寸稳定性；降低了膜的厚度也就降低了电池内阻，从而提高了电池性能。

20 世纪 90 年代，Gore 公司采用拉伸 PTFE（聚四氟乙烯）多孔膜，开发出增强全氟磺酸质子交换膜，其厚度为 20~40μm，商品名为 Gore-SelectTM。最近，Gore 公司为了开发使用寿命的长 MEA，又研制出新型的 Gore-SelectTM 膜，与现有膜相比，它在使用寿命上有很大的改进。

L. Fuqiang 等采用杜邦公司的 5%Nafion 树脂低醇溶液或者用 Nafion 膜的边角料在高温、高压下制成溶液，同时采用 PTFE 多孔膜作为增强材料，通过调节溶液的表面张力，利用静置浇铸的方法制备出具有良好柔韧性和机械强度的 Nafion/PTFE 复合膜。

2. 复合质子交换膜

复合质子交换膜（以下简称复合膜）是利用全氟磺酸树脂与有机或无机物复合制得的质子交换膜，按具体性能效果分成以下三类：高力学性能型复合膜、高化学稳定性型复合膜和自增湿型复合膜。

（1）高力学性能型复合膜 为了提高质子交换膜的力学性能，将离子聚合物与支撑组分复合可以制备力学性能增强型质子交换膜。基于 PTFE 支撑组分增强型复合膜中使用的 PTFE 分为以下三类：多孔 PTFE 薄膜、PTFE 织布纱（包埋）和 PTFE 纤维（分散）。其中，戈尔公司结合其膨胀拉伸的 Gore-Tex 材料的优势，将全氟磺酸树脂与多孔 PTFE 进行结合，利用高温快速挥发溶剂和涂刷的方法制备出全氟类增强型复合质子交换膜。

多孔 PTFE 膜的质子传导率仅由填充的聚合物电解质保证，因此最近有些研究尝试开发更薄的膜以降低面阻。薄复合膜所需的力学性能主要取决于多孔基体材料，这意味着迫切需要机械稳定性更强的材料来增强膜的性能。

PEEK 是一种半结晶、高性能的工程塑料，具有较高的热稳定性和化学稳定性，以及优

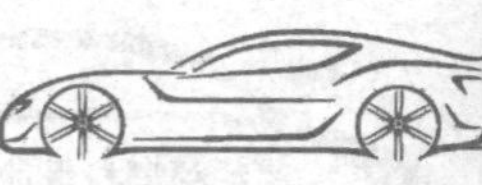

异的力学性能和耐溶剂性。Zhang 等提出了一种由高磺化 PEEK 电解质和高机械强度半结晶 PEEK 多孔基体制成的厚 20μm 的孔填充增强复合薄膜，由于刚性多孔基体的存在，增强的 SPEEK/PEEK 复合膜具有优异的溶胀性和耐甲醇性。超高分子量聚乙烯（UHMWPE）具有高强度、抗应力开裂等优异的力学性能。Oshibaa 等使用 6μm UHMWPE 作为高机械强度的薄膜多孔基材，以低当量质量（指含有 1mol SO_3H 的树脂质量）的 PFSA 聚合物填充，获得了力学性能优异且能够在高温和低相对湿度下工作的 PEM。

多孔 PTFE 膜以其优异的化学稳定性和良好的机械强度常被选为增强材料。Gore-Select 膜是将全氟磺酸树脂（PFSA）浸入膨胀 PTFE（ePTFE）中产生的一种孔隙填充膜，多孔 PTFE 作为支撑体增加膜的机械强度。孙琨使用钠-奈法对 PTFE 微孔膜进行改性（用 H-PTFE 表示改性后的膜），并制备了 Nafion/$Na_2Ti_3O_7$/H-PTFE 复合膜，其厚度接近 Nafion 112 膜的 1/2，但最大拉伸强度为 Nafion 112 膜的 1.5 倍，该方法使 Nafion 膜的机械强度和尺寸稳定性得到有效提升。李雷将一种磺化聚醚佩（用 ABPSH40 表示）与用氨-双氧水液相催化氧化法进行亲水改性的 PTFE 复合，制得 ABPSH40/PTFE 复合 PEM。复合后 PTFE 基膜的微孔被 ABPSH40 树脂充分填堵，并且树脂分布均匀。在相同实验条件下，均质膜的溶胀度高于复合膜，这表明微孔 PTFE 复合能够提高 PEM 的尺寸稳定性。

与 Gore-Select 膜相比，多孔 PTFE 膜在断裂时表现出更高的拉伸强度和更低的伸长率，这表明多孔 PTFE 膜几乎不能伸展；多孔 PTFE 膜比 Nafion 211 膜的溶胀率低，表现出更高的机械强度和质子电导率。尽管其厚度约为 Nafion 211 膜的 1/4，在不同相对湿度下，多孔 PTFE 膜的氢气渗透量与 Nafion 211 膜相当。

（2）高化学稳定性型复合膜　自由基是引起膜发生化学衰减的重要因素，可以通过加入自由基淬灭剂来分解和消除反应过程中的自由基，进而提高膜的使用寿命。例如，国内大连化学物理研究所通过向 Nafion 膜中加入一定量的纳米分散颗粒来消除自由基引起的化学衰减，制备出高化学稳定性型复合膜。

Heo 等用磺化 GO（SGO）和 SPEEK 制备了 SGO/SPEEK 复合膜，发现 SGO 和 SPEEK 之间的界面相互作用因氢键而增强，从而使复合膜的力学性能显著增强。Beydaghi 等用磺胺酸芳基重氮盐修饰的 GO 颗粒（SGO）和 PVA 为原料，以戊二醛（GLA）为交联剂，采用溶液浇铸法分别合成了 PVA/GLA 膜、PVA/GLA/GO 膜和 PVA/GLA/SGO 膜。经拉伸实验发现，复合膜的拉伸强度因高机械强度石墨烯基纳米粒子的存在而得到增强。其原因一方面是 SGO 纳米颗粒的—SO_3 基团以氢键与 PVA 侧基—OH 结合，从而增强了 GO 与聚合物基体之间的界面黏附作用；另一方面是 SGO 纳米颗粒的加入可以降低 PVA 的结晶度，而结晶度的降低会提高膜的韧性。

MOFs 材料因其特殊的形成过程和配位原理，具有骨架可修饰性、配位键的可逆性、多孔性、高孔隙率等特性，性能优于传统材料。Hmadian-Alam 将含咪唑的 NH_2MIL-53（Al）（mMOF）与磺酸官能化硅纳米颗粒（Si-SO_3H）的混合物添加到磺化聚佩（sPSU）和 2-丙烯酰胺基-2-甲基丙烷磺酸在 PSU 上的接枝共聚物（mPSU）的混合物中，制备出一种三元复合 PEMs（PSU/mMOF/Si-SO_3H）。当 mMOF/Si-SO_3H（等重）纳米颗粒的含量为 5%（质量分数）时，复合膜的拉伸强度升至 30.08MPa，近乎为 sPSU/mPSU 共混膜的 1.53 倍，弹性模量为共混膜的两倍多，达到 14.98GPa。该复合膜有较高的拉伸强度可归因于 mMOF/Si-SO_3H 纳米颗粒的良好分散性和纳米颗粒在聚合物链之间起到的有效交联剂的作用，从而增

强了局部区域的强度。

(3) 自增湿型复合膜　PEM 的导电性受其含水量影响很大，湿度降低时 PEM 的导电性急剧下降，而传统维持 PEM 含水量的方法是外部供水，这使得 PEM 的成本和复杂性上升。因此，不少研究者将目光投向了内部增湿。常见的诸如 Pt 类催化剂可以将穿透膜的氢气和氧气原位催化生成水，添加至 PEMFC 中实现自增湿功能。含 Pt 类催化剂的自增湿 PEMFC 现已有相关综述进行了详细报道，其他类型的自增湿 PEMFC 的主要思路在于利用不同材料对水分子的有效保留以实现 PEM 的增湿。

Swaghatha 等通过以庚二酸（HA）作为交联剂、无机铝硅酸盐材料（GP）作为填料，与 CS 制备了新型有机-无机杂化自增湿 PEM。相关研究表明，当杂化膜的交联剂质量分数为 1.5%、填料的质量分数为 0.5%时，杂化膜具有优异的保水性、大的孔隙率及高质子传导率。Park 等发现碳氢化合物聚合物膜的含水量可以通过疏水性表面涂层中的纳米级裂纹进行调节，这些裂纹充当纳米级阀门，可延缓水的解析并在除湿时保持膜的离子电导率。Roy 等用 SPEEK 作为基体材料，掺入适量还原氧化石墨烯纳米带（rGONR）包裹的 TiO_2 纳米填料（rGONR@ TiO_2），制备了新型自增湿/集水杂化膜 SPTC。相关研究表明，rGONR@ TiO_2 的掺入提高了膜的质子传导率和使用寿命，可使膜在低湿度条件下表现出更好的整体性能。

通过向全氟磺酸膜中掺杂 SiO_2、TiO_2 等亲水性材料，制备出自增湿型复合膜。该膜利用亲水性材料来储备电化学反应产生的水，以对湿度进行自调节，从而使膜能在低湿、高温下正常工作。自增湿型复合膜可以为燃料电池发动机系统省去增湿器，进而简化了系统。Honamai 等通过向 Nafion 112 膜中掺杂 SiO_2、TiO_2 颗粒，获得了较好的增湿效果。

3. 部分氟化质子交换膜

最早开发的部分氟化质子交换膜是聚三氟苯乙烯磺酸膜。由于机械强度和化学稳定性不好，尽管电池在低电流密度下的使用寿命达 3000h，但仍不能满足燃料电池长期使用的要求。之后，Ballard 公司对该膜进行了改进，即用三氟苯乙烯与三氟苯乙烯共聚制得共聚物，经磺化得到 BAM3G 膜。这种膜的主要特点是具有非常低的 *Ew*（375~920g/mol），可提高电池的工作效率。将单体电池的使用寿命提高到 15000h，其成本也较 Nafion 膜和 Dow 膜低得多，更易被人们接受。BAM3G 膜的确切化学组成和本征性能未见公开报道，至今未产业化，主要原因是此膜较脆，并且吸水率过高。

4. 非氟烃类质子交换膜

最早用于 PEMFC 的质子交换膜材料是磺化聚苯乙烯（PSSA），它于 20 世纪 60 年代初用于美国 GE 公司为 NASA 研制的空间电源上。但在使用中发现，聚苯乙烯磺酸膜的膜电阻较大，并且存在电化学氧化降解，导致膜的使用寿命短（仅为 300h 左右），因此影响了非氟材料质子交换膜的应用，于是在后续的 PEMFC 中普遍改用全氟的质子交换膜材料。

近年来，对新型非氟烃类质子交换膜的研究工作又重新活跃起来。例如，通过对聚苯撑氧、芳香聚酯、聚苯并咪唑等进行离子化处理，使其具有质子传导能力。

膜的质子传导性能与膜材料的磺酸根含量成正比，但高的磺酸根含量会使膜的吸水性增加，导致干膜变脆，湿膜强度下降，不利于 PEMFC 的应用。为了得到具有高质子传导性能和机械强度的膜，人们采用共混的方法制膜，即利用离子键、共价键或分子间作用力使其形

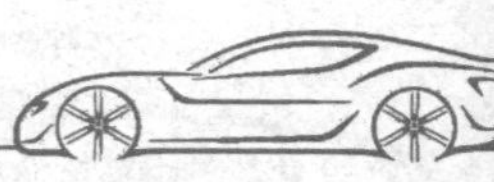

成交联结构，从而达到增加膜强度的目的。有文献指出，将 PBI㊀（19%，质量分数）和 PAN㊁（5%，质量分数）与磺化度为 83%的 SPEEK 共混制成的质子交换膜，既保持了膜的较高质子传导性，又使膜具有较稳定的力学性能，采用此膜的 PEMFC 能在 120℃下稳定运行近 400h。

将当前的非氟烃类质子交换膜应用于 PEMFC 主要存在以下问题：

1）此类质子交换膜大部分都是通过将磺酸根键合在苯环上来实现材料离子化的。由于苯环具有共轭 Π 键结构，磺酸根的电离性能下降，因此其质子传导率要低于全氟材料质子交换膜。

2）苯环上由于磺酸根的引入，周围的电荷分布发生很大的变化，从而对材料的化学稳定性产生影响。同时，由于 C—H 键的离解熔较低，电池环境中的 H_2O_2 会使之发生化学降解，影响膜的使用寿命。

5. 新型高温质子交换膜

膜在传导质子时需要水的存在，当温度高于 100℃时，由于膜中水分的减少，其质子传导性能明显下降，因此在开发高温质子交换膜时，应保证膜在高温下不失水，或降低膜的质子传导水合迁移数，使膜的质子传导不依赖水的存在。人们想到利用具有吸水、传导质子特性的物质与质子交换膜材料共混，以达到提高质子交换膜性能的目的。例如，将具有吸水性（如 SiO_2 等）或质子传导性（如无机酸、杂多酸等）的无机成分与高分子质子交换膜材料共混，制成质子交换膜，这样可以保证膜在高温下不失水，改善膜的质子传导性能，提高其工作温度。

磷酸掺杂的高温质子交换膜其实是一种酸碱复合膜，由含有碱性基团（如亚胺、酰胺、咪唑基团等）的聚合物作为基材，提供磷酸吸附位点，并赋予材料加工性。磷酸分子是质子载体，其含量直接决定了质子传导性能。而磷酸又相当于增塑剂，吸附适量的磷酸，能够增大高分子链间的距离，减弱分子间作用力，从而增进膜的柔韧性，改善和提高膜的脆性和加工性能。但是高的吸酸率也意味着大的尺寸溶胀和机械强度的降低，过高的磷酸含量甚至会导致膜的变形和破碎，这是磷酸膜研究中的一个重点和难点。

有人利用固体酸化合物（如 $CsHSO_4$、CsH_2PO_4）作为 PEMFC 的隔膜材料。这种材料用于 PEMFC 的关键问题是薄膜制备技术，现有固体酸膜都比较厚，要想达到与 Nafion 膜相当的面电阻（0.025~0.087Ω/cm²），则固体酸膜的厚度须为 2~20μm，目前很难做到。

随着燃料电池产业整体快速发展，我国质子交换膜出货量快速增长。根据相关数据，作为质子交换膜组成的膜电极出货量从 2018 年的 0.76 万 m^2 增长至 2020 年的 3.68 万 m^2。2022 年，国产质子交换膜在部分地区的示范项目中取得了商用化的局部突破。例如，淄博市首批 50 辆氢燃料电池冷藏车、北京冬奥会国电投（国家电力投资集团公司）配套的氢能大巴分别批量采用了东岳未来氢能、武汉绿动的质子交换膜产品。东岳未来氢能 150 万 m^2 质子交换膜生产线一期工程、武汉绿动华中氢能产业基地 30 万 m^2 质子交换膜生产线已正式投产，浙江汉丞已建成了年产 30 万 m^2 的质子交换膜生产线，未来还将扩建至 100 万 m^2。该企业开发的代表性产品 DMR100 及升级产品耐低湿质子膜 DM2256B、10μm 超薄复合质子

㊀ PBI，聚苯并咪唑。

㊁ PAN，聚丙烯腈。

膜 DM2276B 均展现出优良的性能和阻抗。在电解水制氢用质子膜方面，开发了 DME670（170μm）和 DME6321A（120μm）两种质子膜产品，它们具有更高的强度、更低的质子传输阻抗及优良的长时间运行寿命，旨在满足高功率输出的电解制氢应用需求。

从整体来看，当前氢能整体热度回升，行业整体认知、技术和工艺水平提升，预计我国质子交换膜出货量将持续增长。根据测算，2030 年我国车用燃料电池用质子交换膜的需求量将超 2640 万 m^2，电解水制氢电解槽用质子交换膜的需求量将超 95 万 m^2，全钒液流电池储能用质子交换膜的需求量将超 15 万 m^2。预计我国质子交换膜市场未来将由车用燃料电池市场主导，2030 年的市场规模将超百亿元。

随着国家政策进一步推动氢能源汽车规模化应用，我国燃料电池整体需求将上升，行业景气度也将提高，但受限于质子交换膜和膜电极组成整体成本较高，导致氢燃料汽车整体价格过高，市场需求有限。目前，膜电极占电堆成本超过一半，降低成本势在必行，但当前行业整体仍受国外先进企业限制，行业技术壁垒深厚，研发周期较长。预计随着国产化的推进，加之企业逐步实现规模化，质子交换膜成本有望下降，届时可带动氢能产业快速发展。

3.1.2 催化剂

电催化是使电极与电解质界面上的电荷转移反应得以加速的催化作用，电催化反应速度不仅由电催化剂的活性决定，还与双电层内电场及电解质溶液的本性有关。催化层是发生电化学反应的场所，也是电极的核心部分。

迄今为止，PEM 燃料电池的阴极和阳极有效催化剂仍以铂和铂碳颗粒为主，金属催化剂用量大是燃料电池成本居高不下的重要原因。为了降低铂的使用量，各大公司进行了持续研究，近些年来，膜电极上催化剂铂的担载量从 $10mg/cm^2$ 降到 $0.02mg/cm^2$，降低了近 200 倍。如果未来贵金属催化剂的负载量能够大幅度降低，或者能被其他成本更低的催化剂取代，那么燃料电池系统放量的机会也将大幅度提升。

燃料电池的核心系统是电堆，其成本占整个燃料系统的 60%。如果说电堆是燃料电池产业链的决定因素，那么催化剂和质子交换膜就是整个氢燃料电池行业的命脉。2017 年，我国一共生产了 1272 辆燃料电池商用车，催化剂和质子交换膜基本依托进口。由此可知，催化剂和质子交换膜的国产化是氢燃料电池发展亟待解决的核心材料问题。氢燃料电池的电堆系统主要由催化层、气体扩散层、质子交换膜等组成。图 3-2 所示为氢燃料电池的电堆成本构成，其中催化剂的占比最高，主要是由当前商业化催化剂的种类限制所致。催化剂是 PEMFC 膜电极（MEA）的关键材料之一，决定了电池的放电性能和使用寿命。由于 PEMFC 工作温度不足 100℃，对催化剂活性要求很高，而铂（Pt）催化剂具有良好的分子吸附、离解特性，因此成为最理想，也是当前唯一商业化的催化剂材料。但是铂金属价格昂贵，我国的储存量不足。

Pt 基催化剂材料在 PEMFC 的催化层中的 Pt 担载量一般为 $0.3mg/cm^2$（阳极）和 $0.4mg/cm^2$（阴极），一辆燃料电池乘用车需要 Pt 约 50g，大巴需要约 100g。Pt 昂贵的价格对于燃料电池大规模商业化是个极大的阻碍。因此，研发低 Pt 和非 Pt 系催化剂是当前研究重点。在低 Pt 系催化剂方面，核壳类催化剂和纳米结构催化剂是研究热点，主要原理是利用结构化修饰得到具有特殊形貌和晶面的优化分布的材料，使其具有更优异的性能。核壳类

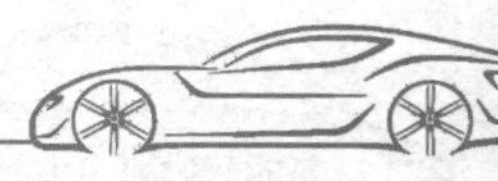

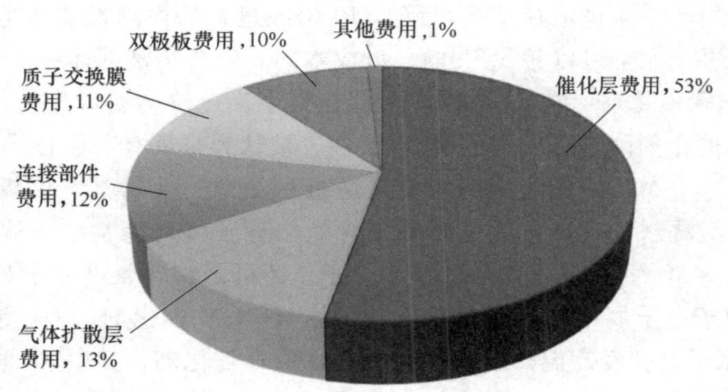

图 3-2　氢燃料电池的电堆成本构成

催化剂以催化剂活性组分作为壳，以过渡金属元素作为核，具有很高的贵金属利用率和氧还原催化活性。纳米结构催化剂在氧还原反应活性方面也比传统 Pt 催化剂高 50%。特别是 Pt 单原子壳层核壳催化剂，它可以最大限度地提高 Pt 催化剂的利用率。因此，催化剂的特殊纳米结构化是燃料电池低 Pt 担载量的重要研发方向。非 Pt 系催化剂的研究重点分 3 块：钯基催化剂、非贵金属催化剂和非金属催化剂。钯基催化剂使用金属钯（Pd）代替 Pt，Pd 具有储量丰富、价格便宜的优点。但 Pd 基催化剂的催化活性远不及 Pt 基催化剂，需要通过调节表面电子结构来获得与 Pt 基催化剂相当的催化活性。在众多非贵金属催化剂中，过渡金属-氮-碳化合物因具有可观的催化活性而备受关注。非金属催化剂的研究主要是各种杂原子掺杂的纳米碳材料，包括硼掺杂、氮掺杂、磷掺杂等。碳材料掺杂后能明显提升氧还原催化活性，但催化剂的稳定性较 Pt 基催化剂仍有较大差距。非 Pt 催化剂真正实现产业化还需要解决高活性、高稳定性的问题。因此，对于开发廉价、高效、可产业化的催化剂仍然具有非常高的挑战性。

目前，全球燃料电池催化剂主要生产商为美国的 3M 和 Gore、英国的 Johnson Matthery、德国的 BASF、日本的 Tanaka，以及比利时的 Umicore 等，而国内研究机构如长春应用化学研究所、大连化物所、天津大学、中山大学等，在燃料电池催化剂领域的研究也有一定突破。

燃料电池零部件的成本主要来源于原材料与加工费用。在当前技术水平下，加工成本占主导的部件（如 PEM、气体扩散层）的成本可通过规模化生产来降低，但材料成本占主导的催化剂难以通过量产来降低成本。根据 DOE 统计，如果以现有技术进行燃料电池汽车商业化，每年车用燃料电池对 Pt 资源的需求将高达 1160t，远超全球 Pt 的年产量（2015 年为 178t）。因此，减少 Pt 的使用量才是降低催化剂成本的有效途径。

3M 公司已经开发出可量产的有序化膜电极，其 Pt 担载量仅为 0.118 mg/cm^2。但由于 Pt 资源稀缺、昂贵，大量的研究工作仍集中在降低 Pt 担载量、增强催化剂的耐久性，或是开发新的催化剂来替代 Pt 的使用上。

Pt 催化剂除了受成本与资源制约，还存在着耐久性差的问题。根据燃料电池衰减机制分析可知，燃料电池在车辆运行工况下，催化剂会发生衰减，例如在动电位作用下会发生 Pt 纳米颗粒的团聚、迁移、流失等。针对这些成本和耐久性问题，研究新型高稳定性、高活性的低 Pt 或非 Pt 催化剂是目前热点。许多研究着眼于提高 Pt 基阴极氧还原（ORR）催

化剂的稳定性、利用率，改进电极结构以降低 Pt 担载量，从而降低燃料电池成本。另一些研究则专注于开发寻找完全可以替代 Pt 的、低成本的、资源丰富的非铂 ORR 催化剂。

（1）金属-氮-碳催化剂　在众多的非 Pt 催化剂中，过渡金属（Fe、Co、Ni、Mn 等）-氮-碳（M-N-C）催化剂因具有较高的 ORR 活性，被认为是最有可能替代 Pt 基催化剂的非 Pt 催化剂之一。目前，M-N-C 催化剂主要是通过将氮源、金属盐、模板、碳源均匀混合后，经高温热解、酸洗制备。该方法主要利用含氮小分子（壳聚糖、三聚氰胺等）与金属盐前体高温热解制备 M-N-C 催化剂。除了小分子，还可以将含氨高分子分散在模板上，利用高分子中的 N 原子与金属络合，经高温热解制备 M-N-C 催化剂。Yin 等通过调节 ZIF-8/67 中 Zn 和 Co 的原子比，经高温热解直接制备 Co-N-C 催化剂，其中 Zn 原子可以有效抑制金属 Co 团聚，并在高温下挥发产生大量微孔结构，这有利于活性位点的暴露，进而可以提高催化活性，Co-N-C 催化剂在酸性介质中表现出与 Pt 相当的 ORR 催化活性。Zhang 等也报道了类似利用 ZIF-8 制备 Fe-N-C 催化剂的方法，通过调节金属盐前体中 Fe 的含量，实现单原子分散，Fe-N-C 催化剂在酸性介质中也表现出不错的 ORR 催化活性。除了简单调节 ZIF 中的金属含量，还可以利用 MOF㊀ 的孔隙特性制备 M-N-C 催化剂，即先将金属盐前体封装在 MOF“笼”中，然后通过高温热解制得 M-N-C 催化剂。

（2）镍催化剂　镍催化剂是一种可溶解于黏性液体的分子复合物，这种黏性液体本身也是一种质子、离子液体，而镍是一种丰富且易于取得的金属。当以镍取代铂时，其缺点在于需要更多的能量输入才能产生氢燃料，所幸其过程只需先前使用铂催化剂所需时间的一小部分，就能从低廉的液体中实际合成氢气。这种催化剂使用电子和质子，可迅速产生氢燃料。

（3）低铂催化剂　将 Pt 及 Pt-M 合金（M=Fe，Co，Ni，Cu，Ru 等）以纳米颗粒的形式均匀分散在高比表面积的碳载体上，是目前制备燃料电池 Pt 基催化剂最常用的策略。对于这种负载型催化剂，主要存在以下问题：

1）大部分 Pt 原子由于处于纳米颗粒内部无法参与催化反应而被浪费，这也是目前燃料电池 Pt 用量居高不下、无法大规模商业化应用的关键之一。

2）由于 Pt 纳米颗粒与碳载体的电子结构差异性大、接触位点少，它们之间只依靠弱相互作用黏附在一起，纳米颗粒很容易在载体表面迁移、团聚长大，造成催化剂表面积减少、活性下降，进而导致燃料电池在使用过程中的性能逐渐下降、工作寿命缩短、稳定性下降。

3）由于 Pt-M 合金原子呈无序分布，催化原子（过渡金属）在燃料电池工况条件下极易发生溶解流失，并被质子交换膜中的磺酸根基团捕获，使质子交换膜失去质子传导能力，从而导致催化剂和电池性能快速衰减。

4）碳载体腐蚀引起 Pt 纳米颗粒脱落。

（4）钯基催化剂　金属 Pd 与 Pt 具有类似的物理化学性质，加上 Pd 的储量相对丰富，于是成为替代 Pt 的理想金属催化剂。然而，常规 Pd 纳米颗粒（NP）催化剂的 ORR 催化活性比相应的 Pt 催化剂至少低 83.33%，无法达到商业使用要求。通过与过渡金属（Fe、Co、Ni 等）形成合金可以有效调节 Pd 的电子结构，得到与 Pt 催化剂相当的 ORR 催化活性。尽管合金化可以提高 Pd 的催化活性，但是大部分 Pd 原子因位于纳米颗粒内部不能参与催化

㊀ MOF，Metal Organic Framework，金属有机骨架化合物，是一种用途极其广泛的超多孔纳米材料。

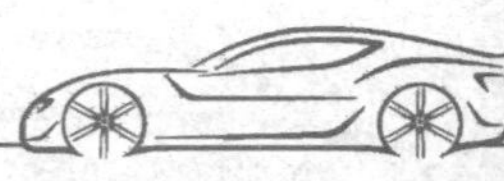

反应而被浪费。Guo 报道了超薄 PdMo 合金纳米片催化剂，这种超薄合金纳米片催化剂具有极高的电化学活性比表面积（138.7m^2/g），可以大大提高原子利用率。超薄 PdMo 合金纳米片催化剂的 ORR 质量活性分别是商业 Pt/C 和 Pd/C 催化剂的 78 倍和 327 倍，并且在 30000 圈循环稳定性测试后几乎没有活性衰减。DFT 计算表明，合金化效应、弯曲的几何形状所引起的应变效应，以及超薄结构引起的量子尺寸效应协同调节了 Pd 的电子结构，优化了其与氧、中间产物的结合能，进而大幅度提高了 ORR 催化活性。

尽管近年来非贵金属 M-N-C 催化剂在酸性介质中表现出与 P/C 相当的 ORR 催化活性，但其稳定性（质子化、金属滤失等）仍达不到商业化使用要求，需要进一步提升它的活性、稳定性。因此，开发低 Pt、高活性、高稳定性的 ORR 催化剂是实现 PEMFC 商业化的关键。Pt 基有序合金能极大提高 PtM 合金的活性、稳定性，但其制备需要在高温下进行，而纳米颗粒在高温下易团聚长大，研究基于高温制备小尺寸、高有序度的有序合金的方法是未来的研究重点。同时，由于碳载体与 Pt 基纳米颗粒之间的相互作用较弱，金属催化剂在使用过程中容易团聚、长大，导致催化活性大幅度降低，并且在高电压下碳易发生腐蚀。因此，开发比碳材料更耐腐蚀且能增强金属催化剂之间相互作用的新型载体，有利于抑制 Pt 金属团聚、脱落，从而提高 Pt 基催化剂的稳定性。

目前，我国 Pt 催化剂以进口为主，国内技术正在起步。根据海关总署数据，2021 年我国贵金属催化剂进口数量为 6179t，出口数量为 1715t，进口金额为 14.21 亿美元，出口金额为 2.23 亿美元。从进口分布情况来看，欧洲、北美洲和亚洲是我国主要进口地区，分别占 51.9%、35.7%、12.0%（按进口量），共计 99.6%。具体来看，美国是我国的主要进口国，进口数量为 219.3t，进口金额为 5.15 亿美元。当前国内企业还处在小批量或研发阶段，与国外燃料电池催化剂技术差距较大。例如，铂族金属担载量国外已经进展到 0.06g/kW、0.35mg/cm^2，而国内为 0.3g/kW、0.16mg/cm^2；活性衰减方面，国外已经实现将 3 万次循环后衰减控制在 5%以内，而国内的 3 千次循环后衰减就达到 86%。近年来，政策加码贵金属催化剂行业发展，其未来发展前景向好。

2022 年以来，国际材料巨头加紧布局催化剂市场，国产催化剂企业也在加快推进商用进程。目前以氢电中科新能源设备有限公司、深圳航天科技创新研究院、南京东焱氢能源科技有限公司、中科科创集团、中自科技集团等为代表的催化剂企业已进入客户验证阶段，正在向批量化生产的方向探索。2022 年，国际材料巨头已经开始催化剂产能扩张的加码布局。优美科汽车催化剂有限公司于 2022 年 7 月宣布在中国本土投资建厂，以期分享更多的氢能市场红利。氢电中科新能源设备有限公司的铂碳催化剂已上车通过检验，经客户全面测试，反馈其成本低、电化学活性面积和质量活性高、工艺适应性强，并且重复性高、良品率高，铂碳催化剂批次产品的差异性小于 2%，量产设备成本低。其第二代铂合金催化剂以铂碳为原材料制备合金，非常方便实现合金的粒径、组分的调控，其单体电池性能、长寿命测试、循环稳定性测试结果均优于国际知名产品。

3.1.3 气体扩散层

1. 气体扩散层的作用

气体扩散层是支撑催化层、收集电流并为电化学反应提供电子通道、气体通道和排水通

道的隔层，它由碳纸和防水剂聚四氟乙烯（PTEE）组成。其材料和制备技术对MEA的性能和电池的性能至关重要。气体扩散层的作用主要是为参与反应的气体和生成的水提供传输通道，并支撑催化剂。因此，气体扩散层基底材料的性能将直接影响燃料电池的电池性能，气体扩散层必须具备良好的机械强度、合适的孔结构、良好的导电性及高稳定性。

2. 气体扩散层的组成

气体扩散层（GDL）通常由支撑层（Gas Diffusion Barrier，GDB）和微孔层（Microporous Layer，MPL）组成。支撑层经过疏水处理后，在其上涂覆单层或多层微孔层，从而制成气体扩散层。支撑层材料大多是憎水处理过的多孔碳纸或碳布，通常由碳纤维各向异性堆叠组成，直接与双极板接触；微孔层由纳米碳分和疏水材料混合而成，直接与催化层接触，作用是降低催化层和支撑层之间的接触电阻，使反应气体和产物水在流场和催化层之间实现均匀再分配，以利于增强导电性，提高电极性能。

3. 气体扩散层的性能要求

选择性能优良的气体扩散层基底材料能直接改善燃料电池的工作性能。性能优异的扩散层基底材料应满足以下要求：

1）低电阻率。

2）高孔隙度和一定范围内的孔径分布。

3）一定的机械强度。

4）良好的化学稳定性和导热性能。

5）较高的性价比。

4. 气体扩散层的材料及性能

目前，气体扩散层支撑层的碳纸和碳布的多孔结构为反应物气体及产物水提供了传导的通道。碳纸是以碳纤维为主要材料，辅以黏合剂经抄纸工艺而制得的纸状材料。将导电炭黑和疏水剂用溶剂混合均匀后得到的黏稠浆料，通过丝网印刷、喷涂或涂布方式涂覆在支撑层表面，经过高温固化，得到微孔层。而完成微孔层涂覆后的支撑层进一步优化了微观上的传质、传热、导水和导电性能。因此，支撑层和微孔层共同决定了气体扩散层的产品特性。气体扩散层在电池中具有支撑催化层并提供反应气体和生成水通道的功能，同时还要具备比较良好的导电性能及电化学反应下的抗腐蚀能力。因此，气体扩散层材料的性能直接影响电化学反应的进行和电池的工作效率。选用高性能的气体扩散层材料，有利于改善MEA的综合性能。

（1）碳纤维

1）碳纤维种类的选择。碳纤维可以根据原材料的不同分为三类：聚丙烯腈（PAN）基碳纤维、沥青基碳纤维、黏胶基碳纤维。聚丙烯腈基碳纤维比其他两种碳纤维具有更高的强度，并且具有更高的导电性能，因此目前多选用聚丙烯腈基碳纤维作为气体扩散层支撑层的原材料。

为了保证碳纸具有较好的性能，良好的均匀性是必须要满足的条件。为了保证碳纸具有良好的均匀性，在制备过程中需要确保碳纤维能在溶剂中分散均匀。但碳纤维不容易在溶剂中分散，容易团聚形成絮状物。因此制备碳纸的重点就是研究如何使碳纤维可以在溶剂中均匀地分散。

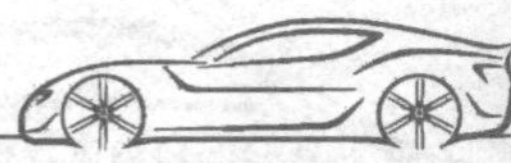

2）影响碳纤维在溶剂中分散性能的因素。相关研究表明，碳纤维在溶剂中的分散性能与碳纤维的表面特性、碳纤维的长度、分散浓度、分散剂用量四个因素密切相关。

① 碳纤维的表面特性。生产加工中难以避免的机械损伤会使碳纤维的表面存在许多裂纹缺陷，这些缺陷会导致碳纤维的表面变得粗糙，从而增加了碳纤维之间的表面摩擦力，直接导致碳纤维无法均匀地分散在溶剂中。同时，碳纤维表面缺少亲水、亲油的官能团，也不易被水润湿，这就导致了碳纤维在溶剂中的分散性能不佳。

② 碳纤维的长度。碳纤维越长越容易同其他的碳纤维相互接触缠绕，进而增加碳纤维发生团聚的概率，而选择长度为3~6mm的碳纤维可以显著提高其在溶剂中的分散性能。

③ 分散浓度。碳纤维在溶剂中的浓度越高，每一根碳纤维同其他纤维碰撞缠绕的概率就越大，产生团聚的可能性也就越高。碳纤维在溶剂中的分散能力随含量的增加呈现先增大后减小的变化规律。

④ 分散剂用量。分散剂的浓度升高，溶液的整体黏度会增大，从而导致溶液的流动性变差，使得碳纤维无法均匀分散在溶剂中。但如果分散剂浓度过低，则无法包覆碳纤维，难以起到分散碳纤维的作用。因此，合适的分散剂用量应控制在1.56%~1.77%之间。

3）提高碳纤维在水中分散性能的方法。

① 表面处理。相关方法有气相氧化法、液相氧化法、阳极氧化法、等离子体氧化法、表面涂层改性法、复合表面处理法等。

② 分散剂。分散剂分散纤维的机理可归纳为以下两类：

a）加入离子型表面活性剂，可以改变碳纤维表面的电荷，使碳纤维之间产生排斥，增加分散性。

b）加入高分子型分散剂。

③ 碳纤维之间不产生氢键结合的方法有以下三种：

a）与植物纤维或热黏结纤维配抄。

b）使用胶黏剂。

c）表面处理。

（2）疏水剂　通常采用聚四氟乙烯、聚偏二氟乙烯、氟化乙丙烯等作为疏水剂，其中最为常用的疏水剂为聚四氟乙烯。

5. 气体扩散层核心工艺

气体扩散层的核心工艺主要是碳纸选材及技术。从碳纸材料来看，全球范围内气体扩散层材料碳纸、碳布的供需已形成一个寡占市场情况，目前全球的碳纸、碳布材料供应商仅有日本Toray、加拿大Ballard及德国SGL三家公司。其中，日本Toray公司目前占据较大的市场份额，并拥有较多与碳纸相关的专利，其所生产的碳纸具有高导电性、高强度、高气体通过率、表面平滑等优点；但Toray公司的碳纸由于其脆性大而不能连续生产，难以实现规模化生产，极大地限制了其供应量的增长。Toray公司的绝大部分产能必须供应给波音公司的碳纸产品，因此到2012年，该企业几乎停止出口燃料电池组件（碳纸、碳布）至其他国家。从2010年起，Toray公司将产品售价提高了15%，以40cm×40cm规格产品为例，其售价从78美元/PCS（pieces，件）升至91美元/PCS。德国SGL公司主要生产高导电性和高孔隙率、低成本碳纸，其原材料由日本三菱供应，但供给正

在逐渐减少。加拿大 Ballard 公司的业务主要集中在碳纸处理、微孔层水管理设计，仅供应给汽车企业的合约商。

6. 我国气体扩散层技术发展现状

随着国内燃料电池汽车市场的崛起，作为电堆膜电极关键材料的气体扩散层正在加速实现国产化，政策方面已有相关支持。按照示范期的补贴政策，在投入运营的氢燃料电池汽车中使用国产气体扩散层，可以获得 0.3 分的奖励，国产化突围或许是一个艰难的过程。在技术层面已经可以对标国际先进产品的背景下，深圳市通用氢能科技有限公司等企业正在加速追赶，国产气体扩散层规模化生产未来可期。

从技术来看，当前扩散层碳纸技术处于国外垄断状态，国内还在加速研究中，主要集中于中南大学、武汉理工大学及北京化工大学等机构，但研究时间较短，技术难题尚未攻克。中南大学曾提出化学气相沉积（CVD）热解炭改性碳纸的新技术，发明了与变形机制高度适应的异型结构碳纸，并采用干法成型、CVD、催化炭化和石墨化相结合的连续化生产工艺，使产品的耐久性和稳定性有所提升。氢能、仁丰特材等企业也在加速追赶先进水平，已为多家头部企业小量供货，逐渐打开市场应用突破口。仁丰特材 150 万 m^2/年气体扩散层生产线已列入淄博市“十四五”氢能产业重大示范项目和山东省能源领域重点技术攻关项目，现一期 50 万 m^2 生产线已建成投产。仁丰特材的气体扩散层产能与国际同类先进生产企业相当，主要采用湿法生产气体扩散层技术，从短切碳纤维原料起，包括制浆、抄造、涂胶、热压、碳化、石墨化、疏水层涂布、微孔层涂布和烧结全链生产，它是国内首家规模化实现卷对卷产品的企业，手握自主工程化设计和产线设备集成，拥有丰富的在线检测、产品缺陷识别检测技术。上海河森电气有限公司已有小批量碳纸产品，其在 2012 年已有 1000m^2/月的生产能力；台湾碳能科技股份有限公司也有部分碳纸产品且价格较低，获得了一定的市场认可。

气体扩散层的成本主要由加工费用主导，一旦实现规模化生产，将会带来大幅度的成本削减。根据战略分析数据，当生产规模从 1000 套提升到 50 万套时，成本会从 2661 美元/套降到 102 美元/套，因此扩散层大规模生产工艺会是未来重点发展方向。

3.1.4 膜电极供应商

1. 鸿基创能

鸿基创能科技（广州）有限公司（以下简称鸿基创能）成立于 2017 年 12 月，由美锦能源参股。鸿基创能致力于实现质子交换膜燃料电池用自主化高性能催化剂涂层质子膜（CCM）及膜电极（MEA）的产业化和商业化，是我国较早实现膜电极大规模产业化的企业之一，目前在佛山、广州设立了研发生产双中心，在重庆、北京、上海、温哥华等地设有分部，鸿基创能团队掌握 CCM 双面直接涂布、膜电极一体化、膜电极自动化快速封装技术。其膜电极产品在 1.5A/cm^2 的条件下运行时，产品功率密度超过 1W/cm^2。用户以国内市场为主，国外公司占 20%。目前，鸿基创能膜电极市场的占有率在 30%左右，共有 3 条膜电极生产线，其中一条在建，CCM 日产能达 3 万片，MEA 日产能超过 2.4 万片。2021 年，鸿基创能膜电极产能为 400 万片，出货 108 万片，位于行业首位。鸿基创能计划到 2025 年实现膜电极产能 2000 万片。2022 年 6 月，鸿基创能膜电极及 PEM 电解水制氢项目在广州投

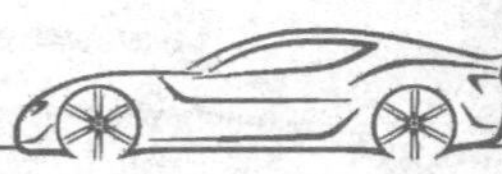

产，膜电极年产能达500万片。

2. 唐锋能源

上海唐锋能源科技有限公司（以下简称唐锋能源）成立于2017年7月，主营业务为燃料电池膜电极研发、生产、测试和销售，现已完成亿元级B轮融资。其核心技术依托于上海交通大学燃料电池研究所成果转化，核心成员来自上汽、蔚来等知名企业。在工艺方面，唐锋能源自主开发CCM涂敷工艺、MEA自动封装工艺及膜电极成型工艺，年产能达到100万片，2021年膜电极出货量排名国内第二。在产品方面，由唐锋能源自主研发的低铂膜电极，其Pt担载量小于0.25gPt/kW，功率密度≥1.3W/cm^2，已通过10000h寿命验证和车规级工况验证。唐锋能源的合作伙伴包括捷氢科技、雄韬股份等主流电堆厂及一汽、潍柴等主机厂。

3. 武汉理工氢电

武汉理工氢电科技有限公司（以下简称武汉理工氢电）成立于2018年3月，下属的雄韬股份控股专注于膜电极的产业化与研发，是国内早期成功开发CCM膜电极的企业之一，主要产品包含车用和电站用燃料电池膜电极和PEM电解水膜电极，其车用膜电极的功率密度达1.68W/cm^2，Pt担载量≤0.5mg/cm^2。武汉理工氢电的产品大批量出口美国、德国、韩国等海外市场，累计销售超200万片，是全球第五大膜电极生产商，年营收过亿，国内用户包括东风、北汽福田、宇通和金龙等。2019年，该公司膜电极自动化生产线建成投产，年产能达2万m^2。2022年4月，投资2亿元自建厂房，计划将膜电极的产能扩大5~10倍，年产能达10万~20万m^2，预计2023年底投产。

4. 擎动科技

苏州擎动动力科技有限公司（以下简称擎动科技）成立于2016年7月，是一家燃料电池核心关键材料制造商，具备自主研发生产催化剂，并将其批量搭载至膜电极上的能力，其最新一代开发的膜电极性能可超过2W/cm^2，使用寿命超过20000h。擎动科技生产的产品包括Pt/C催化剂、车用和非车用MEA、燃料电池MEA等，目前已有30余款使用其催化剂和膜电极的燃料电池车辆入围工信部公告目录，其2021年膜电极出货量排名国内第四，累计出售100万片。擎动科技现拥有催化剂生产线一条（产能1000kg/年），全自动膜电极直接涂布生产线和膜电极封装生产线两条，MEA年产能可达200万片。2022年5月，擎动科技被电堆厂商氢晨新能源全资收购。

5. 亿氢科技

上海亿氢科技有限公司（以下简称亿氢科技）成立于2019年6月，由亿华通、东岳集团、水木清华联合创立，已完成两轮融资。其主要产品为膜电极，目前已完成第一代到第三代产品的开发并装车实况运行（单堆实况运行超过5万km，累计超过400万km），最新一代膜电极功率密度超过1.35W/cm^2。

6. 桑莱特

江苏延长桑莱特新能源有限公司（以下简称桑莱特）成立于2011年5月，是陕西延长石油集团旗下企业，有氢能利用和智慧光电两个事业部，其中氢能利用事业部聚焦于燃料电池低铂催化剂、膜电极、电堆等关键材料及部件的研发生产、检测和销售。桑莱特生产的产品主要针对空冷电堆和车用水冷电堆两种用途，可根据用户的需求定制，海外用户包括美国 Plug Power、印度 DRE、美国 Alternative Energy、英国 ENOCEll 等。其 2021 年膜电极累计出货量超过 2 万片，新建生产线将实现年产 30 万 m^2 的膜电极、1000kg 催化剂的产能。

7. 威孚高科

无锡威孚高科技集团股份有限公司（以下简称威孚高科）成立于 1988 年，是国内知名汽车零部件的生产厂商。它从 2018 年开始着手布局氢燃料电池零部件，先后收购了丹麦老牌燃料电池部件公司 IRD 和比利时的金属双极板供应商 Borit，拥有多项膜电极产品专利技术。2022 年 1 月，威孚高科通过公告宣布成立氢能事业部及氢燃料电池零部件业务合资公司，并计划在 2021—2025 年期间，实现全球产能膜电极 800 万片，其中亚太（中国）地区为 400 万片。

8. 道氏技术

广东道氏技术股份有限公司（以下简称道氏技术）成立于 2007 年，业务包括锂电材料、碳材料、陶瓷材料三大板块。2019 年，它与上海重塑共同出资设立道氏云杉，从事氢燃料电池膜电极等材料的研制和销售，另外增资泰极动力，由道氏云杉为泰极动力提供膜电极设计及关键材料，泰极动力则负责膜电极验证、组装及大规模生产。据悉，泰极动力第一条脉冲喷涂膜电极生产线已投产，第二条狭缝涂布膜电极生产线也于 2019 年第四季度投产，并为上海韵量、山东氢探、一汽解放供货膜电极。

9. 纳尔股份

上海纳尔实业股份有限公司（以下简称纳尔股份）成立于 2002 年，是一家精密涂布材料供应商。2021 年，它跨界进入氢电领域，与中科院上海有机化学研究所博士胡里清合资成立纳尔氢电，主营高性能燃料电池、膜电极等燃料电池系统核心零部件。纳尔氢电配套 CCM 生产线，一期规划产能为 200 万片，目前已经处于产品试生产及测试调试阶段。

总体来看，膜电极市场还处在一个以国产代替进口的快速变动时期，尚未形成稳定局面和几家独大的寡头厂商，新入局者众多且势头迅猛。根据势银统计，2020 年膜电极行业 CR5[㊀] 达 84%，其他国内企业有东方氢能、清能股份、新源动力等 5 家，2021 年膜电极行业 CR5 降至 67%，其他国内企业增至 10 家，新增擎动科技、国电投氢能等。未来，随着政策完善扶持与下游需求规模扩大，膜电极市场的竞争将会进一步加剧。有分析认为，开拓增量市场，如 PEM 电解水制氢和多场景燃料电池膜电极开发，将会是膜电极企业的新一轮发展方向。

3.2 双极板

1. 双极板的定义与作用

双极板，又称为流场板，是电池系统组件的主要组成部分，直接影响电池的使用寿命、性能、体积、成本、质量等方面。其作用主要是传导电子、分配反应气并带走生成的水。燃料电池使用的双极板要求具备较好的导电性、导热性、一定的强度、气体致密性，并能耐

㊀ CR5 是指业务规模前五名的公司所占的市场份额。

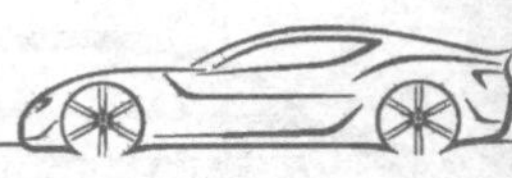

酸、耐碱、耐腐蚀，与电解质相溶无污染，同时易于加工、成本低廉，以满足燃料电池的发展。目前一般采用在石墨板上雕刻流道的方式进行设计，常用的流道有平行流道、回旋形流道、蛇形流道。现在广泛采用的双极板材料为无孔石墨板，也有使用金属板和复合材料双极板的。

2. 双极板的种类与特点

根据基体材料的不同，双极板可以分为石墨双极板、金属双极板和复合材料双极板。石墨材料是最早开发用于质子交换膜燃料电池双极板的材料，其优势是耐腐蚀性、耐久性强，但是制作周期长、抗压性差、成本高，目前广泛应用于专用车与客车上。金属双极板的优势是强度高、韧性好，导电、导热性能好，以及功率密度更大，方便加工成很薄的双极板（0.1~0.3mm），主要应用于乘用车上，如丰田新一代的Mirai轿车，其燃料电池模块的功率密度达到5.4kW/L。复合材料双极板兼具石墨材料的耐腐蚀性和金属材料的高强度特性，未来将向低成本化方向发展。在当前的国际市场中，欧、美、日供应的石墨、金属双极板整体性能较强，美、英供应的复合材料双极板处于世界先进水平。而国内在石墨双极板方面较成熟，个别厂商生产的石墨双极板部分性能已达国际先进水平。金属和复合材料双极板在我国的研究起步较晚，技术仍有较大提升空间。不同材料双极板特点对比见表3-1。

表3-1 不同材料双极板特点对比

类型	优势	劣势	供应商/研究机构
石墨双极板	导电性、导热性、耐腐蚀性突出，质量大，技术成熟	体积大、强度和加工性能较差	美国的POCO、SHF、Graftech，加拿大的Ballard，日本的Fujikura Rubber LTD、Kyushu Refractories，英国的Bac2，国内的杭州鑫能石墨、江阴沪江科技、上海喜丽碳素
金属双极板	强度高、导电性和导热性好、成本低	密度较大、耐腐蚀性差	Treadstone、Cellimpact、DANA、Grabener、Simens、大连物化所
复合材料双极板	兼具石墨材料的耐腐蚀性和金属材料高强度的特点，阻气性好	质量大、加工烦琐、成本高	Porvair、美国橡树岭国家实验室、华南理工大学等

（1）石墨双极板 石墨因其优异的耐腐蚀性、高电导率和低密度而成为最常见的双极板材料。石墨是碳的结晶形式，具有金属性质，如导热性和导电性，以及非金属性质，如惰性和高耐腐蚀性。石墨晶格由二维石墨烯片层组成，碳原子的面内和面外键合之间存在差异，因此石墨被认为是各向异性的。相邻的石墨烯层通过弱范德华力维持结构。片状石墨比球形石墨具有更高的电导率，但由于球形石墨材料具有较高的填料载量，其加工性能至少提高了5~12倍。石墨沿晶体层状结构都是导电的，但垂直于平面方向的导电性非常低，这会影响双极板在贯穿平面方向上的导电性。英国巴斯大学研究了混合碳体系与石墨粉和连续碳纤维织物的协同效应，观察到填料含量为70%~75%（体积分数）时具有最佳电导率。辅助填料通常与石墨一起使用，以增强复合材料的性能。韩国仁荷大学提出了各种不同的填料组合，使用具有不同粒径的天然石墨和合成石墨。与合成石墨板相比，带有天然石墨的板显示出更高的电导率，但抗弯强度更低，其原因可能是天然石墨的来源及结构不同。石墨在室温下的电导率约为104S/cm，同时具有很强的耐腐蚀性，但石墨脆性高，对于流道加工具有一

定的挑战性，一般通过增加石墨的厚度来降低脆性，但会增加燃料电池的质量和体积，这是其主要缺点。

（2）金属双极板　金属材料目前已经成为优先选择，其最大的优点是具有高导热性及导电性、较低的气体渗透性，流道加工过程也简单。在质子交换膜燃料电池中，大多数金属双极板仍存在恶劣条件下较易腐蚀的缺陷。金属双极板腐蚀后会释放金属离子产物（Fe^{3+}，Cr^{2+}，Ni^{2+}），造成膜电极中的催化剂层中毒。金属双极板的腐蚀也会导致金属板和气体扩散层之间的界面接触电阻明显增加，进而导致电池堆的性能下降。为了改善双极板的抗电化学腐蚀能力和界面接触电阻，一些研究者提出在金属表面制备一种导电性高且非常薄的保护层，不同的团队已经发表了一些关于这种路线的特定材料及工艺的研究。

（3）复合材料双极板　在双极板的制造中，热固性塑料和热塑性塑料均可被用作树脂基体。但是热固性塑料比热塑性塑料具有更高的强度、抗蠕变性和更低的韧性，因此使用更方便。尽管热固性塑料更脆，但它还是最普遍的选择，因为它在高温下具有更好的尺寸稳定性和热稳定性。通过较高的成型压力和较长的成型时间可以消除热固性加工过程中形成的某些气体，如氢气、氨气和水蒸气。目前在利用石墨-高分子复合材料提高双极板性能方面取得了很大的进展。例如，德国杜伊斯堡燃料电池技术中心等研究机构提出了基于热塑性塑料和碳化合物的双极板的方法；我国台湾清华大学研发出一种乙烯基酯-石墨复合双极板，其中包含一种团状膜塑料，其特性和石墨板接近。热塑性材料应用的主要问题在于较高温度下热塑性材料的黏度较高，因此热塑性聚合物比热固性塑料使用更少的填料。为了解决此问题，可以应用较短的热塑循环时间和无溶剂工艺。印度国家物理实验室研究发现，通过使用带有极性基团的聚合物可以提高电导率，这些极性基团电子更容易极化或离域。综上所述，还需要对热塑性塑料进行更多的研究，尤其是提高其电导率以达到美国能源部（DOE）的要求或者更高的指标。

3.3 电极材料的改进

假设年产量为50万套，催化剂、双极板、PEM、空气循环系统、氢气循环系统、热力管理系统分别占电池系统成本的24%、10%、5%、21%、5%、9%，图3-3所示为氢燃料电池的成本构成。规模效应与技术进步是促进氢燃料电池成本逐步下降的重要驱动因素。根据DOE的测算，未来燃料电池系统的成本将逐步下降，在年产50万套燃料电池系统的情况下，其成本将从53~55美元/kW降至未来目标成本30美元/kW，降幅达到43%。

催化层是电堆中成本最高的，占电堆成本的49%，主要原因在于催化层中含有贵金属铂。在当前的技术水平下，催化层中的Pt担载量约为1g/kW，DOE的远期目标是使催化剂用量低于0.05g/kW，低铂和无铂催化剂是未来技术发展方向。

3.3.1 pH值对反应的影响

随着电解质pH值的升高，金属电极上的HER㊀活性会下降，其中Au电极的HER活性降低最多。此外，通过CV和CO剥离实验，发现弱吸附金属电极表面的含氧基团和氧结合

㊀ HER，即Hydrogen Evolution Reaction，氢还原反应。

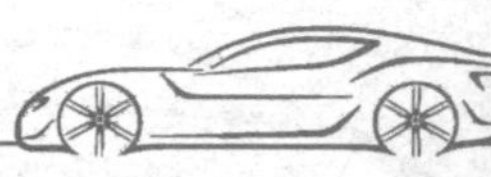

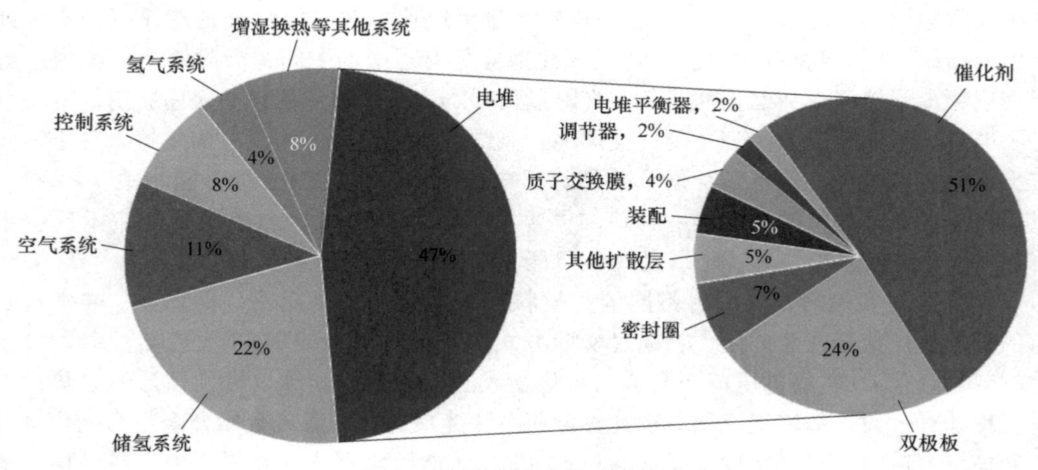

图 3-3　氢燃料电池的成本构成

能力随着电解质 pH 值的升高而增强，增强最多的依然是 Au 电极。目前还无法在多晶电极表面得到氢结合能随 pH 值的变化规律，但相关文献中纳米碳电极和滴汞电极的实验显示弱吸附金属的氢结合能随 pH 值变化不大。氢结合能不是氢催化反应唯一的描述符，OH 的吸附对其反应速率有决定性作用，应对 OH 的作用予以考虑。

从理论上讲，弱吸附金属电极上的四电子转移路径需要满足以下条件：

1）过氧化物中间体被吸附于电极表面以进行第二次电子转移，即还原。否则，过氧化物将直接进行脱附进入溶液成为产物。

2）Au 电极与反应中间体具有一定强度的结合能，以便能断裂过氧化物中间体中的 O—O 键。尽管中间体 O^{2-} 的 O—O 键能比 O_2 分子弱许多，但仍需要具有适当的活化能。存在一个氧结合能阈值决定 Au 电极上 ORR 的反应路径。电解质 pH 值正是通过改变 Au 电极的氧结合能来控制 ORR 反应路径的选择。然而，目前还不清楚电解质 pH 值影响电极氧结合能的机理。

3.3.2　阳极氢氧化反应

HOR㊀是氢氧燃料电池的阳极反应，同时也是电解水阴极反应 HER 的逆反应。在进行反应机理讨论和新型催化材料设计时，这两个反应被习惯性地放到一起，对 HER 有催化活性的电极材料一般对 HOR 也有相同的催化作用。氢的催化反应包括三个可能的基元步骤：Volmer，Tafel 和 Heyrovsky，以 HER 在酸性条件下的情况为例，则有

$$\text{Volmer}: H^+ + e^- + {}^* \rightarrow H^*$$

$$\text{Heyrovsky}: H^+ + e^- + H^* \rightarrow H_2 + {}^*$$

$$\text{Tafel}: 2H^* \rightarrow H_2 + 2^*$$

其中，* 表示电极表面的吸附位点。因此，HER 有两种可能的反应路径：Tafel-Volmer 机理和 Heyrovsky-Volmer 机理。由此可知，氢的电催化反应只有一种反应中间体：吸附氢（H^*）。在过去半个世纪里，异相催化的研究都致力于将催化反应速率同催化材料与反应中

㊀ HOR，即 Hydrogen Oxidation Reaction，氢氧化反应。

间体的吸附键能结合起来。例如，在 HER 中，将反应速率对氢的结合键能作图，会得到一条火山型曲线，即 Sabatier 原理：最优的催化剂应具有适中的中间体吸附键能，吸附过弱不利于反应物分子被吸附到催化剂表面，吸附过强则不利于产物从催化剂表面脱附。由于直接决定了电极材料催化 HOR/HER 的反应速率，氢结合能在此处成为反应描述符。对于不同的反应类型，反应描述符也不同，但几乎都与反应中间体与催化剂的结合能相关。Parsons 是最早提出和论证该理论的先驱之一，他和同事 Gerischer 用氢气的自由吸附能表示反应中间体 H^* 的吸附键能强度，并以此来观察不同催化剂 HER 的反应活性趋势。之后，Trasatti 和 Krishtalik 等通过实验的方式测得不同催化材料形成氢化物的反应热，更真实、准确地表达了氢的结合能。值得注意的是，在通过实验方式测得氢结合能或 HER 反应活性时，应注意催化材料是否在 HER 的电压范围内形成氧化物或氢化物，否则难以得到预计的趋势。近年来，理论计算手段，如密度泛函原理计算能简单快速地得到金属或金属合金作为催化材料时的中间体结合能，不仅再次验证了 Sabatier 原理，还能预测催化性能更高的材料结构，从而指导新型材料的设计及合成。

HOR/HER 的反应速率通常用交换电流密度（Exchange Current Density，i_0，定义为平衡电势下，电极表面 HOR/HER 反应速率相同时的电流密度）来表示。在酸性条件下，HOR/HER 在铂表面的催化过程十分迅速（i_0 值在 $1A/cm^2$ 以上）。实际上，目前没有任何的电化学手段能完全避免扩散电流的影响，准确测定铂表面氢反应的 i_0 值。因此，对于酸性条件的 PEMFC，其阳极 HOR 反应结合能接近于火山型的顶点位置且位于强吸附一侧。若能通过特定手段稍微减弱 Pt 的氢结合能，其催化活性将得到进一步提高，反之则会降低。这使得一部分人相信，电解质 pH 值降低 Pt 上 HOR/HER 反应速率的原因是其进一步强化了 Pt 的氢结合能。Gasteiger 等通过对比商业碳载铂（Pt/C）、钌（Ru/C）和铱（Ir/C）催化剂在 0.1mol/L 高氯酸（$HClO_4$）水溶液和 0.1mol/L 氢氧化钾（KOH）水溶液中的 HOR/HER 活性和氢吸附峰的变化，提出了氢结合能是决定电极催化氢反应活性的唯一反应描述符。Sheng 测试了多晶 Pt 电极的 HOR/HER 极化曲线和 Ar 饱和的循环伏安曲线，再次确认了 HOR/HER 在铂电极上的反应速率随电解质 pH 值的升高逐渐降低。结合能斯特方程和经典吸附理论，Pt 的循环伏安曲线中氢吸附的峰值电压对应于氢的吸附键能，峰值电压越高，氢吸附能越强。该操作找到铂电极上电解质 pH 值、HOR/HER 活性和氢结合能三者之间的关系，并提出电解质 pH 值影响 HOR/HER 活性的关键主要在于氢结合能的改变。Markovic 等认为，电解质 pH 值使氢反应速率变小的原因在于碱性条件下 HOR/HER 的反应物是 H_2O，而非 H^+。相较于酸性条件，碱性条件下需要额外的能量来断开 H—OH 化学键以获得 H^+，从而减缓总体反应。基于此假设提出了双官能效应，即碱性条件下 HOR/HER 的反应速率由氢结合能和氧结合能共同决定，适当增强氧结合能有利于氢反应的进行。总之，由于缺乏有效的表征手段来测定电极表面的反应中间体存在形式，对于 HOR/HER 速率决定因素的讨论仍在继续。

关于燃料电池阳极 HOR 的另外一个研究热点是高稳定抗毒化的催化剂。目前，工业用 H_2 都是由石油化工工业重整而来的，但重整 H_2 中含有一定量的杂质气体，尤其是 CO。相关实验结果表明，即使是 ppm（10^{-6}）量的 CO 进入燃料电池阳极，都会使其放电性能急剧降低。此外，当燃料电池阳极用含碳的有机物作燃料时（如甲醇、乙醇等），CO 是其中的中间产物，同样会对铂基催化剂造成毒化。因此，大量的实验和理论工作都致力于解决铂基

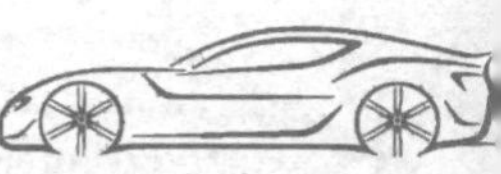

催化剂的 CO 中毒问题。当 Pt 被吸附的 CO 毒化后，可以通过提高阳极电压来氧化 CO，从而移除活性位点的 CO。基于该原理，Pt-Ru/C 催化剂被普遍用于直接甲醇燃料电池或以重整氢气为燃料的 PEMFC 中。Pt-Ru 合金能有效降低 CO 的氧化过电势，从而使其在较低的电压下被移除。理论计算结果显示，提高 Pt 抗毒化能力的有效方法之一是引入其他能降低催化剂与 CO 结合键能的金属。这些理论上的突破对高抗毒能力阳极催化剂的设计与开发起到了指导作用。

3.3.3　阴极氧还原反应

阳极 HOR 的反应速率极高，阴极缓慢的 ORR 是制约氢燃料电池技术规模化应用的主要障碍。跨越这一障碍的关键在于以下方面：

1）降低 ORR 的过电势，提高燃料电池的能源转换效率。

2）降低阴极 ORR 催化剂的成本。

碳载纳米铂（PVC）材料是目前使用最广泛的燃料电池电催化剂。对于 PEMFC 技术，阳极的 Pt 担载量可被降至 0.05mg/cm^2，而 Pt 无明显极化性能损失；阴极的 Pt 担载量则要维持 0.4mg/cm^2 左右，以保证电池的正常放电。为了解决这一问题，首先应理解 ORR 的反应机理。

ORR 是多电子转移过程，包括众多的基元步骤和反应中间体。缔合机理（Associative Mechanism）被广泛用于解释 ORR 行为，以酸性电解质为例，具体反应如下：

$$O_2+H^++e^-+{}^*\rightarrow OOH^*$$

$$OOH^*+H^++e^-\rightarrow O^*+H_2O$$

$$O^*+H^++e^-\rightarrow OH^*$$

$$OH^*+H^++e^-\rightarrow H_2O+{}^*$$

其中，* 代表催化材料的活性位点。基于上述机理，氧结合能被认为是决定电极催化材料 ORR 活性和机理的关键因素。大量的理论和实验数据表明，电极表面的 ORR 电催化速率与电极的氧结合能呈火山型曲线关系。考虑到催化剂成本，有许多高性能低成本的电极催化材料被开发出来并使用，主要包括两类：非铂族催化剂和低铂族催化剂。

1. 非铂族催化剂

常见的非贵金属电催化材料包括金属有机大环化合物、类酶结构、金属氧化物和石墨烯材料等。C-N-M 系列材料是最近被广泛研究的非贵金属电催化剂，其中 C-N-Fe 型材料呈现最高的 ORR 活性。近年来，许多非贵金属材料展现出接近甚至超越 Pt 的 ORR 催化活性，但它们还很难满足燃料电池对催化剂寿命和稳定性的要求。在一般情况下，燃料电池的阴极电压在 0.9V 以上，使得除 Pt、Au 和 Ir 以外的其他材料难以稳定存在，尤其在 PEMFC 的酸性环境中。C-N-M 系列非贵金属 ORR 催化材料的另一个研究热点是对其活性中心的认识。尽管大多数人将活性中心归结为与石墨配位的 FeN_4 或 FeN_2 结构，但仍缺乏足够的证据。此外，这类非贵金属材料的活性位点密度通常偏低，在装配到燃料电池后会造成阴极的催化层过厚，从而引起额外的传质阻力。因此，C-N-M 类非贵金属材料完全替代 Pt 基催化剂还需解决其稳定性、活性中心识别和密度提高等技术问题。

2. 低铂族催化剂

低铂族催化剂可以通过改变 Pt 的几何或电子结构来提高 Pt 原子利用率或本征活性，最终达到提高贵金属 Pt 比质量活性的目的。美国能源部对燃料电池阴极 ORR 催化剂提出了一系列的技术指标，其对活性的要求是在 $E=0.9V$ 时，比质量活性达到 0.44A/mg Pt。围绕该目标，科研人员做了大量的研究工作，其中能有效降低 Pt 需求的策略包括合金催化剂、脱合金催化剂、单层 Pt 核壳结构催化剂、八面体 Pt_3Ni 催化剂和纳米框架催化剂等。

（1）合金催化剂　引入廉价的过渡金属（M）与 Pt 形成的合金（Pt_xM_y）作为 ORR 催化剂，不仅能有效降低催化剂中的 Pt 担载量，还能通过协同效应提高 Pt 的比活性。大量实验数据表明，铂基合金催化剂能有效降低阴极 ORR 反应的过电势和提高稳定性。合金催化剂活性得到提高的原因可能包括以下几点：

1）几何结构效应。Pt 的面心立方晶格常数为 3.93 埃，过渡金属则普遍比其小。当过渡金属原子以原子替代方式进入 Pt 晶格内部时会造成 Pt 的晶格收缩，进一步导致 Pt 原子间距变小。这种较纯 Pt 更小的原子间距更有利于氧气分子的吸附和裂解，从而提高 ORR 的催化活性。

2）电子结构效应。根据 ORR 的理论研究可知，纯 Pt 的氧结合能较最优值稍强，因此含氧官能团（来自于溶液、反应中间产物等）在催化剂表面的强吸附是减缓 ORR 反应的重要因素。由于过渡金属的电负性通常大于 Pt，当过渡金属原子与 Pt 原子作用时，可增加 Pt 原子的 d 轨道空缺并移动 d 轨道中心，减弱上述含氧官能团与 Pt 的键能，从而释放更多的反应位点进行反应。

3）合金中的过渡金属在电池运行时会氧化溶出，暴露更多的 Pt 原子，从而提高了电化学活性面积。其中，电子结构效应是最常用的调节 ORR 催化活性的手段。

（2）脱合金 Pt_xM_y 催化剂　此处所讲的脱合金是指利用化学、电化学或其他手段破坏原始合金材料表面结构或成分的过程，该策略曾被广泛应用于制备多孔型材料。脱合金 Pt_xM_y 催化剂的转换频率因子高达 $160e^-/s$，而铂纳米颗粒只有 $25e^-/s$。晶格常数较纯 Pt 小的 Cu-Pt 合金会使外壳的 Pt 层发生晶格收缩，这会降低催化剂表面与含氧基团的结合能，从而提高脱合金催化剂的 ORR 活性。这种晶格收缩现象也得到了理论计算和实验结果的证实。然而，由于电化学装置的复杂性和技术限制，通过电化学脱合金的方式很难实现大批量的制备，难以满足实际应用的需求。

（3）单层 Pt 核壳结构催化剂　此概念旨在最大限度地提高贵金属 Pt 在电催化中的利用率，其制备原理是在欠电位条件（未到达还原电势）下，将离子态的金属还原成单质态沉积到目标底物上。异相沉积对实验条件要求十分高，包括电压范围、扫速、前驱体浓度及底物等对沉积效果都有直接影响，但也不是所有金属都能实现欠电位沉积。由于 Pt 的还原电势较高，若直接将铂单原子层沉积到过渡金属上，则在沉积过程前其他金属已经被氧化成离子态。因此，可以先将单原子的 Cu 沉积到另一种氧化电势高于 Cu 还原电势的金属上，再通过迦瓦尼置换的方式将单原子层的 Cu 置换成 Pt，从而达到制备各单原子 Pt 层核壳结构的目的。采用该法制备核壳结构催化剂具有以下优势：

1）极高的 Pt 利用率。在理想状态下，所有的 Pt 原子皆分布在表面上，其理论 Pt 利用率可达 100%。

2）比活性提高。当 Pt 沉积到另一种金属上时，由于原子半径不一，会引发拉伸或压缩现象。该现象可引发 Pt 原子的 d 轨道中心迁移，能明显影响催化剂的活性。此外，单原子 Pt 层与底物间的相互作用十分紧密，其电子结构会因配位作用而发生改变，最终影响其催

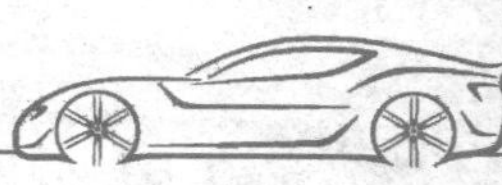

化活性。

3）稳定性提高。当沉积到一种与 Pt 有较强作用的底物上时，能明显减少单原子 Pt 层的氧化作用，如在 Pt-Ru 体系中。由于制备工艺复杂，需要涉及精密的电化学装置，重复性、稳定性及大批量制备始终是其瓶颈问题。

（4）八面体 Pt_3Ni 催化剂　热处理的 Pt_3Ni 晶面对 ORR 具有极高的电催化性能，其比活性较商业 Pt/C 催化剂高出近两个数量级。大量的研究工作致力于将该高活性晶面移植到更为实用的纳米材料上，而八面体的 Pt_3Ni 纳米晶体因具有八个晶面而成为首选。将金属掺杂到 Pt-Ni 八面体的纳米晶粒上，其中八面体的边长约为 8nm，该催化剂表现出目前最高的 ORR 电催化活性，其 Pt 的质量比活性较商业 Pt/C 催化剂高出近 70 倍，有力地验证了 Pt_3Ni 纳米八面体策略用于降低燃料电池阴极 Pt 担载量的有效性。但就目前而言，这些八面体催化剂几乎都没有在真实的燃料电池环境中做过性能测试。

（5）纳米框架催化剂　低 Pt 族催化剂研究的最终目标是在不牺牲催化性能的情况下消耗尽可能少的 Pt 用量，以下是两种常见的策略：

1）将 Pt 与非贵金属结合，提高其比活性。

2）通过制造孔洞等方式，尽可能提高催化剂的比表面积。

纳米框架催化剂就是将这两种策略结合起来，将实心的多面体纳米颗粒转变为开放的三维纳米框架结构。其原理是，先在液相中合成直径为 20nm 左右的 Ni_3Pt 实心菱形十二面体；然后将其置于一定腐蚀环境的化学试剂中以选择性地移除 Ni 元素，从而得到开放结构的富 Pt 框架；最后通过精确的高温处理得到平整的类 Pt_3Ni 单晶晶面框架结构。在 $E=0.95V$ 时，该催化剂的比表面积活性为商业 Pt/C 催化剂的 16 倍，证明框架的晶面确实为表层富 Pt 的 Pt_3Ni 结构。该催化剂在 $E=0.9V$ 时的质量比活性更是高达 5.7A/mg Pt。稳定性测试结果显示，10000 圈的 CV 扫描（电压范围为 0.6~1.0V）没有发现明显的活性衰减。此外，该催化剂还具有合成简单、易于批量制备和良好的传质扩散等优点，因而成为替代传统 Pt/C 催化剂的有力竞争者。

3.3.4　新型催化剂设想

对于氢燃料电池的阳极催化剂，根据催化剂的表面效应，想要满足低成本、高效率的要求，首先要使活性组分充分实现微粒化，在此基础上，将催化剂粒子固定在合适的载体上能使催化剂利用率最大化。选择适当的载体是影响催化剂活性的关键因素，因此载体成为催化剂的关键组分之一。国内外近期的研究发现，金属和 N 掺杂的碳材料具有良好的电化学性能，有望得到理想的电化学碳材料载体。

将碳材料作为载体，往往需要在载体表面引入修饰剂，发挥其对担载催化剂活性组分的锚固作用，从而提高催化剂活性组分在载体表面的分散性。但是这种物理修饰作用在电池工作过程中很容易发生衰减，导致载体界面吸附稳定性下降，进而使电池使用寿命下降。并且这种引入修饰剂的方法，还会增加工艺复杂性和材料成本。

具有壳层结构的纳米材料在各个领域展现出巨大的应用潜力。例如，壳层材料具有较高的比表面积，其丰富的孔隙也可以促进质量传递和电子转移，十分有利于提高催化剂的活性。

而对于氢燃料电池的阳极催化剂，由于 Pt 等金属催化电极存在资源稀缺、价格昂贵等问题，可以在资源丰富的非金属中寻找合适的催化电极，通过查阅资料可知碳氮化合物具有一定的催化活性。由于氢燃料电池的阴极对应氧的还原反应，需要找到一种还原活性高且价格低廉、资源丰富的材料。相关实验证明，在碳氮化合物中加入铁、钴等金属后，其催化活性可大幅度提升，最终在氧化铁、氧化钴中找到了突破点——氧化铁、氧化钴原本各自具有的尖晶石结构并不能使它们具备很强的催化活性，但是铁钴二元尖晶石形成的反式尖晶石因为结构中铁原子与钴原子的相互作用而拥有远超正式尖晶石的催化活性。通过调节晶体中铁离子的浓度发现，反尖晶石中铁原子和钴原子相互电子转移所产生的异化效用是催化活性提高的原因，经过精确调控的反尖晶石的催化活性优于 Pt 催化剂。为了提高催化活性，还可以将碳氮化合物的表面制成纳米材料，这样能有效增加反应物的接触面积。相关实验证明，Fe-P-N-C 可以作为催化剂载体，这种催化剂材料属于纳米复合催化剂制备领域。

由于氧化铁和氧化钴是金属矿物质，来源丰富、价格低廉。如果用它们代替 Pt，氢燃料电池的费用将下降到原来的 60%，这有助于氢燃料电池的普及。

思考题

3-1　质子交换膜由哪几部分组成？各自的作用是什么？

3-2　质子交换膜的离子传输机理有哪些？请简要说明其原理。

3-3　阳极常用的催化剂材料有哪些？

3-4　性能良好的气体扩散层需要满足哪些要求？

3-5　电解质的 pH 值对氢燃料电池的反应有何影响？

3-6　氢燃料电池中的催化剂如何提高氢气和氧气的反应速率？

3-7　质子交换膜的水管理在燃料电池中有何重要性？

3-8　质子交换膜的厚度对其性能有何影响？

3-9　散热材料的选择对氢燃料电池的使用寿命和稳定性有何影响？

3-10　氢燃料电池中的集流板是什么？其作用是什么？

3-11　密封材料的选择对氢燃料电池的安全性和稳定性有何影响？

第4章　氢燃料电池系统设计

4.1　燃料电池系统概述

燃料电池系统是燃料电池电动汽车的主要动力源，蓄电池（一般为锂电池）作为辅助能源与燃料电池并联组成高压直流电源。以氢燃料电池系统为例，它主要包括燃料电池堆（电堆）、空气供应系统、供氢系统、水/热管理系统、自动控制系统五个子系统。

空气先经过空气滤清器进入空压机进行压缩以提高其进气压力，然后进入中冷器进行温度上的冷却，因为空气经空压机压缩后温度会升高，而电堆的最佳工作温度为 80℃ 左右，所以经过中冷器会使空气的温度降至适当温度。从中冷器出来的气体继续流向增湿器进行增湿处理，以使进入电堆的气体达到一定的湿度，然后经节气门进入电堆与来自阳极的氢气进行反应。氢气则从氢瓶出来经减压阀、电磁阀及其他阀组进入电堆与来自阴极的氧气进行反应。与空气供应系统不同的是，氢气排出电堆后会经氢气循环泵和止回阀再次进入氢气的进气管道，以便重复利用未反应完的氢气。同时，由于化学反应会放出热量导致电堆温度升高进而影响电堆工作，需要冷却水对电堆进行散热。首先将电堆排出的冷却水经管道引入增湿器进行热交换，然后通过冷却水循环泵在管道内实现流动，当温度较高时，开启冷却风扇进行降温，也可以通过节温器进行小循环和大循环的切换。燃料电池系统组成如图 4-1 所示。

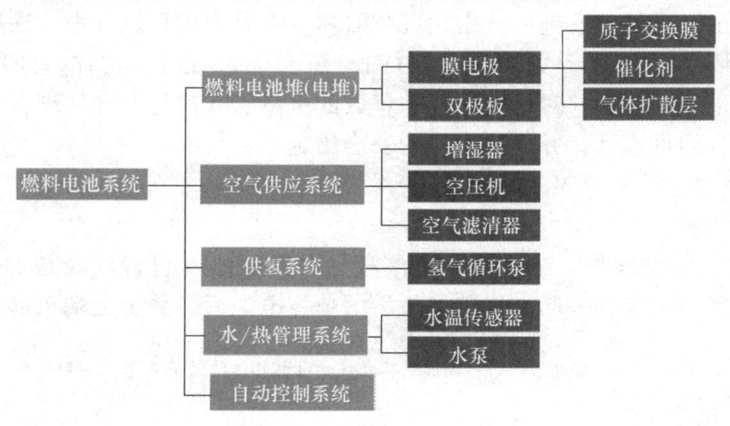

图 4-1　燃料电池系统组成

4.2 电堆

4.2.1 基本概念

电堆由多个单体电池以串联方式层叠组合构成，将双极板与膜电极交替叠合，各单体之间嵌入密封件，经前、后端板压紧后用螺杆紧固拴牢，即构成燃料电池堆，简称电堆。电堆工作时，氢气和氧气分别由进口引入，先经电堆气体主通道分配至各单体电池的双极板，再经双极板导流均匀分配至电极，最后通过电极支撑体与催化剂接触进行电化学反应。

单体电池输出电压低、电流密度小，为获得更高的电压和功率，通常将多个单体电池串联构成电堆。图 4-2 所示为由德国 Elring Klinger 公司开发和生产的 NM5 型电堆。NM5 型质子交换膜电堆是一种液冷低温燃料电池堆，带有聚合物电解质膜，可在氢气和空气中工作。目前在电堆中有各种大小的电池，电池数量为 40~260 个不等。

图 4-2 NM5 型电堆

NM5 型电堆结构是为了其低介质压降、高功率密度和长寿命性能而设计的，以使燃料电池动力满足多用途车和类似应用的所有要求。电堆的工作环境需要采用纯氢和加湿后空气，工作压力高达 2.5×10^5Pa，并且需要对其进行冷却，冷却剂由水和乙二醇的混合物组成。为了维持电堆的正常运行，需要定期用氢气对其吹扫来进行排气。在该操作条件下，氢气损失小于总氢气消耗的 1%。

由于氢气是一种无色、无味、无毒的气体，遇空气或氧气容易形成高度易燃易爆的混合物（LEL[㊀] 4. 1vol. % 和 HEL[㊁] 75vol. %）。如果氢气以高速释放，会有自燃的危险，点火温度为 560℃。因此，工作环境和系统需要配备合适的安全设备，以防止氢气可能由于外部泄漏释放到空气中。在电堆开始运行之前，必须进行气密性试验以确保在 2.5×10^5Pa 的规定压力下泄漏率不超过最低限值。电堆对环境的最大氢气泄漏量应低于相关安全规定的值。

在运行过程中，需要对系统的气密性进行监测。在电堆运行过程中，通过打开氢气出口处的阀门定期对阳极气室进行吹扫，通常时间间隔>1min，进行吹扫的时间<2s，以便将氢气吹扫到排气管中。因此必须对排气过程中释放的少量氢气进行安全处理，也要考虑氢气与废气中的空气混合的可能性，并采取适当的安全措施。

4.2.2 电堆组装

燃料电池的电堆由端板、绝缘板、集流板、单体电池（包含双极板和膜电极）组成，它们之间通过压紧力组装到一起。安装好最后的单体电池后，叠上上端板部分，使用组装机

㊀ LEL，Low Explosion Level，爆炸下限，指能够引起爆炸的可燃气体的最低含量，一般情况下用空气中爆炸气体的体积分数来表示。

㊁ HEL，High Explosion Level，爆炸上限，指能够引起爆炸的可燃气体的最高含量。

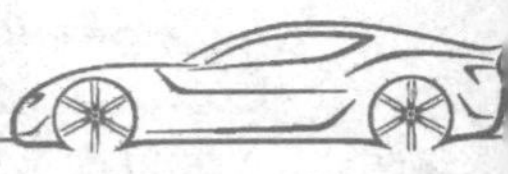

施加设计好的压力将电堆压紧；在电堆的进气歧管处安装好气密性测试设备（此处用氮气测试），按照测试流程进行气密性检测。

压紧力对于燃料电池的电堆来说影响重大，电堆的性能和稳定性会受其影响。较小的压紧力会导致双极板与气体扩散层之间的接触面积及接触力不够，进而导致接触电阻上升，密封结构无法起到足够的密封作用，会因漏气而引发安全问题。此外，压紧力还会影响气体扩散层的孔隙率，进而影响其通水和通气性。过大的压紧力会导致气体扩散层产生塑性形变，使质子交换膜更容易在膨胀收缩过程中出现裂纹和针孔，并会导致氟化物的加速产生，使质子交换膜工作寿命缩短。胶垫或者 O 形圈的电堆密封结构经常使用硅胶材料制成，虽然温度是对其寿命有主要影响的因素，但是对电堆施加的高应力也会在一定程度上加速密封材料老化过程。老化的密封材料主要表现为厚度下降，而这一现象反过来会影响压缩力，因此在有些电堆组装的设计中，加入了自适应或者可调节压缩力的装置。

4.2.3　电堆分类

电堆按照双极板材料可以分为石墨板电堆、金属板电堆两类，各有优缺点，应用空间也不同。金属板电堆在功率、功率密度、质量、体积、抗振、批量制备、冷起动等方面具备优势，但由于金属板设计与加工制造难度大、抗腐蚀性能偏差（意味着使用寿命受限），目前国内能够提供优质金属板电堆产品的本土企业并不多。

电堆按照冷却方式可以分为水冷电堆和空冷电堆。如果说当前燃料电池车辆广泛采用的液冷电堆是温室里的高产作物，可以在各种外围设备的加持下达到极高的功率密度，从而满足高总功率的需求，那么空冷电堆就像野外的农作物，舍弃外围设备，精简系统整体，直面（最多加个防尘罩过滤器）外界摧残环境，以追求环境缺乏可控性时的性能。由于空气取代水作为电堆的冷却剂，减少了电堆系统的 BOP㊀（辅助设备），为了能有效带走电堆产生的热量，空冷电堆在空气流通方向的厚度一般不会超过 15cm。空冷电堆舍弃部分设备换来的精简结构直接降低了其生产成本和维护成本，高度适配以氢能自行车、氢能摩托车、氢能无人机、氢能观光车、备用电源为代表的轻量化应用的工况、成本、续航、环保等需求。在 5kW 以下的功率产品应用上，空冷电堆占据绝对优势；而在 5~10kW 的功率范围内，对于轻量化要求较高的应用，空冷电堆更为合适。

4.2.4　竞争格局

国外乘用车制造商大都自行开发电堆，如丰田、本田、现代等，也有少数采用合作伙伴的电堆来开发发动机的乘用车企业，如奥迪（加拿大 Ballard 电堆）和奔驰（与福田合资的公司 AFCC 电堆）。目前，国外可以单独供应车用燃料电池电堆的知名企业主要有加拿大的 Ballard 和 Hydrogenics，欧洲和美国正在运营的燃料电池公交车大都采用这两家公司的石墨板电堆产品，已经通过数千万公里、数百万小时的实车运营考验，这两家加拿大电堆企业均已经具备了一定的产能，Ballard 还与广东国鸿设立了合资企业生产 9SSL 电堆。

国内早期独立自主开发电堆并已投入应用多年的企业有大连新源动力和上海神力，后续新兴的燃料电池电堆企业有弗尔塞、北京氢璞、武汉众宇等。电堆企业的竞争非常激烈，已

㊀ BOP，即 Balance Of Plant。燃料电池 BOP 是维持电堆持续稳定运行的关键，其构成如图 4-1 所示。

经进入优胜劣汰阶段，政策明确了要扶持龙头，可以从以下三方面对企业做简单判断：一是能否批量装车运营；二是上下游资源能力是否强大；三是能否入围城市群。车用电堆是汽车八大零部件中拥有企业最多的一类，也是城市群申报中各地落地最多的，之前有近 20 个城市群参与申报，最终只有 5 个城市群入围。

从 2020 年下半年起，部分电堆企业的报价开始低于 2000 元/kW，当然报价中的限制条件较多，目前还是很难达到的。相较于 2018 年的 8000~10000 元/kW 的电堆价格，可以说电堆整体价格下降非常快。但在规模化尚未形成的条件下，低价对电堆原材料供应商的利润空间造成较大挑战。

顺应政策导向，未来大功率的电堆是必然发展趋势，特别是在重卡领域的应用。看上去金属板电堆占据多数，但相较于石墨板，金属板还面临使用寿命的挑战，目前说服力稍显不足，大批量应用需要考虑后续维保问题。另外，功率密度的数值，在缺乏统一检测标准下，也只能作为参考，国内多数企业对标的还是丰田 Mirai 一代。但是丰田的 Mirai 二代电堆已推出并在日本国内销售，现代汽车也确定在广州建厂生产燃料电池系统了，还有更多的企业虎视眈眈。未来的市场一定是看产品说话，可以预计，很多企业会被整合或者淘汰，但有望看到燃料电池界的宁德时代。

据势银统计，2021 年电堆累计上牌车辆装机量达到 219.33MW，相对于 2020 年（107.66MW）同比增长 103.72%。从 Top5 电堆企业市场占有率来看，电堆产业入局者增多，但大部分市场份额仍被少数头部企业占据。另外，2020 年和 2021 年 Top5 企业发生明显变动，仅留存两家企业。

4.2.5 技术趋势

燃料电池的电堆装机功率逐年升高，2021 年平均单堆功率一度超过 120kW。一方面补贴新政策中指出对>50kW 的系统有补贴，并且功率越高，补贴系数越高；另一方面，氢能产业发展中长期规划中明确指出重点推进氢燃料电池中重型车辆应用，电堆功率越大，工作效率越高，更加匹配下游中重型车辆的动力需求。因此，从发展趋势可以预见大功率电堆将会是未来的主推方向。

在大功率单堆开发过程中会面临诸多技术问题。例如，在密封方面，整堆水气的多种密封路径总长度达到公里级；在电堆模块高度集成化的同时需要实现大功率热管理；保证电堆单片的一致性；在重卡和工程机械等应用领域的苛刻环境中还存在耐受性等问题。目前，电堆基本实现国产化，但二级核心原材料还存在依赖进口的现象，尤其是质子交换膜和气体扩散层。

4.2.6 电堆供应商

1. 未势能源

未势能源科技有限公司（简称未势能源）成立于 2019 年 4 月，它是一家燃料电池动力系统及零部件制造商，主要产品涵盖燃料电池发动机、电堆、膜电极、35MPa/70MPa 车载氢系统、瓶阀及减压阀等，其第一代膜电极产品目前已完成功率密度≥1.2W/cm^2 的开发与测试评价，应用于自主开发的电堆产品中。2021 年 9 月，由未势能源自主研发的“卷对卷”

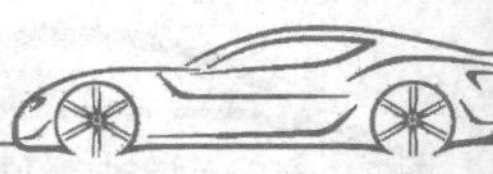

膜电极生产线，从小批量试制生产转为大规模量产。该生产线全面生产后，可年产膜电极百万片以上。

2. 新源动力

新源动力股份有限公司（简称新源动力）成立于2001年4月，由大连物化所参股并提供技术支持，主要从事氢燃料电池膜电极、电堆模块、系统及相关测试设备的设计开发、生产制造和技术服务。由新源动力研发的HYMEA膜电极产品性能功率密度≥1.0W/cm^2，耐久性为5000~10000h。新源动力研发的第二代和第三代车用质子交换膜燃料电池膜电极现已投入市场使用，第四代低铂膜电极正在开发验证阶段。

3. 喜玛拉雅

广东喜玛拉雅氢能科技有限公司（简称喜玛拉雅）成立于2020年，它是一家氢燃料电池及发电机生产企业，核心技术来自清华大学成果转化，主要产品为催化剂、膜电极、双极板、电堆、氢燃料电池和发动系统等。由喜玛拉雅研发的专利产品七合一膜电极采用热定型一体化封装技术和石墨烯热电管理层技术，可以改善膜电极的性能，目前可日产10台36kW电堆用膜电极。

4. 南科燃料

深圳市南科燃料电池有限公司（简称南科燃料）成立于2016年6月，由加拿大国家科学院王海江院士团队、南方科技大学、深圳市政府、正道产业投资集团合资设立，产品包括燃料电池的电堆、膜电极、双极板等。南科燃料掌握膜电极批量化生产工艺技术，其膜电极产品可应用于乘用车、商用车和无人机等领域，能量密度最高为1.64W/cm^2，使用寿命超过1万h，现已完成一条规模化生产的膜电极生产线（年产量可供2000台30kW电堆使用）搭建。

5. 阜阳攀业

阜阳攀业氢能源科技有限公司（简称阜阳攀业）成立于2020年3月，它是攀业氢能的全资子公司，主要从事燃料电池核心原材料制造及水冷电堆的研发和生产，具备从催化剂、膜电极到燃料电池电堆的批量化生产能力。现已建成幅宽达570mm的膜电极阴极生产线，年产36万m^2，另有一条年产36万m^{2}CCM[㊀]膜电极阳极涂布生产线在建。

6. 锋源氢能

浙江锋源氢能科技有限公司（简称锋源氢能）成立于2015年，它是一家氢燃料电池及核心零部件生产制造商，为汽车、发电站等平台提供氢能解决方案，目前已完成四轮融资。锋源氢能获得清华大学氢燃料电池实验室多项核心专利的转移和授权，并承担其产业化任务。由锋源氢能自主研发的Lucifer系列膜电极的峰值功率达到1.68W/cm^2，单片电压为0.6V，电流密度达到2800mA/cm^2，设计寿命25000h，实测每2000h性能衰减1%，单日产能3000余片。

7. 捷氢科技

上海捷氢科技股份有限公司（简称捷氢科技）成立于2018年6月，它是上汽集团旗下

㊀ CCM，即Catalyst-Coated Membrane，催化剂涂覆膜。

的氢燃料电池研发生产商，生产线覆盖膜电极、燃料电池电堆、燃料电池系统、储氢系统，拥有万台级“卷对卷”膜电极生产线，其膜电极产品已应用于燃料电池电堆——捷氢启源M4H。2022 年 8 月，捷氢科技与新能源装备制造商先导智能就实现燃料电池催化剂浆料制备技术、CCM 涂布技术升级达成战略合作。

8. 爱德曼

爱德曼氢能源装备有限公司（简称爱德曼）成立于 2016 年，它是一家氢能源燃料电池系统供应商，产品包括金属双极板、膜电极、质子膜燃料电池等。其膜电极的性能指标为2000mA@0.66V，掌握金属表面涂层技术并拥有催化剂浆料配方。

9. 东方氢能

东方电气（成都）氢燃料电池科技有限公司（简称东方氢能）成立于 2018 年，它是能源装备制造国企东方电气旗下的燃料电池供应及服务商，产品包括膜电极、电堆、燃料电池发动机、供氢系统、燃料电池车辆动力总成解决方案等。在膜电极方面，东方氢能采用直接CCM 制备技术，可提供 3-Layer/5-Layer/7-Layer 规格的高性能膜电极系列产品。功率密度超过 $1.6W/cm^2$，动态车况寿命实测超过 1 万 h，可批量化应用于车用系统、备用电源，目前已小批量供应给一汽、广汽等客户，具备量产基础。

10. 国电投氢能

国家电投集团氢能科技发展有限公司（简称国电投氢能）于 2017 年由国家电投批准成立，旗下拥有 7 家氢能生产线子公司，分别在华东、华中、华南等地建设氢能产业基地，主要负责生产电堆、膜电极等全套氢燃料电池原料及电解水制氢设备等的开发。由国电投氢能研发的膜电极功率密度为 $1.5W/cm^2$，Pt 担载量为 $0.4mg/cm^2$，耐久寿命 1 万 h。2021 年，其膜电极年产能为 6 万 m^2，预计到 2025 年可达 50 万 m^2。

11. 众创新能

东莞众创新能源科技有限公司（简称众创新能）成立于 2017 年，主要从事氢燃料电池、氢燃料电池核心部件（膜电极、双极板）及氢燃料电池供电系统的研发、生产与销售。由其自主研发的 ZCA7 型风冷自增湿膜电极产品，装堆实测电流密度超过 $800mA/cm^2$@0.6V，ZCW7 水冷型膜电极产品装堆实测电流密度达到 $1100mA/cm^2$@0.65V，风冷型膜电极产品已在国内其他燃料电池生产企业的多款高性能燃料电池中得到应用和性能验证。

12. 清能股份

江苏清能新能源技术股份有限公司（简称清能股份）成立于 2003 年，它是一家大功率燃料电池电堆和系统供应商，可实现膜电极、双极板、电堆及氢循环系统四大核心零部件自主研发生产。清能股份主要的研发及生产基地在中国，同时在新加坡、美国、澳大利亚等地设有多家子公司。2021 年 11 月，清能股份子公司——广东清能的万台级燃料电池核心零部件与系统制造基地投产。

13. 俊吉科技

绍兴俊吉能源科技有限公司（简称俊吉科技）成立于 2012 年，产品包括氢燃料电池核心材料（催化剂、膜电极）、电堆、应急电源、控制系统等。由俊吉科技研发的膜电极功率密度为 $1.44W/cm^2$，主要通过第三方供应给大型车企，应用于货车、客车等商用车（功率

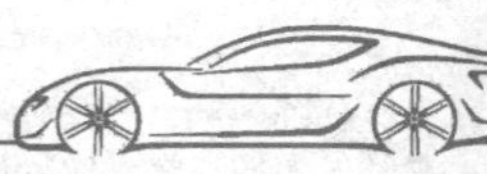

15~150kW）。

4.3 供氢系统

供氢系统通过一系列压力和流量调节装置来保证氢气从储氢罐进入电堆时的压力和流量稳定。供氢系统主要包括减压装置、引射器、氢气循环泵等部件，其中氢气循环泵与引射器是提升燃料电池系统氢气利用率与水管理能力的关键部件。

在氢燃料电池运行过程中，质子交换膜的含水量和杂质气体对电堆性能具有十分重要的影响。含水量过低会阻碍质子的输运，含水量过高会产生水淹现象，同时杂质气体在电堆阳极积聚也会阻碍氢气与催化层接触，最终造成电堆电压降低。为了保证氢燃料电池高效可靠运行，通常采用氢气循环的方式将反应生成的水和杂质气体及时排出。氢燃料电池的供氢系统主要有三种工作模式，分别是直排流通模式、死端模式和再循环模式。氢气循环泵和引射器作为再循环模式中的关键循环设备，可以将电堆阳极出口未参加反应的湿润氢气循环输送回阳极进口，从而提高氢气利用效率和优化电池水/热管理能力，因此被广泛应用在氢燃料电池的电堆中。

4.3.1 直排流通模式

直排流通模式是质子交换膜燃料电池最简单的供氢系统模式，其工作原理如图 4-3 所示。氢气持续从电堆阳极流入，一部分氢气参与电堆化学反应被消耗，另一部分氢气从电堆阳极出口直接排入外界环境。这种供氢系统没有氢循环组件，系统简单、成本低，但是未完全反应的氢气直接排放存在安全隐患且电池效率较低。在直排流通模式下运行的燃料电池需要额外的加湿系统来保持膜水分平衡，以防止出现干膜现象。

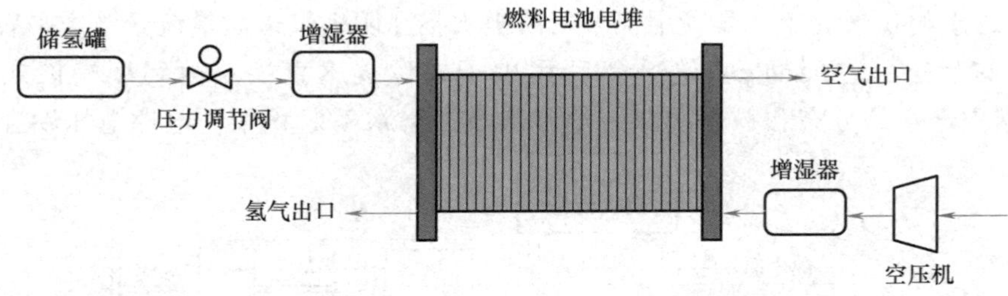

图 4-3　直排流通模式的工作原理

4.3.2 死端模式

死端模式是质子交换膜燃料电池（PEMFC）一种典型的供氢系统模式，其工作原理如图 4-4 所示。通过在电堆阳极出口设置常闭吹扫电磁阀，延长氢气在电堆内部的停留时间，从而提高氢气利用效率。在死端模式下，空气中的氮气等杂质气体和反应生成的液态水通过质子交换膜扩散到电堆阳极，造成杂质气体和液态水在电堆阳极积聚，堵塞气体通道，导致氢气不能有效与催化剂层接触，从而造成电池电压下降。因此，对于死端模式下运行的燃料电池需要定期进行吹扫，将杂质气体和液态水及时排出，以提高电池性能。

Satoru Hikita 等首次研究了死端模式下氢燃料电池的发电特性，实验装置如图 4-5 所示。

该装置在电堆阳极出口设置阀门并保持阀门关闭，使燃料电池在死端模式下运行。随着电堆运行时间增加，阴极空气携带的氮气缓慢渗透到阳极，反应生成的水也在阳极出口积聚，堵塞氢气流道，致使氢气无法完全接触催化剂进行化学反应，导致电池电压逐渐降低。通过研究发现，随着供氢压力增加，短期内电池性能得到改善，但是氮气和液态水积聚更多，电池性能恶化更快。Dumercy 等运用 MATLAB 研究了死端模式下燃料电池内部水的输运特性。通过研究发现，在死端模式下运行的燃料电池电压下降主要是由阳极液态水积聚引起的，需要对电堆阳极进行定期吹扫，为了减少阳极吹扫时氢气的排放，在此基础上又研究了最优吹扫频率。Ph Mocoteguy 等提出了一维动态的 PEMFC 模型用于预测对阶跃电流的瞬态响应，并通过实验研究了 PEMFC 在室温下的瞬态特性。根据研究结果，死端模式下运行的燃料电池中存在大量的液态水，降低了气体扩散层的孔隙率，使得电堆阳极出现水淹现象，最终导致电池性能降低。McKay D 等提出了一个低阶的液态水和气体动力学的气体扩散层（GDL）模型，用于测量电堆在死端模式下的瞬态特性。该模型很好地预测了电流阶梯变化过程中的快电压行为及液态水在 GDL 和气体通道中积聚时的慢电压行为。由于缺乏有效的方法直接观测电堆中液态水的积聚现象，实验中仍采用阳极吹扫和阴极气体质量流量激增来表征阳极或阴极通道中的液态水。Jason B Siegel 等利用中子成像技术直接观察到死端模式下运行的 PEMFC 电堆内部水的分布和积聚现象，随着阳极液态水不断积聚，电池电压明显降低。之

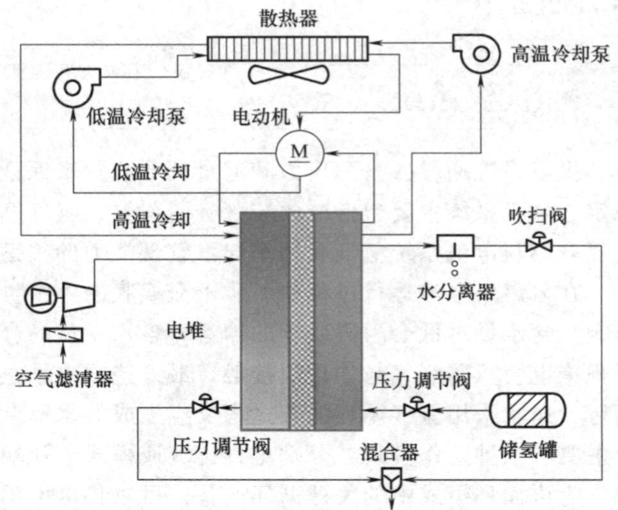

图 4-4　死端模式的工作原理

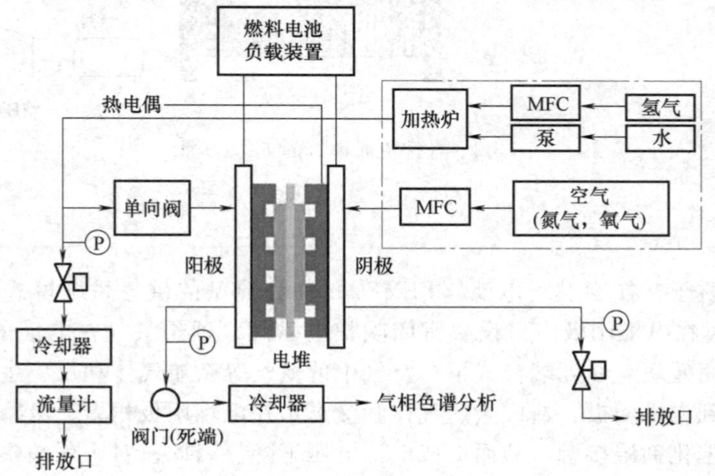

图 4-5　实验装置示意图

注：MFC，即 Microbial Fuel Cell，是一种利用微生物将有机物中的化学能直接转化成电能的装置。

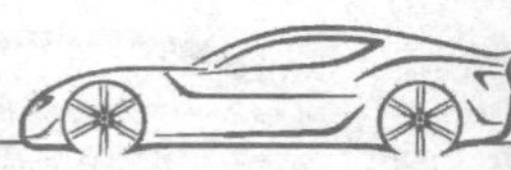

后，Jason B Siegel 等又提出了一个 Anode-channel 模型，预测了死端模式下燃料电池阳极通道内氮气和液态水的演化过程，并采用气相色谱分析技术测量阳极通道内的氮气含量，同时采用中子成像技术观测液态水的分布情况。通过分析氮气和液态水对电池性能的影响，优化阳极吹扫间隔和吹扫时间，减少氢气的浪费，这有利于电堆在死端模式下长期可靠地运行。

4.3.3　再循环模式

氢燃料电池运行时，为了提高电池性能，通常向阳极供应过量的氢气，氢气实际流量为理论流量的 1.1~1.5 倍。再循环模式就是利用氢气循环装置将电堆阳极出口过量的氢气循环输送回电堆阳极进口继续参与化学反应，提高氢气利用率，同时将阳极积聚的水和杂质气体排出，保证电堆高效运行。目前，再循环模式是燃料电池汽车中应用最广泛的供氢系统模式，其工作原理如图 4-6 所示。

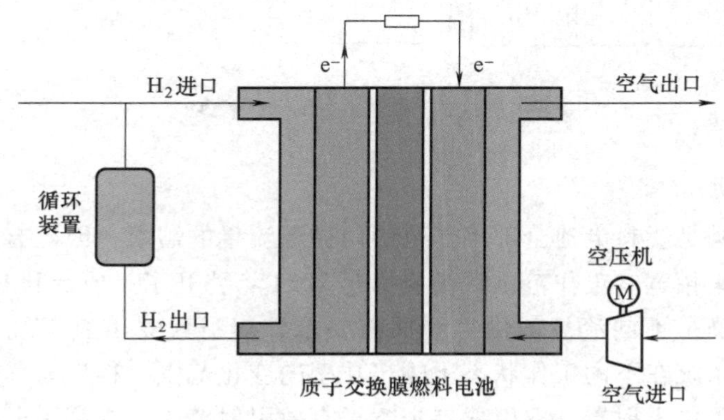

图 4-6　再循环模式的工作原理

目前，各车企主要采用的氢气再循环方式有单氢气循环泵、单引射器、双引射器并联、引射器和氢气循环泵并联、喷射器和氢气循环泵并联、引射器和喷射器集成、电化学氢泵等。虽然再循环模式提高了电堆效率，但也增加了氢气循环辅助设备，从而增加了燃料电池的质量和成本。

1. 单氢气循环泵方案

丰田汽车公司于 2002 年研发了 FCHV-4 型燃料电池汽车，提出采用单氢气循环泵的再循环方案，可以将电堆阳极出口未反应的氢气循环输送回阳极进口。Hwang 等开发了一辆功率为 5kW 的质子交换膜燃料电池汽车，提出采用氢气循环模式来提高燃料利用率。东风汽车公司于 2020 年公布了一项专利 CN111613815A，提出一种燃料电池氢气循环系统及其控制方法，通过在燃料电池阳极入口处设置压力传感器和湿度传感器，获取氢气循环泵的目标转速，实现对氢气循环泵的控制。

2. 单引射器方案

本田汽车公司在 FCXClarity 燃料电池汽车上采用两级可变喷嘴引射器来控制氢气循环，其供氢系统示意图如图 4-7 所示。两级可变喷嘴引射器虽然拓宽了引射器的有效引射范围，但是存在结构复杂、制造成本高等问题。现代汽车公司研发的 NEXO 燃料电池汽车中采用比例阀和引射器集成设计的方案，引射器为固定口径喷嘴，通过比例阀来调节引射器一次流压力，满足不同工况下氢气循环量的要求。冯健美于 2020 年公开了一项专利 CN111785993A，该专利针对单一结构的水气分离器难以适应不同功率下水气分离的要求，通过在电堆阳极出口并联低功率工况水分离器和高功率工况水分离器，确保单引射器在较宽功率变化范围内运行。武汉格罗夫氢能汽车有限公司于 2021 年公开了一项专利 CN112563537A，该专利通过在电堆阳极出口和引射器之间设置一个缓冲罐，进行水气分离后，通过引射器循环利用。当电堆功率较小时，通过控制器控制引射器上游电磁阀以脉冲形式打开和关闭，充分利用缓冲罐内的氢气，解决引射器在低功率时引射效果差的问题。

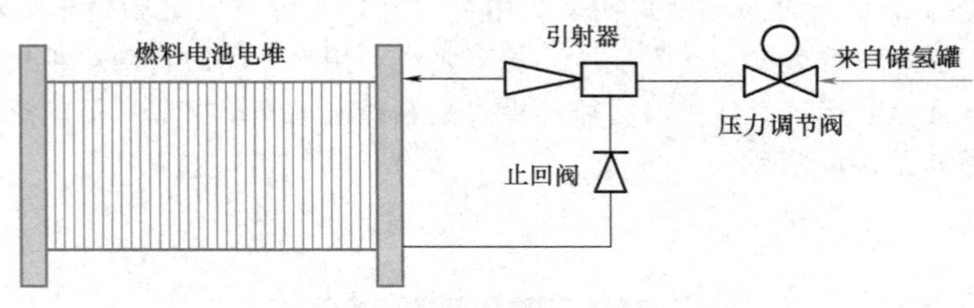

图 4-7　供氢系统示意图

3. 双引射器并联方案

单引射器无法满足燃料电池全部工作范围内循环流量的需求，因此有学者提出采用两个引射器并联的方案来拓宽其工作范围。杨祖勇于 2021 年公开了一项专利 CN113130941A，提出采用两个引射器满足不同流量的供氢和回氢要求，双引射器供氢系统示意图如图 4-8 所示。根据燃料电池系统在不同工作状态下输出功率的变化范围，得出氢气压力和流量的最大值和最小值。相较于单引射器，双引射器拓宽了有效引射范围，提高了电堆性能，但也增加了系统复杂性和控制要求。美国 DTI 公司 Brian D. James 于 2010 年提出一种用于功率为 80kW 汽车燃料电池的系统设计。如图 4-9 所示，氢气循环系统包括一个吹扫阀（图中未标出）、两个单向阀、高流量引射器、低流量引射器和一个过压切断阀。当电堆低功率运行时，通过低流量引射器循环；当电堆高功率运行时，通过高流量引射器循环。该设计弥补了单引射器在低功率工况下引射效果不佳的不足，拓宽了引射器工作范围，提高了低功率工况

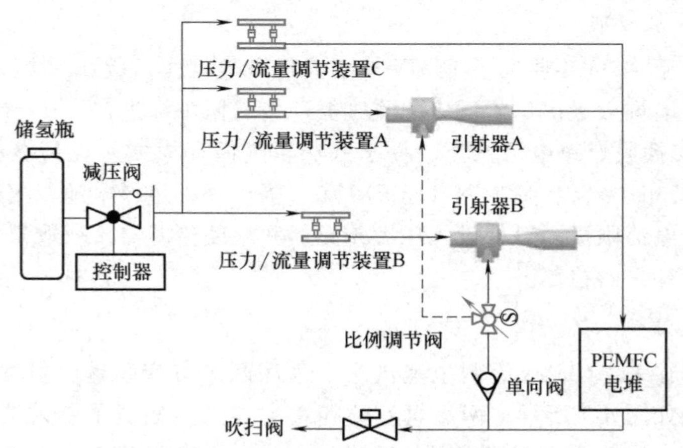

图 4-8　双引射器供氢系统示意图

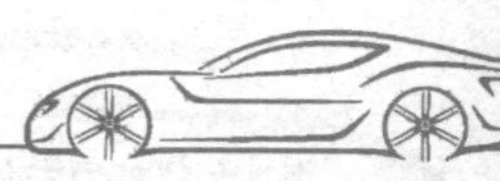

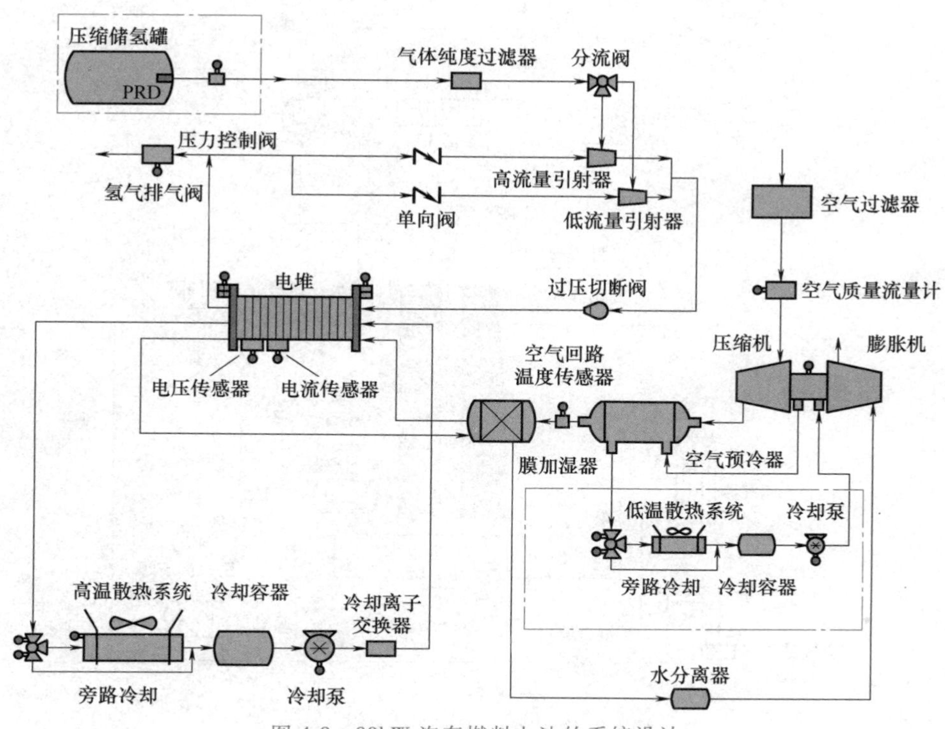

图 4-9 80kW 汽车燃料电池的系统设计

下的氢气循环效率。

4. 引射器和氢气循环泵并联方案

根据上文所述可知，引射器在电堆低功率运行时，引射效果不佳，循环效率较低。因此，有学者提出将引射器和氢气循环泵并联使用的方案，其原理如图 4-10 所示。该方案要求引射器和氢气循环泵具有很高的匹配性，需要精确的系统控制。

美国 Argonne 实验室于 2010 年提出一种燃料电池系统采用氢气循环泵和引射器并联回氢方案：当实际氢气循环流量<25%额定流量时，采用氢气循环泵循环；当其流量为 25%~100%额定流量时，采用引射器循环。中山大洋电机股份有限公司李勇于 2019 年公开了一项专利 CN210224185U，提出采用引射器和氢气循环泵并联设置的方案，如图 4-11a 所示。当燃料电池高功率运行时，关闭氢气循环泵，只通过引射器进行氢气循环；当燃料电池低功率运行时，开启氢气循环泵进行氢气循环，在保证供氢循环装置的同时满足燃料电池低功率和高功率工况下的引射要求。烟台东德实业有限公司邢子义公开了一项专利 CN112864420A，提出氢气循环泵和引射器集成的设计方案，如图 4-11b 所示。氢泵进气口和引射器低压区连通，氢泵出气口和引射器高压区连通，氢气经过氢气循环泵增压后直接进入引射器。与传统引射器和氢气循环泵并联方案相比，此种方案的输送距离短、管路损失少、系统更紧凑。

5. 喷射器和氢气循环泵并联方案

丰田汽车公司于 2014 年开始公开销售氢燃料电池汽车 Mirai，其搭载的燃料电池系统如图 4-12 所示。该系统采用氢气循环泵和三个喷射器并联的方案，可以实现阳极氢气的再循环和氢气的自增湿，这也是世界上第一个没有外增湿的燃料电池系统。

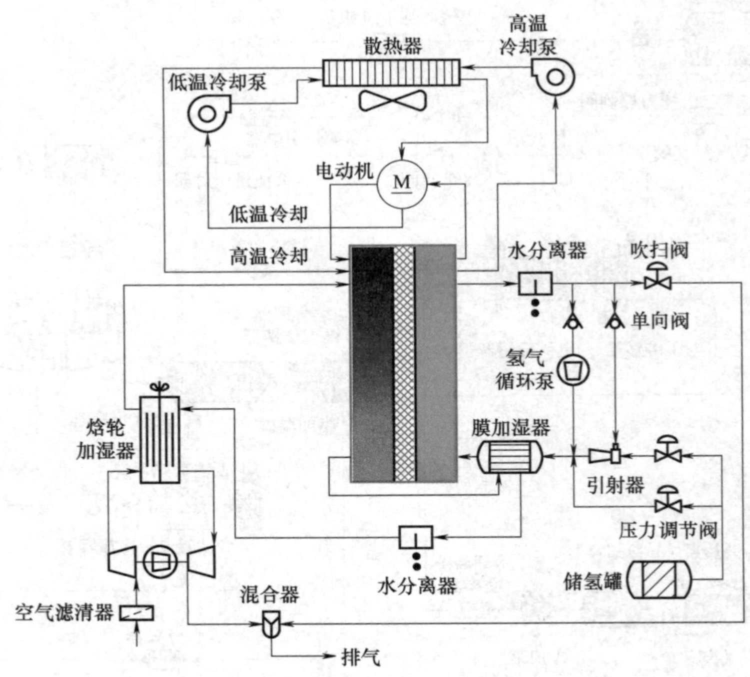

图 4-10 引射器和氢气循环泵并联方案原理

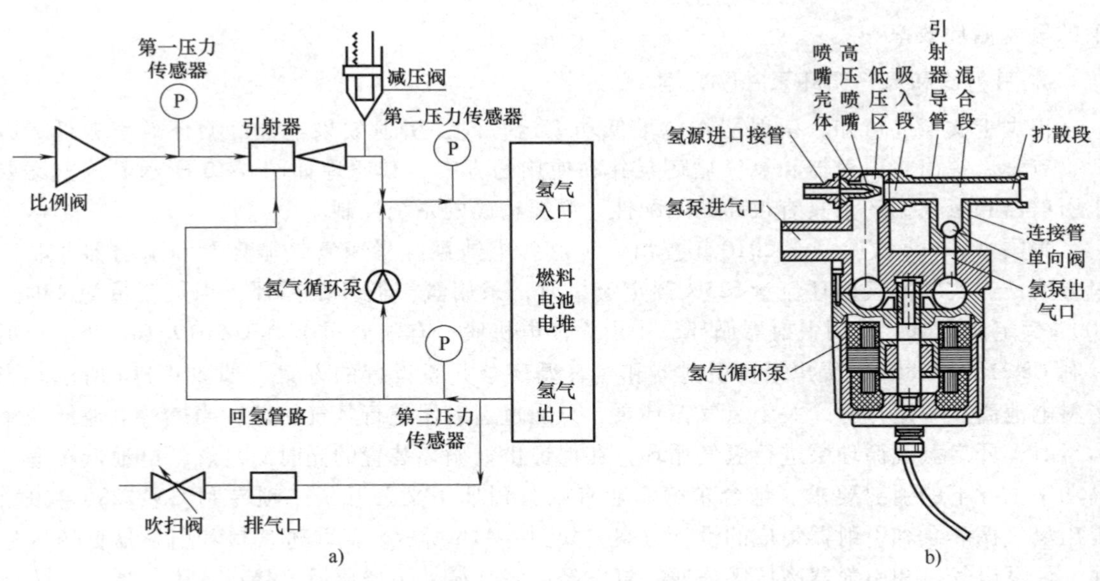

图 4-11 引射器和氢气循环泵并联设计方案

a）引射器和氢气循环泵并联设置 b）氢气循环泵和引射器集成

6. 引射器和喷射器集成方案

本田在 Clarity 燃料电池汽车上设计了一款固定喷嘴引射器和双喷射器集成的氢气进气循环装置，如图 4-13a 所示。该车采用固定喷嘴引射器和双喷射器协同工作的方案进行氢气

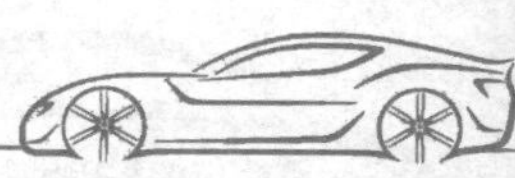

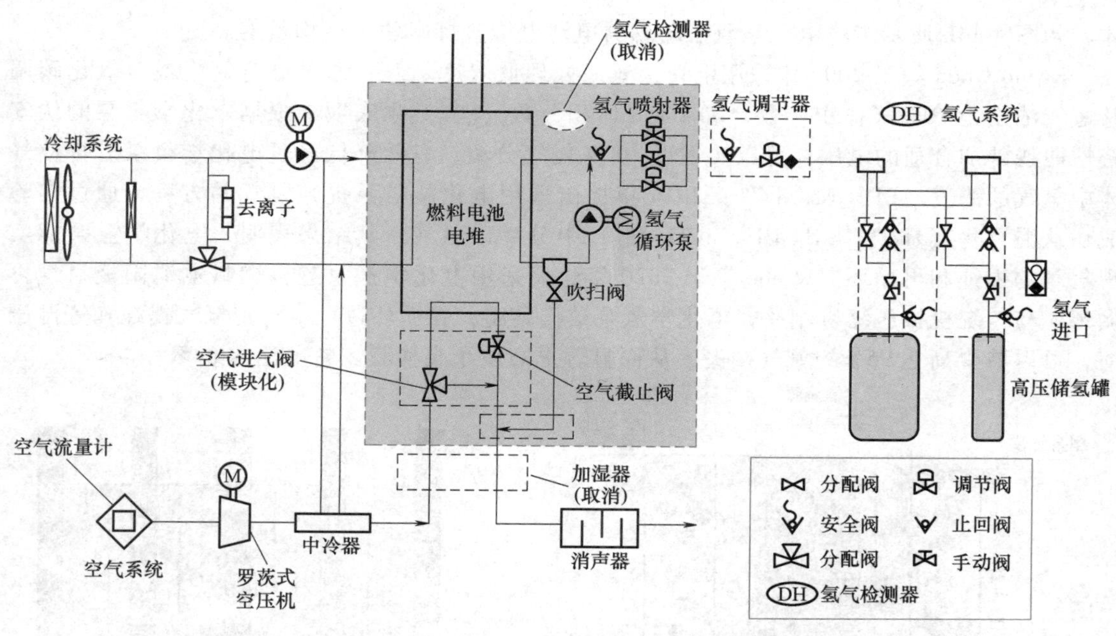

图 4-12　Mirai 燃料电池系统

注：DH，即 Dynamic Hydrogen。

循环，显著提高了系统供氢和回氢性能，并且通过引射器和双喷射器集成设计，使氢气系统体积减小 40%。Clarity 氢气循环原理图如图 4-13b 所示。

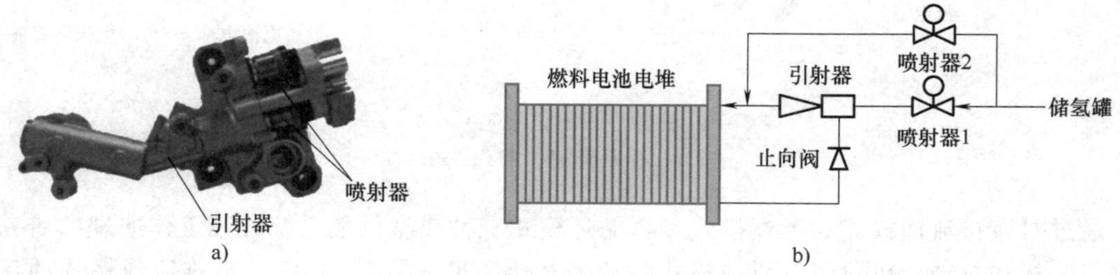

图 4-13　引射器和喷射器集成设计方案

a） Clarity 引射器和喷射器集成装置　b） Clarity 氢气循环原理图

7. 电化学氢泵

由上文所述可知，再循环模式在一定程度上能提高燃料电池效率，但引入氢气循环泵或引射器等辅助循环设备，会增加系统的复杂性和成本。此外，燃料电池电堆阳极排气中含有氮气等杂质气体，如果直接进行循环利用，长期运行后会堵塞气体通道，降低电池性能。因此，有必要对再循环过程中的氢气进行分离提纯。国外部分学者提出采用电化学氢泵来替代氢气循环泵和引射器的方案，对阳极出口氢气进行提纯和循环利用，下面列举一些代表性学者的研究成果。

Frano Barbir 等于 2007 年提出采用电化学方法将氢气循环输送回电堆阳极的方案。如图 4-14a 所示，电化学氢泵的工作原理是在电化学氢泵外施加电压，使低压侧氢气被氧化、高压侧氢气被还原，将低压氢气转变为高压氢气，同时可以除去电堆阳极出口氢气中的杂质气体。如图 4-14b 所示，将电化学氢泵与燃料电池电堆直接串联，结构紧凑。

Kazuo Onda 等于 2009 年采用电化学氢泵处理低浓度氢气，通过混合氮气或二氧化碳调整氢气浓度为 10%（体积分数）和 1%（体积分数）。其结果表明，根据电化学氢泵的伏安特性曲线外加合适的电压，可以实现近 100%氢气分离，有效降低经过电化学氢泵后排放气体中氢气的浓度。BD Grisard 等于 2016 年提出采用电化学氢泵提纯氢气的方案，通过实验成功从混合物（H_2-N_2、H_2-CH_4、CO_2-H_2）中分离出氢气。其结果表明，电化学氢泵能实现氢气的提纯和再循环。Wiebe 等于 2020 年建议采用电化学氢泵进行燃料电池阳极氢气再循环。与传统机械压缩机相比，电化学氢泵结构紧凑，在循环过程中实现氢气提纯和等温压缩，可以减少高达 95%的氢气损失，从而显著提高质子交换膜燃料电池的效率。

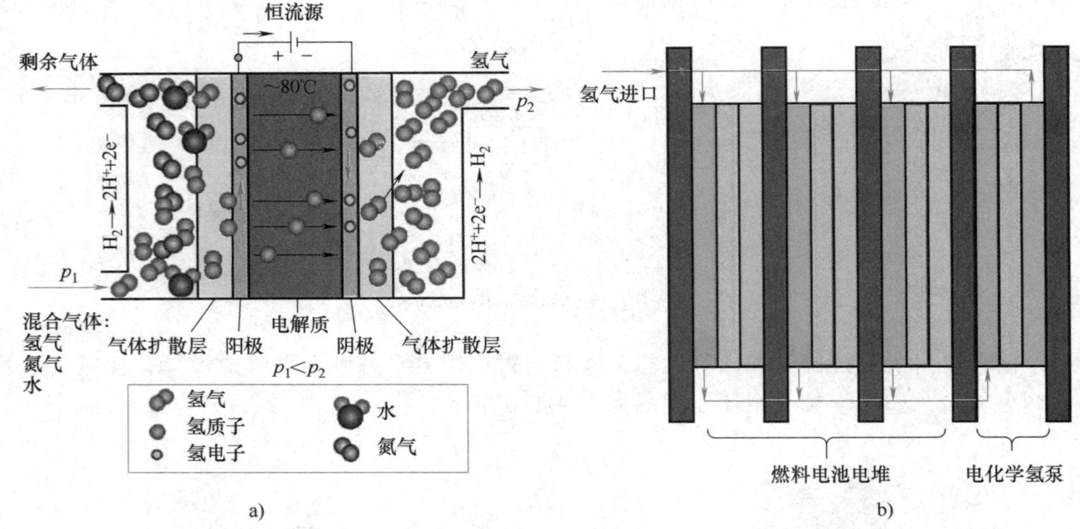

图 4-14 电化学氢泵

a）工作原理 b）布置方式

通过对直排流通模式、死端模式和再循环模式三种典型供氢系统方案工作原理的研究进展进行分析和总结，可得氢气供应模式的技术对比，见表 4-1。其中，直排流通模式的系统最简单，但是大量未反应氢气被直接排放，导致电堆效率低且存在安全隐患。与直排流通模式相比，死端模式的氢气利用率提高，但是电堆长期运行，杂质气体和液态水堵塞阳极气体通道，会出现电池电压明显衰减的现象，需要设计精确的定期排水策略。再循环模式通过循环装置将氢气输送到电堆阳极进口继续参与化学反应，在提高氢气利用率的同时排出阳极液态水，可以防止水淹造成电池电压衰减的问题，但是引入循环组件会导致系统复杂、成本增加。因此，开发高性能和低成本的氢气循环系统是进一步提高燃料电池效率的趋势。

表 4-1 供氢系统模式的技术对比

供氢模式	优点	缺点
直排流通模式	系统简单	浪费氢气，在通风较差的场合存在安全隐患
死端模式	没有辅助组件，系统简单，氢气利用率较高	阳极杂质气体和液态水积聚，造成电池电压明显降低，需要定时吹扫；阴极碳腐蚀

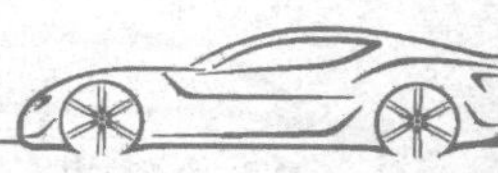

（续）

供氢模式		优点	缺点
再循环模式	单氢气循环泵	工作范围广，响应快，可以主动调节，电堆整体效率提高	有寄生功率、振动、噪声，维护成本高
	单引射器	结构简单，运行可靠，无寄生功率	低功率工况下引射效果差
	双引射器并联	工作范围拓宽	控制策略复杂，无法覆盖所有工作范围
	引射器和氢气循环泵并联	工作范围广，电堆效率高	控制复杂，成本高，有寄生功率
	喷射器和氢气循环泵并联	电堆效率高	控制复杂，有寄生功率
	引射器和喷射器集成	低功率工况实现吹扫除水	控制复杂，无法覆盖所有工作范围
	电化学氢泵	结构紧凑，再循环过程中可实现氢气的分离和提纯，电堆效率高	需要外接电源，氢处理效率低

4.4 空气供应系统

空气供应系统为燃料电池的电堆提供最佳流量、压力、温度、湿度的空气，以保证燃料电池合适的反应条件。空气供应系统由空气滤清器、空压机、增湿器等部件组成，其结构如图 4-15 所示。空气先经过空气滤清器进入空压机进行压缩，再经过增湿器增湿，最后经燃料电池的空气进气管道进入电堆。由于燃料电池属于清洁能源，反应过程中只生成水，因此可以将未反应的空气排入大气中。其中，空压机是空气系统中最重要的部分，它负责为燃料电池提供具有一定压力的空气，空压机性能的好坏直接影响燃料电池的输出功率。丰田已经实现去增湿器的自增湿功能。

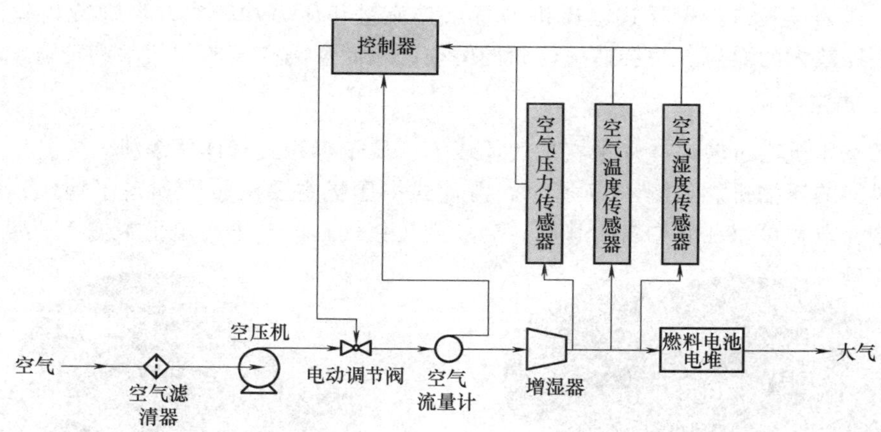

图 4-15 空气供应系统结构

空气供应系统的成本约占燃料电池系统成本的 20%，能耗占燃料电池输出功率的 20%～30%。车用氢燃料电池专用空压机是燃料电池空气供应子系统的核心部件，通过对进入电堆的空气进行增压，可以提高燃料电池的功率密度和效率。

车用氢燃料电池空压机主要有离心式、螺杆式、罗茨式、涡旋式等，它们各有优势，但都需要满足无油、高效、小型化和低成本、低噪声、特性范围宽和良好的动态响应能力等要求。目前，市场上主流的车用氢燃料电池空压机多由国外厂商制造，而国内也有诸多企业开展自主研发，包括航天十一所、国家电力投资集团有限公司等也在其中。作为车用氢燃料电池的关键技术之一，2019 年的国家重点研发计划之“可再生能源与氢能技术”重点专项将“车用燃料电池空压机研发”列为氢能领域共性关键技术的课题。预计在未来几年内，我国将掌握车用氢燃料电池专用空压机关键技术，形成自主品牌和完整的产品供应体系。

为了实现较高的能量转换效率，燃料电池内部的化学反应对空气的温度、湿度、压力和流量等参数均有严格的要求，但是目前广泛应用的工业压缩机无法满足燃料电池对空气的要求。因此设计一个性能优越并能很好地与燃料电池系统进行匹配的空压机，对于燃料电池的发展至关重要。在车用燃料电池的发展过程中，针对空压机的设计和优化仍在持续进行中。结合国内外的研究成果，下面介绍几种典型燃料电池用空压机的结构和性能特点，并分析空压机未来的发展趋势。

空压机是燃料电池系统空气供应子系统的重要部件，针对不同的燃料电池系统的性能需求，往往需要不同的空压机与其匹配，常用的空压机类型有螺杆式、滑片式、离心式、涡旋式和罗茨式空压机等。

1. 螺杆式空压机

螺杆式空压机是利用工作容积作回转运动的容积式气体压缩机。通过改变容积的大小来实现气体的压缩，而容积的变化又是通过活塞在气缸内作反复运动来实现压缩空气的目的。图 4-16 所示为螺杆式空压机，其内部有一对相互平行且啮合的螺旋齿轮，节圆外带有凸齿的称为转子或阳螺杆，节圆内带有凹齿的转子称为阴螺杆。转子和原动机相互连接，转子转动带动阴螺杆实现轴向定位，并承受空压机中的轴向力。转子两端带有轴承，通过轴承使转子实现径向定位，并承受空压机中的径向力。空压机的两侧分别有一个孔，一个作为供气入口，另一个作为排气口。螺杆式空压机的特点是流量和压力均较大，但螺旋齿轮之间有啮合，会产生比较大的噪声，并会造成齿轮的磨损，从而影响空压机的效率和寿命。

2. 滑片式空压机

滑片式空压机通过转动叶片来实现气体压缩，属于容积式气体压缩机，它是一种将机械能转化为风能的压缩机。如图 4-17 所示，滑片式空压机主要由转子和定子构成，转子上有纵向的滑槽，滑片可以在其中自由移动，定子则类似气缸，转子在定子中偏心放置。

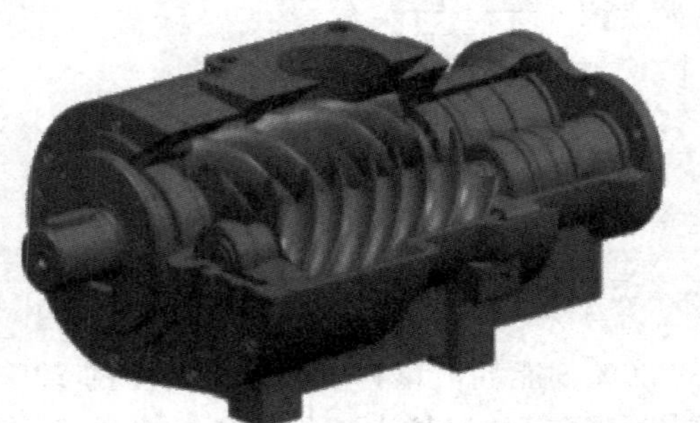
图 4-16　螺杆式空压机

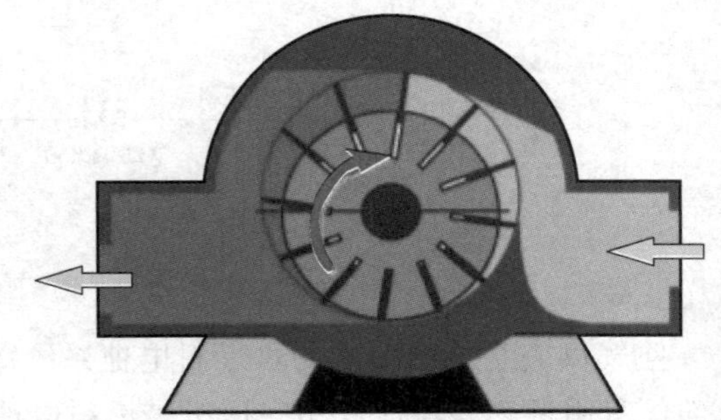
图 4-17　滑片式空压机

当转子旋转时，滑片在离心力的作用下甩出并与定子通过油膜紧密接触，相邻两个滑片与定子内壁间形成一个封闭的空气腔。转子转动时，空气腔内的容积会随着滑片滑出量的大

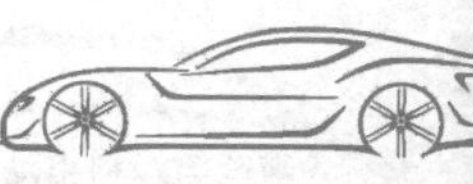

小而变化。空压机吸气时，空气从外面被吸入其内部，并与喷入主机内的润滑油混合。在压缩过程中，空气腔的容积慢慢变小，内部空气被压缩加压，油气混合物通过排气口排出。在这个过程中，空压机的滑片与转子及定子之间会有摩擦现象产生，导致使用过程中出现磨损的问题，进而导致空压机效率下降，在连续高速运转的过程中，这种现象会更严重。

3. 离心式空压机

离心式空压机由转子和定子两个主要部分组成，转子包括叶轮和轴。叶轮上装有叶片，并带有平衡盘和轴封的一部分。离心压缩机的工作原理：当叶轮高速旋转时，气体也跟着叶轮转动，由于离心力气体被压缩到扩压器中，从而在叶轮处形成真空地带，这时外界的新鲜气体进入叶轮。叶轮通过转动把吸入的气体不断甩出，使压缩机能够输出稳定的气体流量。图 4-18 所示为离心式空压机，它通过动能的变化来实现气体的压缩。当叶片转动时，气体会随其一起转动，把功传递给气体，使气体也具有一定的动能。气体进入定子部分后，因定子的扩压作用速度能量压头转换成所需的压力，速度降低，压力增加，同时利用定子部分的导向作用进入下一级叶轮继续升压，最后从蜗壳排出。由于离心式空压机的结构特点，叶轮与其他部件之间不存在摩擦问题。此外，由于空气流量和压力都与转速相关，在高额定转速下，离心式空压机可以达到很高的效率。

4. 涡旋式空压机

无油润滑双涡圈涡旋式空压机适用于燃料电池，它具有效率高、噪声低、结构简单、重量轻、可靠性高等特点，目前已被日本丰田（Toyota）、美国 UTC 等公司采用。图 4-19 所示为无油涡旋式空压机。

图 4-18　离心式空压机

图 4-19　无油涡旋式空压机

美国能源部（DOE）和 Author D. Little 公司合作完成两代涡旋式空压机/膨胀机样机（CEM）的设计和制造。第一代样机用于 28kW 燃料电池，能提供流量为 42g/s、压力达到 2.2×10^5Pa 的压缩空气。第二代样机在此基础上提升了空压机的转速和排量，可以满足 50kW 燃料电池的特性需求。

Author D. Little 公司设计的涡旋式空压机的压比/流量特性已满足 DOE 的要求，其最高压比达到 3.2。但在流量百分比<80%的工况下，空压机耗功较大，是 DOE 目标功耗的 1.5~2 倍。此外，空压机的尺寸和质量与 DOE 的要求也相差很大，仍需进一步优化。

5. 罗茨式空压机

燃料电池系统的成本和可靠性一直制约着燃料电池汽车的推广，美国 DOE 为研制面向未来燃料电池系统的高性能空压机，与美国伊顿公司合作，基于现有的 P 级和 R 级罗茨式压缩机研制了新型空气供应系统。伊顿公司选用 P400 和 R340TVS 系列罗茨式空压机作为原型机进行设计，并由电动机和膨胀机联合驱动，通过调整其峰值效率点，使其适用于 80kW 的燃料电池系统。图 4-20 所示为罗茨式空压机。

图 4-20　罗茨式空压机

TVS 系列罗茨式空压机在作功能力、功率密度及经济性等方面具有较大的优势。为了满足燃料电池的特殊要求，伊顿公司对 TVS 系列罗茨式空压机的转子、外壳和进气口进行了设计和改进。例如，采用铝合金转子技术，减小转子间隙，提高空压机的效率；增大转子的螺旋角，提高空压机的增压能力；重新设计了空压机的进出口几何结构，使系统变得更加紧凑。改进后的空压机可以为系统提供压比 2.5、流量 92g/s 的压缩空气。

选用罗茨式空压机作为燃料电池用空压机的优势如下：

1）由于工作转速较低，可以不使用结构复杂的空气轴承。

2）具有较宽的高效运行区，可以提高整个工况的燃料经济性。

3）技术相对成熟，已在其他领域得到充分利用。

4.5 水管理系统

燃料电池的水管理一般从以下三方面来进行：燃料电池结构内部优化、合理的电池排水和反应气加湿。

1. 燃料电池结构内部优化

首选的一种有效保持质子交换膜燃料电池（PEMFC）内部水平衡的方式是优化双极板的流道设计，因为一般采用的平行流道气体是通过自由扩散方式转移的，不能有效带走多孔介质中的液态水。蛇形流道和回旋形流道的排水能力较为优越，但其迂回曲折的流道形式和较长的流道距离会增大气体的流动阻力，导致寄生功率过高。

2. 排水法

排水法一般包括两种形式：一种是气态排水法，即利用电池结构在阴极与阳极之间形成气态水的浓度差，使水分子在反扩散作用下向阳极运动；另一种是液态排水法，即通过增加阴极的防水性，使阴极多余的水分以液态形式直接排出。丰田 PEMFC 采用新型 3D 网格流道，将进气和排水的路径分离，以便于氧气的均匀传输和阴极生成水的及时排出。此外，为了增强排水能力，丰田还提高了流体板两侧的表面亲水能力，以便迅速将生成的水吸收到流道的背面，防止阴极出现水淹和气堵现象。

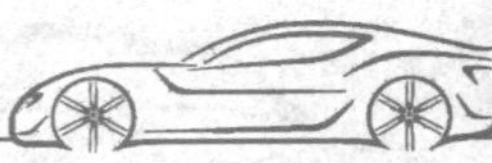

3. 反应气加湿法

反应气加湿法是PEMFC最常用到的水管理方法，通常有外部加湿、内部加湿及自增湿三种方式。外部加湿借助外增湿器将反应气在外增湿后送入电堆。内部加湿利用渗水材料等将增湿系统安装在电堆内部，但会增加电堆组装的复杂程度。自增湿是指充分利用电化学反应生成的水对膜进行加湿，可以进行电池自增湿的流场设计，设计复合自增湿膜或者改变MEA的结构或制备过程等。在早期，注水法被认为是一种简单有效的水、热管理手段，但易造成阴极水淹。S. H. Jung等设计出一款喷雾增湿器，将液态水加热到预设温度后，均匀地喷洒到流经增湿器的气体中。Hwang等为了进一步的研究设计出空气辅助雾化器，即在燃料电池阴极入口布置雾化器和空气输送管，从而为电堆提供超精细的喷雾。

2014年12月，丰田通过一种创新的细胞流场结构和膜电极组件实现了紧凑的高性能电堆。在阳极采用精密冲压形成一个整体的窄间距通道流场，通过正面氢气流、背面冷却剂流这种逆流配置方式，仅使用生成的水实现内加湿，以使每个单元的水平衡，在缩小布置空间的同时增强了功率密度。PermaPure公司的FC系列增湿器利用Nafion管壁，在管束内部通干燥气体，在其外部通燃料电池排出的水。这种方式可以实现自调节加湿，并在回收废水的同时回收余热，起到热交换器的作用。

4.6 热管理系统

燃料电池的水管理和热管理是密不可分的，水平衡影响膜的传质能力，进而影响反应热的生成；而热量管理影响水分子的传输速度及相变过程，进而影响水分的生成和运输，因而高效的水、热管理是保持PEMFC输出性能和使用寿命的重要手段。

氢燃料电池发动机热管理系统是由多个部件组成的耦合系统，该系统的作用是将电堆的温度控制在适当范围内。如果温度过高，电堆会出现脱水现象，导致不能正常工作，电导率下降，进而影响电堆的使用寿命及系统安全性；如果温度过低，则会使电堆里面的催化剂失活。为了保证电堆内部化学反应的高效性及均匀性，电堆进出口冷却液的温差应尽量控制在10℃以内。

热管理系统需要具备以下几项功能：

1）精确监测、控制燃料电池的工作温度。

2）温度过高时，能加快散热，从而快速降低燃料电池温度。

3）温度过低时，能快速加热，确保燃料电池工作温度正常（起动阶段）。

4）保证燃料电池进出口温差，确保其内部温度均匀分布。

综上所述，热管理系统的目标就是通过合理散热保证整个系统的热平衡，确保燃料电池的工作温度合适和系统安全。通过控制冷却液流速，确保进出口温差在要求范围内，控制散热器风扇转数以保证入口温度在合理范围内。

图4-21所示为某款氢燃料电池的热管理系统示意图。该系统主要包括水泵、散热器、节温器、PTC加热器、中冷器、散热风扇及各种阀门和管件。热管理系统包含两个循环：大循环和小循环。大循环为散热器冷却回路，小循环为PTC加热回路。热管理系统的工作原理：在低温起动阶段，通过小循环的PTC加热器对电堆进行加热，当电堆温度达到一定值

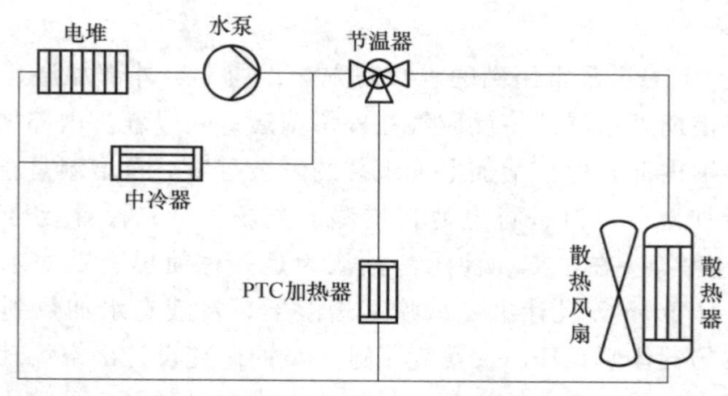

图 4-21　热管理系统示意图

时，通过大循环由散热器带走电堆绝大部分的热量，水泵驱动冷却液在热管理回路中流动，节温器根据进口冷却液温度控制两个循环的流量分配，中冷器对经过空压机加压后的高温空气进行冷却。

在氢燃料电池发动机热管理系统中，水泵和散热风扇是主要的控制对象。水泵驱动冷却液循环以带走电堆工作产生的热量，由此控制电堆进出口冷却液的温差；散热风扇则决定了散热器的散热量，以此控制电堆入口冷却液的温度。由于温度具有时滞性，热管理系统具有惯性、非线性等特点，加上水泵与散热风扇具有耦合作用，电堆在负荷变化的情况下会出现温度波动较大，甚至短暂性高温、难调节的情况，这会导致电堆的效率较低、使用寿命缩短。为了避免热管理系统在大幅度变载过程中出现不良反应，应采用合适的控制方案使电堆进出口冷却液温度变化稳定、热管理系统各部件响应快，从而保证热管理系统的高效性和安全性。

1. 水泵

水泵（图 4-22）是氢燃料电池热管理系统的“心脏”，它对系统冷却液做功，使冷却液循环。一旦电堆热到“难以自拔”，水泵就会加大冷却液的流速给电堆降温。为了保证电堆产生的热量能够快速、有效地散发，水泵自身也要具备很高的“素质”，大流量、高扬程、绝缘及更高的 EMC[⊖] 能力是必不可少的。此外，水泵还需要实时反馈当前的运行状态或故障状态。

图 4-22　水泵

2. 散热器

散热器（图 4-23）顾名思义就是用来散热的，它将冷却液的热量传递给环境，降低冷却液的温度。如果类比于人体，其作用等同于人身上的皮肤，即通过与环境的温差进行散热。散热器本体要求散热量大，对清洁度要求也高，离子释放率低，散热风扇则要求风量大、噪声低、无级调速并能反馈相应的运行状态。

⊖ EMC，即 Electro Magnetic Compatibility，电磁兼容。

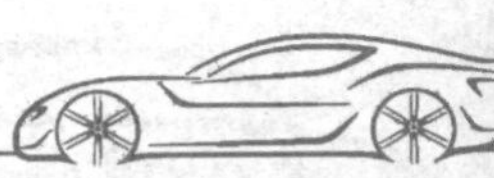

3. 中冷器

中冷器（图 4-24）的作用是冷却来自空压机的压缩空气。它通过冷却液和空气的热交换来降低压缩空气的温度，使进入电堆的空气处于合理的温度范围内，主要包括芯体、主板、水室和气室。中冷器的特点是热交换量大、清洁度要求高及离子释放率低。

图 4-23　散热器

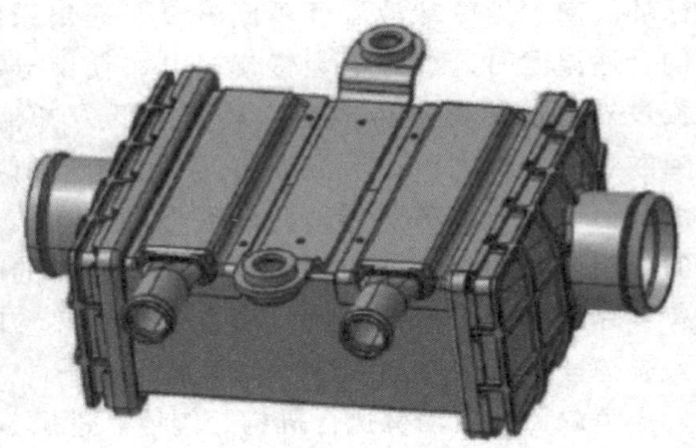

图 4-24　中冷器

4. 去离子器

在氢燃料电池运行过程中，冷却液的离子含量会增高，导致其电导率增大，系统绝缘性降低，去离子器（图 4-25）就是用来改善这种现象的。去离子器通过吸收热管理系统中零部件释放的阴阳离子，降低冷却液的电导率，使系统处于较高的绝缘水平。

去离子器由壳体、滤网、树脂及进出口管组成，对它的要求是离子交换量大、吸收离子快、成本低。

5. 水暖 PTC

在环境温度较低的情况下，燃料电池面临低温挑战。水暖 PTC（图 4-26）负责在电堆低温冷起动时给冷却液辅助加热，使冷却液尽快达到需求的温度，缩短燃料电池系统冷起动时间。就好比天气较冷的时候，运动员在正式比赛前需要先做好充分的“热身运动”。水暖 PTC 由加热芯体、控制板及壳体组成，对它的要求是响应快、功率稳定。

图 4-25　去离子器

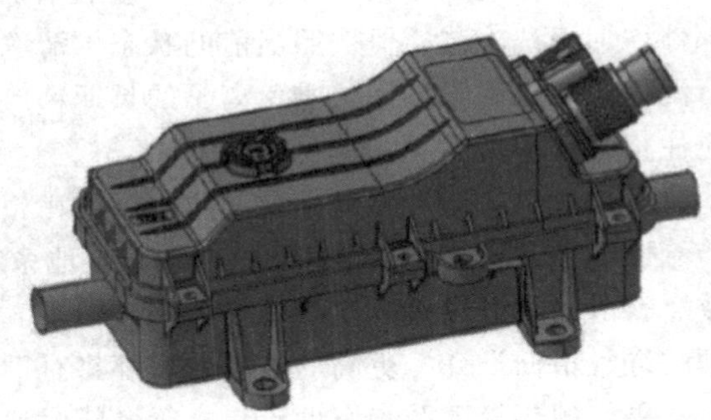

图 4-26　水暖 PTC

6. 节温器

节温器（图 4-27）用来控制冷却系统的大小循环。当冷却液温度较低时，为了尽快达到系统所需的温度，节温器控制冷却液的流向，使冷却液不经过外部散热器及风扇，形成冷却液的小循环流向。当冷却液温度不断升高，超出系统要求的合适温度时，节温器会慢慢打开，使部分冷却液流过外部散热器进行散热，从而降低冷却液温度。当散热需求很大时，节温器将全部打开，所有冷却液都会通过外部散热器，此即大循环流向。节温器的作用好比人身上穿的衣服，当人觉得冷的时候需要多穿一些衣服保持温度，而当人感到热的时候需要脱掉一些衣服增加散热。

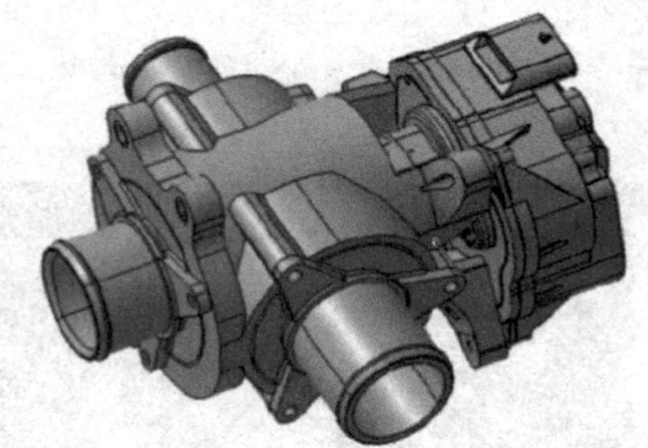

图 4-27　节温器

节温器由电动机执行机构、阀体、进出口及壳体组成。燃料电池系统对节温器的要求是响应快、内部泄漏量低，以及带位置反馈信息（电动机节温器）。

7. 冷却管路

冷却管路（图 4-28）作为氢燃料电池的“血管”，负责连接各零部件，使冷却液形成完整的循环。与所有零部件要求一样，冷却管路要求高的绝缘性及较高的清洁度。

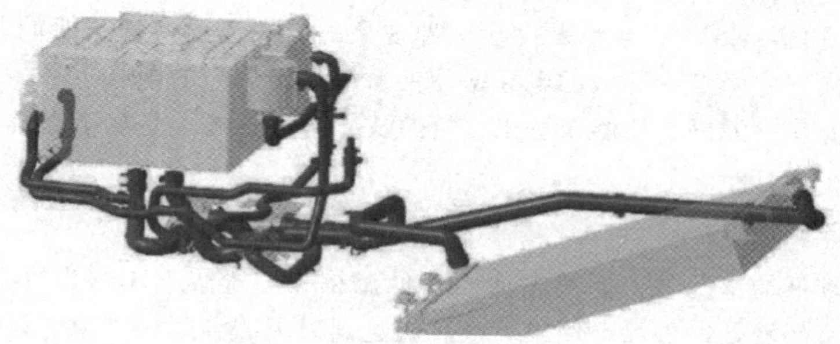

图 4-28　冷却管路

相较于传统燃油发动机，氢燃料电池热管理系统主要面临以下两个较大的挑战：

一是零部件离子释放的控制。在热管理系统的零部件中，中冷器和散热器较容易释放离子，导致冷却液电导率升高，进一步影响系统的绝缘性能。目前主要缓解该问题的方式是零部件增加清洗工艺，但按照当前的状态，清洗往往需要很长时间，这会影响生产节拍，加上清洗的效果也有限，无法避免离子的长期释放。未来探索新的生产工艺、更合理的系统设计应注重改善相关问题。

二是散热效率需要提高。一般而言，在相同的车辆运行条件下，氢燃料电池的散热量比传统燃油发动机高 10%~20%，但燃料电池系统的运行温度较低，与环境的温差较小，这导致燃料电池对散热要求比传统燃油车高很多。除了增加散热面积，更优的散热器设计、更合理的进气格栅设计、更高的电堆效率都将有助于解决散热困难的问题。

更好的热管理系统有助于提高氢燃料电池系统的使用寿命，而更合理的热量综合利用也有利于系统的节能减排。相信随着氢燃料电池行业的发展，相应的热管理技术将面临更多的

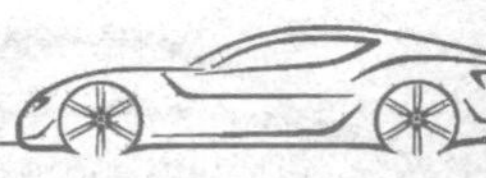

机遇与挑战，也将进入一个崭新的发展阶段。

4.7　燃料电池系统集成效率、动力性及成本

4.7.1　燃料电池系统效率

燃料电池系统效率提升主要从电堆效率、BOP 效率、系统效率、系统效率优化改善四个维度进行分析。

1. 电堆效率

电堆损失主要为活化极化、欧姆极化、浓差极化、渗透损失。燃料电池始终存在不可逆因素导致的损失，减少各级损失是提升燃料电池运行效率的关键，这跟电堆自身设计和结构有非常大的关系。

电堆的最高效率虽有众多影响因素，但其实可以用一个简单的公式来判断电堆效率，即

$$\text{电堆效率}=\frac{\text{电堆工作电压}}{\text{电堆低热值电压}\times\text{氢气利用率}}$$

目前，电堆最高工作电压一般不会超过 0.85V，否则对电堆使用寿命或者耐久性都会产生较大的影响。如果电堆低热值电压是 1.254V，氢气利用率基本可以到达 98%以上，因此得出电堆的最高效率大概为 66.8%。

电堆最低效率用同一个公式也很容易算出。一般情况下电堆的最低额定工作电压是 0.6V，最低效率实际是 47%左右。电堆的最高效率和最低效率范围确定了，电堆的效率减去 BOP 损耗的功率剩下的就是系统输出功率。

2. BOP 效率

BOP 效率也存在一个最佳工作区，即

$$\text{BOP 效率}=\frac{\text{电堆的输出功率}-(\text{空压机的能耗}+\text{散热器的能耗}+\text{循环泵能耗}+\text{水泵能耗}+\text{控制器附件能耗})}{\text{电堆输出功率}}$$

其实就是最终系统的输出效率。空压机、水泵、风扇等任何一个零部件，都有一个效率最优区间，如果想要实现整个系统效率的提升，必须让每一个零部件都尽量处于高效区，这样才能从总体上提高燃料电池系统的效率。

3. 系统效率

随着工作电流的增加，燃料电池系统的效率是逐渐下降的，因此平衡使用成本和原材料成本也是未来燃料电池系统设计需要面临的一个问题。在这个过程中，通过增加工作电压或者输出功率，可在一定条件下改善系统效率，但总体来说，系统的效率和电动机的效率都是逐步下降的。以 110kW 系统为例，从两个极端开始进行对比分析，整个系统最高效率在 60%以上，最低可以实现 40%。尽可能地降低附件的损耗是提高系统效率的关键举措。

4. 系统效率优化改善

系统效率的优化改善需要从能量流进行分析识别，基于系统能量流的分布，进行大致的生产能量流梳理。燃料电池系统有效功大概占 40%~60%。在这个过程中，附件的能耗大概占 5%~20%，DC/DC 变换器的损耗占 2%~4%，还有冷却液等其他损耗，效率主要是电负

荷的效率。但实际上电负荷产生的热量，大部分要通过散热器带走，还包括尾气，在工作温度为 80~90℃时，尾气也会带走一定的热量。

1）“从根源出发”优化系统设计。风氢扬氢能科技有限公司通过低流阻系统设计，BOP 选型及工作状态优化、操作条件-FC 功率目标多参数设计优化，可使系统最高效率达到 61%，使额定点效率超过 44%。

2）“适应终端”基于实际工况的能量流优化。基于应用场景，从余热利用、系统运行舒适区、动力系统耦合工作策略、辅助系统集成设计四方面综合提升系统应用端效率。其中，余热利用，尤其是冬天的余热利用能够实现整个燃料电池系统的综合能效；通过整车的动力电池和燃料电池的电电混合策略，在动力电池、燃料电池和整车功率需求之间实现最优控制策略的匹配；燃料电池散热系统和附件的散热系统，如 DC/DC 和空压机是完全两套散热系统，因此在辅助散热系统集成这一块也要进行必要的优化。

综上所述，使燃料电池处在最佳工作区，才能使它的活性提高、质子传递加快、反应电流上升，综合效率寿命才会达到最佳状态。燃料电池是一个多参数输入、多参数输出的复杂功能耦合系统，需要大量的理论基础和大量工程经验的结合才能使燃料电池系统效率处于综合最优状态。

4.7.2 燃料电池系统动力性

动力性是指燃料电池发动机为整车提供动力输出的能力及与之密切相关的性能，主要反映了燃料电池发动机设计和评价人员对于其满足整车行驶、加速、爬坡和用电要求的评价。动力性指标对于燃料电池动力系统设计、参数匹配及燃料电池汽车整车动力性指标等都具有十分重要的指导和参考意义。

衡量燃料电池发动机动力性的主要指标包括额定净输出功率、过载功率及过载功率持续时间、体积比功率、质量比功率。

（1）额定净输出功率 它是指燃料电池发动机在制造厂规定的额定工况下能够持续工作的净输出功率，即电堆输出功率减去辅助系统消耗功率后所剩的功率，其单位为 kW。额定净输出功率反映了燃料电池发动机在最常用的额定工况下为整车提供功率输出的能力。

（2）过载功率及过载功率持续时间 过载功率反映了燃料电池发动机在最高车速下的后备功率输出能力。由车辆行驶的功率平衡方程可知，它决定了整车在极限工况下的动力学性能。过载功率持续时间与过载功率成对使用，单位为 s。

（3）体积比功率 它是指燃料电池发动机单位体积能够输出的额定功率，单位为 kW/L。体积比功率反映了燃料电池系统设计的空间紧凑程度，与汽车总布置形式密切相关。

（4）质量比功率 它是指燃料电池发动机单位质量能够输出的额定功率，单位为 kW/kg 或 W/kg。质量比功率也称为功率密度，反映了燃料电池系统轻量化设计水平，对汽车轻量化设计具有重要意义。体积比功率和质量比功率是燃料电池发动机的重要性能指标，能够反映其系统集成度。

4.7.3 燃料电池系统成本

在氢燃料电池系统中，电堆占总成本的比例高达 60%；膜电极又占电堆总成本的 60%。

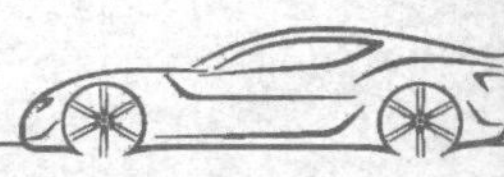

随着量产规模的逐步扩大，膜电极（质子交换膜+催化剂+气体扩散层）在电堆成本中的占比有望从60%（年产1000套电堆）下降至47%（年产50万套电堆），如图4-29所示。

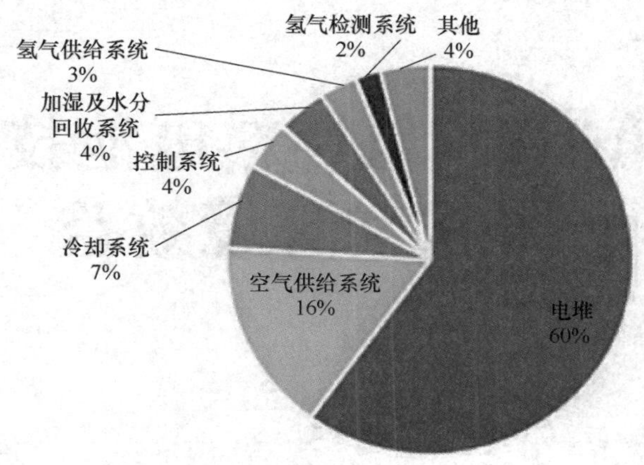

图4-29 燃料电池系统成本分布

规模化生产有助于膜电极组件降低成本，继而带动燃料电池成本下降，更有利于燃料电池车的推广。对于膜电极头部企业而言，这有利于其率先占领国内市场，真正逐渐替代Ballard等外国技术在国内的市场份额。

思考题

4-1 氢燃料电池系统的主要组成有哪些？

4-2 请简述空气进入氢燃料电池的流程。

4-3 按照冷却方式，电堆可分为哪几类？各自有什么优缺点？

4-4 氢燃料电池系统中的冷却系统对整体性能有何影响？请列举不同冷却方式的特点。

4-5 氢燃料电池系统中的水管理是如何进行的？请讨论水管理对系统稳定性的影响。

4-6 氢燃料电池系统中的动力性评价指标有哪些？请分别解释。

4-7 氢燃料电池系统的冷启动和高温环境运行时的挑战是什么？应该如何应对？

4-8 氢燃料电池系统设计中的成本效益考虑因素是什么？如何降低系统成本？

4-9 氢燃料电池系统中的氢气循环是如何实现的？

4-10 氢燃料电池系统的加氢时间和加氢设施的问题如何解决？

第5章　氢燃料电池技术经济和环境效益

5.1　生命周期成本分析

5.1.1　生命周期成本概述

生命周期成本（Life Cycle Cost，LCC）起源于美国军方，主要用于军事物资的研发与采购，目的是为了合理控制军事物资的采购与国防预算费用。1966年，美国国防部正式开始对LCC进行研究，并提出定义：获得系统及系统一生所耗费的总成本，涵盖开发、使用、维护和报废等成本。联合国环境规划署提出：生命周期评价是评价一个产品系统生命周期整个阶段，从原材料的提取和加工，到产品生产、包装、市场营销、使用、再使用和产品维护，直至再循环和最终废物处置的环境影响的工具。

具体来说，产品生命周期会历经三个阶段：生产→使用→报废。从生产者的角度看，一个产品从研究、开发、设计、试制、小批量生产、大批量生产直到停止生产的整个过程，可以称为产品生产生命周期过程。从顾客的角度看，自产品购买经过使用直至报废的过程，既是产品的使用和报废期，也是生产者售后服务的过程，这个过程可称为产品使用与报废生命周期过程。

5.1.2　生命周期成本构成

由于研究目的、研究对象、研究方法不同，学者们依据不同的划分规则，对生命周期成本的构成提出不同的分类，下面介绍几种常见的分类。

（1）按照主体分类　按照不同主体，生命周期成本可从企业、用户和社会三个角度进行分析，详见表5-1。

表5-1　生命周期成本按主体分类

生命周期阶段	企业成本	用户成本	社会成本
设计研发	可行性研究成本、市场调研成本、设计成本、试制成本、试验成本等	—	—

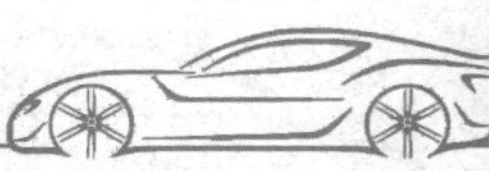

（续）

生命周期阶段	企业成本	用户成本	社会成本
生产制造	材料成本、设备成本、工资成本、管理成本等	—	大气、土壤、水污染成本及噪声污染成本等
销售	广告成本、仓储成本、运输成本、工资成本等	购买成本、购置税、政府补贴等	—
使用维修	售后服务成本等	能源消耗成本、维修成本、维护成本等	大气、土壤、水污染成本及交通成本、噪声污染成本等
报废回收	—	清理成本、售卖残值等	大气、土壤、水污染成本等

（2）按照时间分类　生命周期成本按照时间可以分为初始化成本和未来成本，而未来成本又分为一次性成本和重复成本，详见表5-2。

表5-2　生命周期成本按时间分类

一次性成本	初始购置成本
	报废回收成本
	风险成本
重复成本	维修成本
	维护成本
	运营成本
	环境成本

5.1.3　生命周期成本测算方法

目前，关于生命周期成本的分析测算方法主要有参数测算法、类比推算法、工程测算法和作业成本法等。

（1）参数测算法　作为目前使用较为广泛的一种产品成本测算方法，该方法利用历史数据，使用回归分析法确定成本影响参数（质量、性能、数量等）和产品成本之间的数学关系式，并将现有已确定的新产品的参数带入关系式，从而求出新产品的生命周期成本。

（2）类比推算法　该方法利用已有相似产品或相似项目的历史数据和技术经验，或具有相同成本属性的不同产品的历史数据作为参考资料，通过类比推算得到新产品的生命周期成本。

（3）工程测算法　该方法将组成产品生命周期成本的各阶段进行细分，并对各阶段的不同成本或费用进行估算，最后将各个成本相加，组成生命周期成本。由于在总成本分解时，需要充分考虑各阶段产品使用成本种类，对各项成本进行较准确的估算，耗费时间较长，得到的结果较为准确，适合产品制造或使用过程中的整个生命周期成本分析。

（4）作业成本法　该方法以作业为基础，通过分析作业动因，确认计量作业成本，估算得到比较真实合理的产品成本，为企业的决策者作出经营决策提供可靠的参考依据。其中，作业指企业为生产产品所开展的一系列活动。

5.1.4 多角度氢燃料电池汽车生命周期成本模型

根据前文所述，生命周期成本可从企业、用户和社会三个角度进行分析，下面通过构建多角度氢燃料电池汽车生命周期成本模型对氢燃料电池汽车生命周期成本进行测算分析。

1. 企业成本模型

（1）成本分解　每一辆新型汽车产品的开发需要投入大量资金和时间，并伴随很大的风险，因此企业需要在保证产品质量、功能、外观的前提下，尽可能降低产品的总投入成本，以保证盈利。由于氢燃料电池汽车的企业成本与传统汽车成本构成基本无差异，结合现有研究和实际情况，将企业角度氢燃料电池汽车生命周期成本分为设计开发成本、生产制造成本、营销成本及其他成本（客户服务成本、管理成本、税金等）。

设计开发成本是指汽车生产企业在新车型大量投产前，因开发该车型而进行市场调研、可行性研究、产品设计研究、产品试制及试验等行为所投入的资金总和。产品设计开发阶段投入的成本相对较少，约占总成本的10%，但该阶段决定了总成本的70%～80%。生产制造成本是指汽车生产过程中因购买原材料、购买及使用生产设备、发放工人工资及人员培训、后勤保障等行为而产生的费用。在汽车的总成本中，生产制造阶段的成本约占70%，其中直接材料成本占生产制造成本的比重约为90%。营销成本是指整个汽车销售过程中由储存产品、运输装卸产品、产品广告宣传、工资、售后服务等所产生的费用，该阶段成本因不同销售策略而不同，但按目前市场情况来看，各主流厂家的销售成本构成及比例相差不大。除上述成本构成以外的其他费用投入都划归为其他成本，如企业缴纳的税金、管理成本、客户服务成本等，该部分占总成本的比重较小。

（2）企业角度生命周期成本模型　企业角度生命周期总成本 $\mathrm{LCC}^{\mathrm{E}}$ 的计算式为

$$\mathrm{LCC}^{\mathrm{E}}=C_{\mathrm{de}}^{\mathrm{E}}+C_{\mathrm{md}}^{\mathrm{E}}+C_{\mathrm{sa}}^{\mathrm{E}}+C_{\mathrm{ot}}^{\mathrm{E}} \tag{5-1}$$

式中，$C_{\mathrm{de}}^{\mathrm{E}}$ 为设计开发成本（万元/辆）；$C_{\mathrm{md}}^{\mathrm{E}}$ 为生产制造成本（万元/辆）；$C_{\mathrm{sa}}^{\mathrm{E}}$ 为营销成本（万元/辆）；$C_{\mathrm{ot}}^{\mathrm{E}}$ 为其他成本（万元/辆）。

下面以生产制造成本为例，具体介绍其计算模型。

构建氢燃料电池汽车车用材料用量矩阵 $\boldsymbol{M}_q^{\mathrm{cl}}$，即

$$\boldsymbol{M}_q^{\mathrm{cl}}=[q_1 \quad q_2 \quad \cdots \quad q_i \quad \cdots \quad q_n] \tag{5-2}$$

式中，q_i 为第 i 种车用材料的使用量（kg）。

构建每种车用材料的单位价格矩阵 $\boldsymbol{M}_p^{\mathrm{cl}}$，即

$$\boldsymbol{M}_p^{\mathrm{cl}}=[p_1 \quad p_2 \quad \cdots \quad p_i \quad \cdots \quad p_n] \tag{5-3}$$

式中，p_i 为第 i 种单位车用材料的价格（元/kg）。

计算材料成本 $C_{\mathrm{m}}^{\mathrm{E}}$，即

$$C_{\mathrm{m}}^{\mathrm{E}}=\boldsymbol{M}_q^{\mathrm{cl}}\cdot\boldsymbol{M}_p^{\mathrm{cl}} \tag{5-4}$$

制造成本 $C_{\mathrm{j}}^{\mathrm{E}}$ 主要包括生产准备成本和加工成本，批量生产单位产品的制造成本 $C_{\mathrm{js}}^{\mathrm{E}}$ 为

$$C_{\mathrm{js}}^{\mathrm{E}}=\frac{C_{\mathrm{jp}}^{\mathrm{E}}}{N}+C_{\mathrm{c}}^{\mathrm{jg}} \tag{5-5}$$

式中，$C_{\mathrm{jp}}^{\mathrm{E}}$ 为批量生产准备成本（元）；N 为汽车批量生产数（件）；$C_{\mathrm{c}}^{\mathrm{jg}}$ 为单件产品加工成

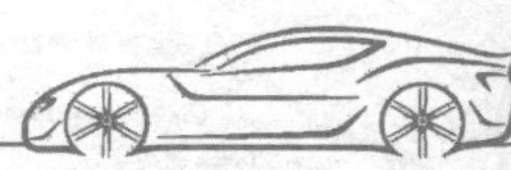

本（元）。

由式（5-5）可知，单件产品制造成本与 N 成双曲线关系。单位加工成本是变动成本，其金额不随产量的增加而变化，但单位产品生产准备成本是随产量增加呈下降的双曲线。

工人工时费属于不可变成本，即该部分成本不随产量的变化而变化，主要受国家及市场影响，而企业的总工资成本属可变成本，产量越大，工资成本越高，两者基本成正比关系，记工资成本为 C_{s}^{E}（元）。

综上所述，生产制造成本为

$$C_{md}^{E}=C_{m}^{E}+C_{j}^{E}+C_{s}^{E} \tag{5-6}$$

2. 用户成本模型

（1）成本分解　用户成本（用户角度汽车生命周期成本）是指汽车的购买者或使用者在从购买汽车到车辆报废的整个生命周期内因购买、使用、报废汽车等行为累计产生的经济成本。用户角度汽车生命周期成本包括购置成本、使用维护成本、风险成本和报废回收成本。

氢燃料电池汽车的购置成本除了包括汽车购买成本、汽车购置税，还包括车辆质量检验、强制保险和上牌照等其他费用。此外，由于氢燃料电池汽车属于新能源汽车，其购置成本还包括政府新能源汽车补贴的抵减。氢燃料电池汽车使用维护成本主要指汽车使用过程中产生的能源动力费（即燃氢费），更换燃料电池汽车的电池更换成本，氢燃料电池汽车在使用过程中进行车辆维修、零件更换、保养等所产生的维修维护费用，以及按国家法律规定缴纳的车船税、保险费等。风险成本是指用户在使用过程中用因违反交通法规而产生的交通处罚成本以及因自身或他人操作不当引发交通事故而产生的经济损失或经济补偿，风险成本的发生针对单一车辆无法预测，只能采用概率进行预测分析。报废回收成本是指用户对车辆进行报废时花费的清理成本以及售卖报废车辆所得的报废回收残值。

（2）用户角度生命周期成本模型

1）购置成本 C_{ac}^{U} 为

$$C_{ac}^{U}=C_{p}^{U}+C_{t}^{U}-C_{s}^{U}+C_{o}^{U} \tag{5-7}$$

式中，C_{p}^{U} 为汽车购置成本（万元/辆）；C_{t}^{U} 为汽车购置税（万元/辆）；C_{s}^{U} 为政府购车补贴（万元/辆）；C_{o}^{U} 为其他费用（万元/辆）。

2）使用维护成本 C_{um}^{U} 为

$$C_{um}^{U}=C_{h}^{U}+C_{b}^{U}+C_{m}^{U}+C_{i}^{U} \tag{5-8}$$

式中，C_{h}^{U} 为燃氢成本；C_{b}^{U} 为电池更换成本；C_{m}^{U} 为维修维护成本；C_{i}^{U} 为保险、缴税成本。

针对燃氢成本，氢燃料电池汽车每年的氢气消耗量计算式为

$$C_{h}^{U}=\sum_{i=1}^{n}\frac{L_{i}HP_{i}}{100} \tag{5-9}$$

式中，L_i 为汽车第 i 年行驶里程（km）；H 为汽车百公里氢耗（kg/100km）；P_i 为第 i 年单位氢气售价（万元/kg）。

电池更换成本 C_{b}^{U} 由换电池次数和电池价格决定，同时还要考虑随着技术进步，电池使用寿命及市场销售价格的变化，其计算式为

$$C_{\mathrm{b}}^{\mathrm{U}} = \sum_{i=1}^{n} B_i \tag{5-10}$$

式中，B_i 为第 i 次更换电池时的市场售价（万元）；n 为电池更换总次数。

3）风险成本 $C_{\mathrm{ri}}^{\mathrm{U}}$ 为

$$C_{\mathrm{ri}}^{\mathrm{U}} = C_{\mathrm{c}}^{\mathrm{U}} + C_{\mathrm{g}}^{\mathrm{U}} \tag{5-11}$$

式中，$C_{\mathrm{c}}^{\mathrm{U}}$ 为交通处罚成本（万元）；$C_{\mathrm{g}}^{\mathrm{U}}$ 为交通事故成本（万元）。

4）在车辆实际报废回收过程中，清理成本和车辆回收残值常统一计算，因此记报废回收成本为 $C_{\mathrm{sr}}^{\mathrm{U}}$（万元）。

综上所述，用户角度氢燃料电池汽车生命周期总成本为

$$\mathrm{LCC}^{\mathrm{U}} = C_{\mathrm{ac}}^{\mathrm{U}} + C_{\mathrm{um}}^{\mathrm{U}} + C_{\mathrm{ri}}^{\mathrm{U}} - C_{\mathrm{sr}}^{\mathrm{U}} \tag{5-12}$$

3. 社会成本模型

（1）成本分解 社会成本是指因社会为治理使用汽车造成的交通拥堵、交通事故、噪声、环境污染等问题所需承担的修复、补偿费用，具体可分为交通成本和环境成本两类。

交通成本主要包括道路基础设施成本、拥堵成本、事故成本、噪声污染成本及其他成本。环境成本是指开采、生产、运输、使用、回收和处理商品所造成的环境污染和生态破坏所需补偿的费用，它贯穿于汽车的整个生命周期，可划分为固体污染、液体污染、气体污染，目前常见的因汽车尾气引起的大气污染、雾霾就是典型例子。

（2）社会角度生命周期大气污染成本模型 构建大气污染物排放量矩阵 $\boldsymbol{M}_{\mathrm{e}}^{\mathrm{S}}$，即

$$\boldsymbol{M}_{\mathrm{e}}^{\mathrm{S}} = [e_1 \quad e_2 \quad \cdots \quad e_i \quad \cdots \quad e_n] \tag{5-13}$$

式中，e_i 为氢燃料电池生命周期内第 i 种大气污染物排放量（kg）。

构建单位大气污染物环境成本矩阵 $\boldsymbol{M}_{\mathrm{c}}^{\mathrm{S}}$，即

$$\boldsymbol{M}_{\mathrm{c}}^{\mathrm{S}} = [c_1 \quad c_2 \quad \cdots \quad c_i \quad \cdots \quad c_n] \tag{5-14}$$

式中，c_i 为第 i 种大气污染物的单位环境成本（元/kg）。

综上所述，氢燃料电池汽车生命周期大气污染成本为

$$\mathrm{LCC}_{\mathrm{SA}} = \boldsymbol{M}_{\mathrm{e}}^{\mathrm{S}} \cdot \boldsymbol{M}_{\mathrm{c}}^{\mathrm{S}} \tag{5-15}$$

5.2 全生命周期评价

GB/T 24040—2008 等同于国际标准 ISO 14040：2006《环境管理生命周期评价原则与框架》，生命周期评价定义为“对一个产品系统的生命周期中输入、输出及其潜在环境影响的汇编和评价”。国际标准化组织 ISO 对生命周期评价给出如下定义：“汇总和评估一个产品（或服务）体系在其整个生命周期内的所有投入及产出对环境造成的潜在影响的方法”。汽车全生命周期评价的主体思路是评价从汽车原材料获取、制造装配、运行使用、关键部件二次利用到报废回收对生命周期的影响。

5.2.1 生命周期评价主要步骤

生命周期评价包含四个步骤：目标和范围确定（确定功能单位）、清单分析（数据采集和数据建模）、影响评价（计算）、结果解释。

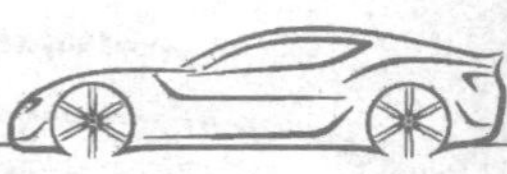

1. 目标和范围确定

目标和范围确定是贯穿一切生命周期评价研究的中心环节，它决定了开展某项生命周期评价活动的基本应用意图，描述了研究系统具体范围及评价数据类型，是整个评价工作的主要围绕点，影响着研究的整体深度和方向。

研究目标必须说明研究的具体原因，解释预计结果的具体应用价值。定义目标时，应清楚地表明依据研究结果将做出的具体决定、所需信息、研究详细程度和动机等。对于生命周期评价的可能应用范围，研究也应当给出具体说明。

研究范围包括研究产品系统边界、功能单位、数据要求、影响数据类型等。为了保证研究的广度和深度满足预定目标，对于所有相关的边界、方法、数据类型和假设都应表述清楚，不能模糊界定。

2. 清单分析

清单分析是指针对目标评价系统进行数据收集及分析的过程，它是进行生命周期影响评价的主要依据。清单分析具体包含数据收集、计算、审定等流程。当数据库出现更新或原有体系内容发生变化时，清单数据往往需要根据变化情况进行一定调整，因此，清单分析也是一个循环往复不断校正的过程。需要说明的是，在清单分析涉及的所有产品系统子流程内，物质和能量都必须遵循守恒原则。

3. 影响评价

影响评价既是生命周期评价的核心部分，也是执行难度最大的评价环节。它通过对清单分析步骤辨识的环境负荷影响情况进行定量或定性描述，以此表征系统不同的环境影响效益。影响评价的主要目的是通过提供经过处理整合的评价信息，客观量化评价结果，从而更好地解释系统造成的相关环境影响。

功能单位是进行影响评价时定义的基本对比尺度。例如，功能单位可以是“100mL 饮料对应的影响”“1L 热水对应的影响”等。建立功能单位的目的在于通过定义标准化的产品系统输入/输出规则，使不同系统可在统一尺度下进行对比。因此，生命周期评价的所有数据都必须换算为统一可度量的功能单位。

国际标准化组织、美国国家环境保护局和环境毒理学与化学学会都较为认可“三步走”的影响评价模型，即影响分类、特征化和量化评价。

（1）影响分类　影响分类将清单分析步骤得到的数据划分为不同的环境影响类型，主要包含生态影响、资源耗竭及人类健康影响三类。各种环境影响类型又可划分为许多小类，如生态影响分为温室效应、酸化效应、臭氧层破坏和富营养化等。

（2）特征化　特征化是将每一影响大类中的不同环境影响参数进行汇总和分析的过程。特征化的具体方法包括当量模型和负荷模型等。通过对不同影响类型定义对应的当量系数，可增强评价数据可比性，进而为量化评价提供相关依据。

（3）量化评价　量化评价首先确定各类环境影响参数的相对贡献大小，进而通过加权分析，得出可供比较的单一量化指标，并以此表征产品或系统的整体影响效益。在现有评价基础上，我国研究学者针对生命周期影响评价原则开展了相关本地化完善研究，从而使生命周期评价更加适应我国国情。

4. 结果解释

结果解释是执行生命周期评价的最后步骤，它对全生命周期评价过程的研究目的和范围、清单分析及影响评价的结果进行分析总结，进而向决策者提出相关建议和指导意见，并对可能出现的局限性做解释。

结果解释既是生命周期评价的成果汇合，也是生命周期评价的本质目的。

5.2.2 生命周期评价软件

随着研究发展需求的变化，国际上出现了琳琅满目的生命周期评价（Life Cycle Assessment，LCA）研究工具，主要有德国的 GaBi、英国的 LIMS 和 PEMS、瑞士的 Eco Pro、美国的 Pre-LCA 和 GREET、荷兰的 Sima Pro、韩国的 Total 及中国的 e Balance 等。从理论角度分析，只要满足评价对象的边界和建模计算，这些工具可于不同领域。从使用者的角度分析，实用性是其选择评价工具的主要原因。LCA 通常是数据密集型评价过程，往往需要建立众多计算模型，理想的 LCA 工具支持用户根据模型的需求使用和编辑工具内置的数据，降低使用时间成本。GREET 软件的研究对象及边界正是交通领域车辆燃料和车辆生命周期评价。

GREET（The Greenhouse gases，Regulated Emissions and Energy use in Transportation Model）软件是美国阿贡国家实验室（Argone National Laboratory，ANL）研发的专门用于燃料技术和车辆 LCA 的工具，它于 1996 年首次发布，经过多次迭代更新。GREET 软件支持自定义数据建立需要模拟的燃料周期模型和车辆周期模型，也可使用其软件内置的模型。GREET 软件内置的生命周期评价模型由两部分组成，即燃料循环分析的燃料周期模型和车辆循环分析的车辆周期模型。燃料循环模型是指燃料从“油井”到“车轮”（Well-to-Wheels，WTW）的过程。燃料周期由两个阶段组成，即从“油井”到“油泵”（Well-to-Pump，WTP）和从“油泵”到“车轮”（Pump-to-Wheels，PTW），前者即上游阶段，包括燃料制备、燃料生产、燃料运输和储存等过程；后者即下游车辆行驶阶段。车辆周期包括车辆主体、电池、流体及整车装配、配送、维修、报废等过程。作为国际权威的汽车 LCA 工具，它汇集了大量石油工业和汽车工业生产情况、燃料和车辆的最新数据，当用户收集的数据暂缺时，可使用该数据库的行业数据，如传统燃油汽车的整车质量分布百分比数据，以确保结果的有效性。

5.2.3 燃料周期环境影响模型

1. 能源消耗

(1) WTP 阶段 该阶段包含一次能源（如煤炭、石油、天然气）的开采、运输、燃料生产及运输等过程，其环境清单计算依据如图 5-1 所示。能源消耗是根据能源转化效率、过程能源消耗量计算的，污染物排放则是根据不同过程中不同燃料燃烧的污染物排放因子及不同过程的燃料消耗量计算的。

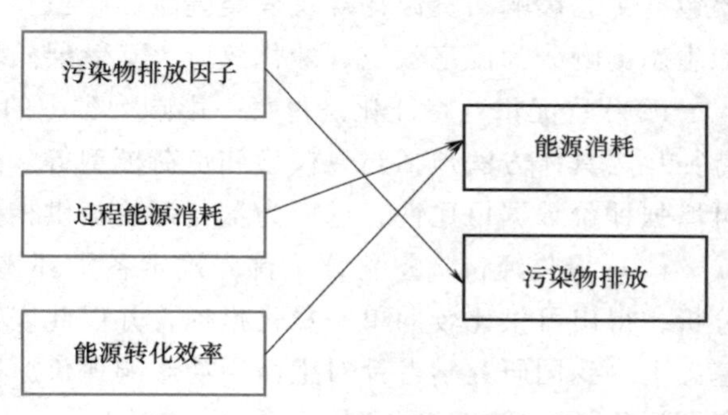

图 5-1 WTP 阶段环境清单计算依据

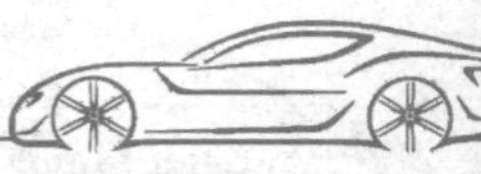

根据以上分析，可得到 WTP 阶段的能源消耗量计算公式，即

$$E_{\mathrm{WTP}_j} = \frac{E_{\mathrm{PTW}_j}}{\eta} - E_{\mathrm{PTW}_j} + \sum_{i=1}\sum_{k=1} E_{j,i,k} \tag{5-16}$$

式中，E_{WTP_j} 为 j 种燃料 WTP 阶段的消耗量（MJ/km）；E_{PTW_j} 为 j 种燃料 PTW 阶段的消耗量（MJ/km）；η 为 j 种燃料 PTW 阶段的能量转化效率；$E_{j,i,k}$ 为 j 种燃料在 k 过程中燃烧 i 类燃料时的消耗量（MJ/km）。

（2）PTW 阶段　PTW 阶段的能耗是车辆行驶阶段的能源消耗量，可由下式计算：

$$E_{\mathrm{PTW}_j} = \frac{\mathrm{LHV}_j \times \mathrm{Dev}_j \times \mathrm{FE}_j}{100} \tag{5-17}$$

式中，E_{PTW_j} 为 j 种燃料 PTW 阶段的消耗量（MJ/km）；LHV_j 为 j 种燃料的低热值（MJ/kg）；Dev_j 为 j 种燃料的密度（kg/L）；FE_j 为 j 种燃料的燃油经济性（L/100km）。

（3）WTW 阶段　车辆燃料周期的能耗是 WTP 阶段和 PTW 阶段的能源消耗量之和，即

$$E_{\mathrm{WTW}_j} = E_{\mathrm{WTP}_j} + E_{\mathrm{PTW}_j} \tag{5-18}$$

2. CO_2 排放

（1）WTP 阶段　WTP 阶段 CO_2 排放计算的原理是碳元素质量守恒。CO_2 排放由单个过程燃料的质量和燃料含碳量决定，单个过程 CO_2 直接排放量等于燃烧前燃料碳元素的质量减去燃烧产物 VOC、CO 和 CH_4 的碳元素质量。因为 VOC、CO 在大气中不能稳定存在，最终会转化为 CO_2，所以 CO_2 间接排放量等于 VOC、CO 和 CH_4 转化量，CO_2 排放总量等于 CO_2 直接排放量和间接排放量之和。单个过程的 CO_2 排放总量计算公式为

$$\mathrm{CO}_{2_{\mathrm{WTP}j,i,k}} = \left[\begin{array}{c} E_{j,i,k} \div \mathrm{LHV}_i \times C_i - \\ (\mathrm{VOC}_{i,k} \times 0.85 + \mathrm{CO}_{i,k} \times 0.43 + \mathrm{CH}_{4_{i,k}} \times 0.75) \\ +(\mathrm{VOC}_{i,k} \times 0.85 + \mathrm{CO}_{i,k} \times 0.43) \end{array}\right] \times \frac{44}{12} \times 1000 \tag{5-19}$$

式中，$\mathrm{CO}_{2_{\mathrm{WTP}j,i,k}}$ 为 WTP 阶段 j 种燃料在 k 过程中使用 i 类燃料时的 CO_2 排放量（kg/km）；$E_{j,i,k}$ 为 WTP 阶段 j 种燃料在 k 过程中使用 i 种燃料时的能源消耗量（MJ/km）；LHV_i 为 i 种燃料的低热值（MJ/kg）；C_i 为 i 类燃料的含碳量；$\mathrm{VOC}_{i,k}$ 为 k 过程中使用 i 类燃料时的 VOC 排放因子（kg/km），0.85 是 VOC 的平均含碳量；$\mathrm{CO}_{i,k}$ 为 k 过程中使用 i 种燃料时的 CO 排放因子（kg/km），0.43 是 CO 的含碳量；$\mathrm{CH}_{4_{i,k}}$ 为 k 过程中使用 i 燃料时的 CH_4 排放因子（kg/km），0.75 是 CH_4 的含碳量。

WTP 完整阶段的 CO_2 排放总量等于不同过程的 CO_2 排放总量之和，则 WTP 阶段 CO_2 排放总量计算公式为

$$\mathrm{CO}_{2_{\mathrm{WTP}}} = \sum_{i=1}\sum_{k=1} \mathrm{CO}_{2_{\mathrm{WTP}j,i,k}} \tag{5-20}$$

式中，$\mathrm{CO}_{2_{\mathrm{WTP}j,i,k}}$ 为 WTP 阶段 j 种燃料的 CO_2 排放总量（kg/km）。

（2）PTW 阶段　PTW 阶段 CO_2 排放计算的原理与 WTP 阶段一样，可采用相同的模型进行计算。

（3）WTW 阶段　燃料周期的 CO_2 排放等于 WTP 阶段与 PTW 阶段的 CO_2 排放之和，其计算公式为

$$\mathrm{CO}_{2_{\mathrm{WTW}}} = \mathrm{CO}_{2_{\mathrm{WTP}}} + \mathrm{CO}_{2_{\mathrm{PTW}}} \tag{5-21}$$

3. SO_x 排放

(1) WTP 阶段 与 CO_2 碳平衡法类似，WTP 阶段的 SO_x 排放计算采用硫平衡法。假设生成的 SO_x 均为 SO_2，计算公式如下：

$$SO_{2_{WTP}} = \sum_{i=1}\sum_{k=1}(E_{j,i,k} \div LHV_i \times S_i \times \frac{64}{32} \times 1000) \tag{5-22}$$

式中，$SO_{2_{WTP}}$ 为 WTP 阶段 j 种燃料的 SO_x 排放量（kg/km）；$E_{j,i,k}$ 为 WTP 阶段 j 种燃料在 k 过程中使用 i 种燃料时的消耗量（MJ/km）；LHV_i 为 i 种燃料的低位发热量（MJ/kg）；S_i 为 i 种燃料的硫含量。

(2) PTW 阶段 PTW 阶段的 SO_x 排放计算原理与 WTP 阶段一样，可采用相同的模型进行计算。

(3) WTW 阶段 燃料周期的 SO_x 排放等于 WTP 阶段与 PTW 阶段的 SO_x 排放之和。假设生成的 SO_x 均为 SO_2，其计算公式为

$$SO_{2_{WTW}} = SO_{2_{WTP}} + SO_{2_{PTW}} \tag{5-23}$$

4. 其他污染物排放

(1) WTP 阶段 其他污染物有 VOC、CO、NO_x、PM2.5 和 PM10。它们的排放量直接根据排放因子计算，具体方法如下；

$$EM_{WTP_\alpha} = \sum_{i=1}\sum_{k=1}(EF_{\alpha,i,k} \times E_{i,k} \times 1000) \tag{5-24}$$

式中，EM_{WTP_α} 为 WTP 阶段第 α 种污染物的排放量（kg/km）；$EF_{\alpha,i,k}$ 为在 k 过程中使用 i 种燃料时第 α 种污染物的排放因子；$E_{i,k}$ 为 WTP 阶段在 k 过程中使用 i 种燃料时的消耗量（MJ/km）。

(2) PTW 阶段 在车辆行驶阶段，各种技术类型车辆的 VOC、CO、NO_x、PM2.5 和 PM10 排放是以 GREET 中默认模型计算的，输入车辆的能耗、车身质量、车辆类型即可得到计算结果。

(3) WTW 阶段 WTW 阶段的 VOC、CO、NO_x、PM2.5 和 PM10 的排放量等于 WTP 阶段与 PTW 阶段排放量之和，计算公式为

$$EM_{WTW_\alpha} = EM_{WTP_\alpha} + EM_{PTW_\alpha} \tag{5-25}$$

5.2.4 车辆周期环境影响模型

车辆周期的工艺过程包括资源获取、生产材料、车辆零部件生产、车辆组装、配送及车辆报废处理和回收。车辆的生产阶段主要分为车辆主体、电池、流体的生产三个阶段，加上由整车装配、汽车配送、车辆维修和车辆报废处理四个环节组成的一个阶段，共计四个环境影响阶段，它们共同构成了车辆周期。车辆主体生产包括传动系统、动力总成系统、底盘、发电机、电动机等系统构件。电池生产分为起动电池生产和动力电池生产。流体生产主要包括润滑油、传动液、制动液、风窗玻璃液、动力系统冷却剂、胶黏剂。装配过程包括装配和涂装等过程；渠道分销是指车辆离开经销商后的过程；维修备件和车辆的生命周期只考虑流体更换对环境的影响；回收过程包括对车辆和电池材料进行重新获取，再次进行利用。车辆周期需要计算上述环节包含的各个过程中产生的能源和污染排放。GREET 模型中的生产环

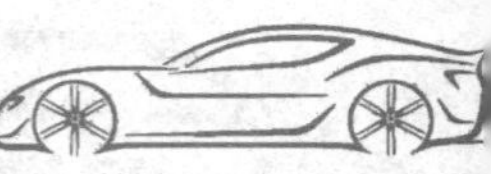

节均以加工成型为周期终点，而汽车零部件生产过程的环境影响主要与材料质量占比及材料的能耗和排放因子有关。下面具体介绍车辆周期环境影响的计算方法。

1. 车辆主体生产

车辆主体是车辆除电池和流体以外的部分。假设汽车零部件是材料生产的最后一步，则车辆主体生产过程的环境影响可根据车辆主体材料质量构成和材料能耗和排放因子计算，计算模型为

$$E_{\mathrm{V1},i} = \sum_{j=1} (M_{\mathrm{V1},j} \times f_{j,i}) \tag{5-26}$$

式中，$E_{\mathrm{V1},i}$ 为车辆主体生产产生的第 i 种环境影响量；$M_{\mathrm{V1},j}$ 为车辆主体中消耗第 j 种材料的质量（kg）；$f_{j,i}$ 为 j 材料的第 i 种环境影响因子。

2. 电池生产

电池生产过程环境影响等于起动电池生产过程的环境影响和动力电池生产过程的环境影响之和，计算模型为

$$E_{\mathrm{V2},i} = E_{\mathrm{Bs},i} + E_{\mathrm{Ps},i} \tag{5-27}$$

式中，$E_{\mathrm{V2},i}$ 为电池生产产生的第 i 种环境影响量；$E_{\mathrm{Bs},i}$ 为起动电池生产产生的第 i 种环境影响量；$E_{\mathrm{Ps},i}$ 为动力电池生产产生的第 i 种环境影响量。

3. 流体生产

流体主要包括润滑油、传动液、制动液、风窗玻璃液、动力系统冷却剂、胶黏剂，其生产的环境影响计算模型为

$$E_{\mathrm{V3},i} = \sum_{l=1} E_{l,i} \tag{5-28}$$

式中，$E_{\mathrm{V3},i}$ 为流体生产产生的第 i 种环境影响量；$E_{l,i}$ 为第 l 种流体生产产生的第 i 种环境影响量。

4. ARD

GREET 将汽车的整车装配、汽车配送、车辆维修和车辆报废处理四个环节的环境影响统一列入 ARD 阶段，根据 GREET 车辆周期计算模型，输入汽车配送距离及车辆维修次数，即可获得 ARD 阶段的环境影响值 $E_{\mathrm{V4},i}$。

综上所述，车辆周期环境影响的计算模型为

$$\mathrm{VC}_i = \frac{\sum_{i=1}^{4} E_{\mathrm{V}n,i}}{D} \tag{5-29}$$

式中，VC_i 为车辆周期的第 i 种环境影响量；$E_{\mathrm{V}n,i}$ 为车辆周期第 n 环节的第 i 种环境影响量；D 为车辆寿命里程（km）。

5.3 问题和讨论

目前，燃料电池技术并未到达大规模推广应用阶段，这主要是因为关键技术水平还比较低。燃料电池汽车技术涉及化学、材料、机械、电子等多个学科的知识，并且需要对这些知

识进行融合应用，因此对于技术人员的专业水平要求很高。也正是因为这一原因的影响，我国燃料电池汽车的推广遭遇了瓶颈，这些共性问题主要包括下述几方面。

1. 燃料电池的电堆和系统技术水平较低

我国初步具备了燃料电池的电堆和系统的产业化能力，但燃料电池基础研究和技术研发投入较少，燃料电池的电堆、系统与国际先进水平差距较大，产品性能、技术成熟度较为落后。目前，国内电堆功率密度约为 2.0kW/L，贵金属 Pt 担载量约为 0.8g/kW，系统低温冷起动温度约为-20℃，而国外同期水平分别可达 3.1kW/L、0.3g/kW 和-40℃。

2. 关键材料和零部件产业化能力薄弱

我国燃料电池汽车经过近些年的发展，与国际先进水平相比，其在整车总体布置、氢气消耗量、动力性等基本性能方面已差距不大，在控制和动力系统的集成方面也有显著进步，但在关键零部件（如空压机、氢气循环泵、增湿器等）、关键材料（如催化剂、碳纸、质子交换膜、膜电极等）及工艺、低温冷起动、耐久性和整车集成等方面仍有明显差距。其中一部分产品开发多停留于实验室和样品阶段，产品性能和可靠性与国际先进水平存在较大差距，大部分关键材料和部件仍然依赖进口。

3. 燃料电池汽车成本仍然偏高

燃料电池系统成本是影响整车成本的最主要因素，约占整车成本的 50%。其中，电堆约占燃料电池系统成本的 65%，降低电堆和系统成本将是燃料电池汽车实现产业化发展的关键。受制于产业规模和国产化率，我国燃料电池成本仍然偏高。目前，国内电堆成本通常为 7000~10000 元/kW，系统成本为 15000~20000 元/kW，远高于丰田等企业的燃料电池成本。产生这一问题的原因是燃料电池各个配件的成本都很高，并需要大量应用贵金属 Pt 作为燃料电池的催化层。为了确保电池效能达标，需要保证其每个构件都满足特殊标准。因此，燃料电池组件必须满足高性能、高可靠性、低成本的条件，但就当下而言，燃料电池的低成本依然是主要努力方向。

4. 核心技术占有量低

我国在氢燃料电池汽车的质子交换膜燃料电池技术领域的专利申请量走在世界前列，但在该领域的专利权人均未能进入全球专利申请量的前十位。这说明我国氢燃料电池汽车虽然市场容量大，但研发团队在国际上仍处于劣势地位。此外，我国专利被引量不及美、日、德等技术领先国，体现了我国核心技术占有量低，影响力较小。加上我国缺乏技术优势明显的领军企业，企业自主创新能力不足，大量优势技术及人才资源掌握在科研院所及高校手中，导致技术转化及应用低。

5. 车用氢能供应体系尚未形成

我国氢能供应体系建设较为缓慢，从制氢、储运氢到加氢站的建设运营，以及政府管理等多方面仍存在障碍。副产氢和清洁可再生能源没有得到充分利用，车用高纯氢资源缺乏，氢气使用成本与传统汽车、电动汽车相比仍不具备市场优势，加氢站缺乏审批流程和统一规范，制氢、储运氢、加氢站的建设和运营成本高。

在氢气生产方面，主要有三种较为成熟的技术路线，但每一种技术路线各有优劣。第一种是以煤炭、天然气为代表的化石能源重整制氢。这是当前成本最低的制氢方式，但是煤制

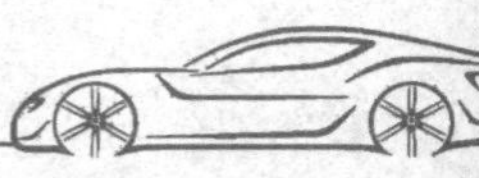

氢需要控制氢气制取环节的排放，而这需要结合碳捕集与封存CCS技术，只是当前国内CCS技术尚处于探索与示范阶段。天然气制氢成本受到天然气价格影响，我国“富煤、缺油、少气”的资源禀赋，仅有少数地区可以探索开展。第二种是以焦炉煤气、氯碱尾气、丙烷脱氢为代表的工业副产气制氢。该技术路线同样面临碳捕集与封存问题，从中长期看，钢铁、化工等工业领域需要引入无碳制氢技术以替代化石能源实现深度脱碳，它们将从氢气供给方变为需求方。第三种是电解水制氢，其年制氢规模占比约为3%。电解制氢技术主要有水电解槽、质子交换膜水电解槽和固体氧化物水电解槽。水电解槽技术最成熟，其成本和排放依赖于电的来源，若想保持全生命周期内制氢的零排放，使用可再生能源制氢的电力电解制氢有望成为未来最佳的制氢方式。

对于储氢技术，目前也有待突破。根据Bique等的研究结果预计，到2050年，与当今首选的氢气化技术相比，液态储存将降低氢的价格。此外，目前还在研究开发多种储氢技术，其中包括物理存储方法：中压气体（350×10^5Pa）、高压气体（700×10^5Pa）、低温压缩氢气和基于材料的存储系统，如何降低费用和提高储氢性能是研究的热点。最近，学者们在尝试用不同类型的材料来存储氢，如合金、金属有机骨架、纳米管、碳基材料（石墨烯、纳米带、纳米纤维等）及各种不同的多孔材料。

相关资料研究表明，加氢站的建设成本约为2000万元，这比加油站的成本要高得多，其中60%的资金都用于加氢站的维护。因此，目前加氢站的建设和运行都需要政府财政的支持。

思考题

5-1　生命周期成本测算方法有哪些？请分别具体描述。

5-2　生命周期评价的主要步骤有哪些？请分别概述。

5-3　国际标准化组织、美国国家环境保护局和环境毒理学与化学学会都比较认可的“三步走”影响评价模型是什么？请具体描述。

5-4　对于生命周期成本构成有哪几种分类方法？

5-5　中国与国际对于生命周期评价的定义分别是什么？

5-6　对氢燃料电池技术进行生命周期分析的重要性是什么？

5-7　生命周期分析对于评估氢燃料电池技术的经济和环境效益有何重要性？

5-8　燃料周期（WTW）分为两几个阶段？请简要说明。

第6章　氢燃料电池汽车车身总布置设计及优化

随着能源危机及环境污染问题的加剧，节能、环保已经成为当前汽车行业发展的方向。目前，我国的燃料电池汽车在整车集成方面与国外还存在一定的差距，本章参考国内外现有的整车布置技术，提出氢燃料电池汽车整车布置方案。燃料电池汽车车身总布置设计主要包含动力系统（包括驱动电机、电堆、动力蓄电池）、燃料电池系统、车载储氢系统、水循环系统和辅助系统的布置。

6.1　燃料电池汽车车身总布置基本原则

汽车的性能不仅取决于构成汽车的各零部件的性能，还取决于整体布局的各零部件的协调配合，总布局的水平对汽车的质量、使用性能和寿命具有决定性的作用。现代汽车整车总布置设计的内容包括以下几方面：

1）从技术规范、可制造性和安全实用角度出发，选择良好的性能指标及合适的质量和关键尺寸参数。

2）每个零部件的合理布局和运动分析。

3）计算和控制整车性能，确保实现车辆的关键性能指标。

4）进行整车优化，确保整车性能指标和安全性满足设计要求。

总布置设计的原则和目标包括以下几方面：

1）汽车选择应基于现有汽车型号，进行合理的改进。

2）根据详细的市场研究、使用研究、制造工艺研究、原型结构分析和性能分析，综合技术和类似产品分析进行选择。

3）利用现有成熟的先进技术和结构，对现有基础的原始车型和进口车型进行分析比较，继承优势，消除缺点，开发出新车型。

4）设计必须符合相关标准、规范、法规和法律，不得侵犯他人专利。

5）努力将零件标准化，并将产品量产化。

处于设计阶段最上位的整车总布置设计，对汽车性能和设计质量的影响最为深刻。在现代汽车设计中，总布置设计工作主要是提出整体设计方案，合理安排和布置各种部件。

燃料电池汽车的动力系统设计需要满足以下条件：

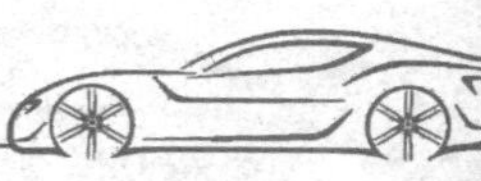

1）电机输出功率应始终满足驱动燃料电池汽车所需的功率。

2）燃料电池系统在最佳运行范围内工作，以实现最佳经济性。

3）峰值电源应处于合理的运行状态以满足燃料电池汽车的功率要求，从而确保动力性。

4）在燃料电池轿车的总体参数确定之后，总布置设计就可以全面展开，进行各总成及部件在统一整车系统中的布置，以进一步确定整车总体参数。

6.2 燃料电池汽车车身总布置设计方案

6.2.1 整车总布置方案

燃料电池轿车动力系统的总布置包括电堆、高压储氢瓶、空压机、增湿单元、冷却水箱、DC/DC 变换器、电机、控制单元及蓄电池。

1. 方案一

图 6-1 所示为一种燃料电池轿车整车总布置方案，它包括电堆 1、高压储氢瓶 2、空压机 3、增湿单元 4、冷却水箱 5、DC/DC 变换器 6、电机 7、控制单元 8 及蓄电池 9。电堆 1 分别连接空压机 3、增湿单元 4 和 DC/DC 变换器 6；增湿单元 4 与高压储氢瓶 2 相连；冷却水箱 5、DC/DC 变换器 6、电机 7、控制单元 8 和蓄电池 9 设在轿车前舱内；控制单元 8 分别连接 DC/DC 变换器 6、电机 7 和蓄电池 9；电机 7 与轿车前轮相连。在该方案中，燃料电池轿车采用前驱的驱动方式，它由高压储氢瓶提供氢气，后部则由空压机提供空气。在燃料

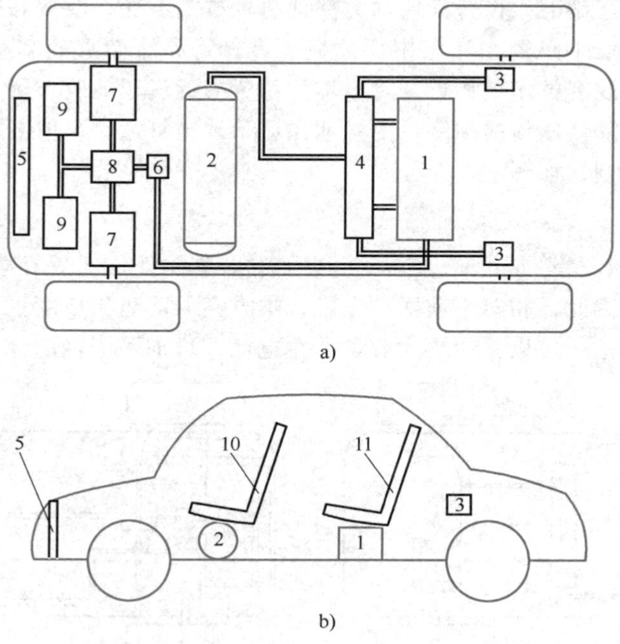

图 6-1　燃料电池轿车整车总布置方案一

1—电堆　2—高压储氢瓶　3—空压机　4—增湿单元　5—冷却水箱　6—DC/DC 变换器
7—电机　8—控制单元　9—蓄电池　10—前排座椅　11—后排座椅

电动轿车处于低负荷时，电堆多余发电量可用于蓄电池充电；而在轿车处于高负荷时，若电堆供电量不足，可由蓄电池补充能量驱动电机，从而简化了氢气和空气供给路线，优化了能量匹配。设有两个电机，和两个蓄电池分别对称布置在控制单元的两侧，使车辆具有良好的平顺性和操稳性。设有两个空压机，对称设置在轿车尾部，不仅能降低车内噪声，还增加了车内和行李舱空间。燃料电池轿车内设有前排座椅 10 和后排座椅 11，高压储氢瓶 2 设置在前排座椅 10 下方，电堆 1 设置在后排座椅 11 下方，这样不但可以保证行李舱的空间，也能使高压储氢瓶不易受到直接碰撞，提高安全性。

燃料电池轿车动力系统的布置大都是在传统内燃机轿车上改进的，但是这些轿车的动力系统布置不够优化，造成轿车内部空间的缩小和轿车高度的增加。同时，燃料电池轿车大都将高压储氢瓶放置在轿车后部，被追尾时可能造成安全问题。方案一提出的总布置在确保安全的前提下提供了一种可以优化的能量匹配策略，例如，优化轿车内部结构、提高车辆动力性的燃料电池轿车动力系统。

方案一与现有技术相比，具有以下优点：

1）动力系统简化了燃料和氧化剂供给路线，可以优化能量匹配。

2）动力系统针对性强，更加适用于燃料电池轿车。

3）动力系统的布置降低了车身高度和车内噪声，增加了车内和行李舱空间，提高了安全性，加上对称布置，因此车辆具有良好的平顺性和操稳性。

4）将高压储氢瓶设置在前排座椅下方，不但节约空间，也能使高压储氢瓶不易受到直接碰撞，安全性高。

2. 方案二

在方案一的设计基础上，保持其他动力部件布置方式不变，改变高压储氢瓶和氢燃料电堆的布置形式，将电堆 1 布置在汽车中部地板下方，将高压储氢瓶 2 布置在后排座椅的后方。这种布置方式与现有技术最相近，将电堆的位置靠近汽车前舱布置，有利于电路线束的安全，并且可以适当降低座椅的高度，更好地保证了乘坐舒适性，但高压储氢瓶的布置会对行李舱空间有一定限制，如图 6-2 所示。

3. 方案三

如图 6-3 所示，本方案将电堆、空压机以及增湿单元整体布置在燃料电池轿车的前舱中，将蓄电池后置。因此，相对于前两种方案，本方案的前舱集成度更高。由于将原来布置电堆的空间放置蓄电池，可以采用更大容量的蓄电池，增加了车辆的续航能力。

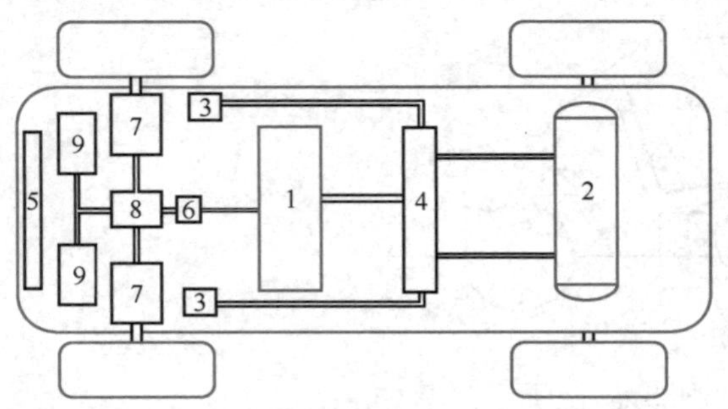

图 6-2　燃料电池轿车整车总布置方案二

（图注 1~9 同图 6-1）

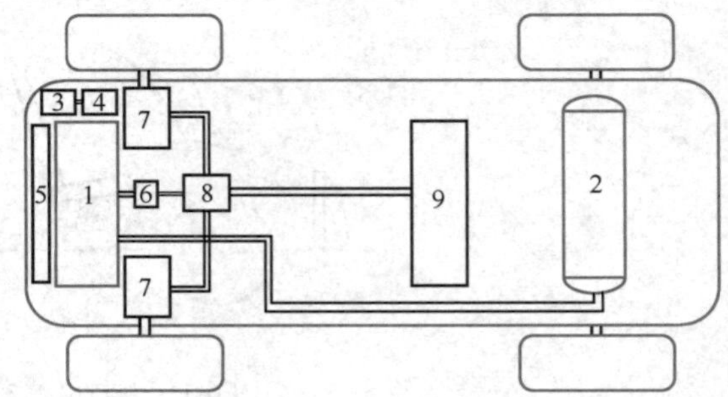

图 6-3　燃料电池轿车整车总布置方案三

（图注 1~9 同图 6-1）

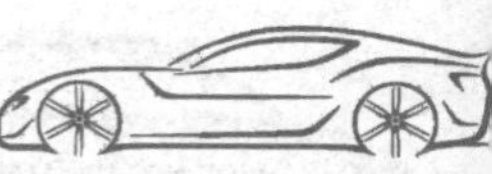

4. 方案四

如图 6-4 所示，本方案在方案三的基础上，采用前舱集成化设计，主要区别在于蓄电池和高压储氢瓶的布置位置互换，采用一大一小两个高压储氢瓶。该方案是采用高压储氢系统的模块化设计方案，由于蓄电池被布置在行李舱底部，可将其设计成板状结构，从而在空间上使行李舱有足够的存储空间，加上一大一小两个储氢瓶的布置，可使空间利用率增加。

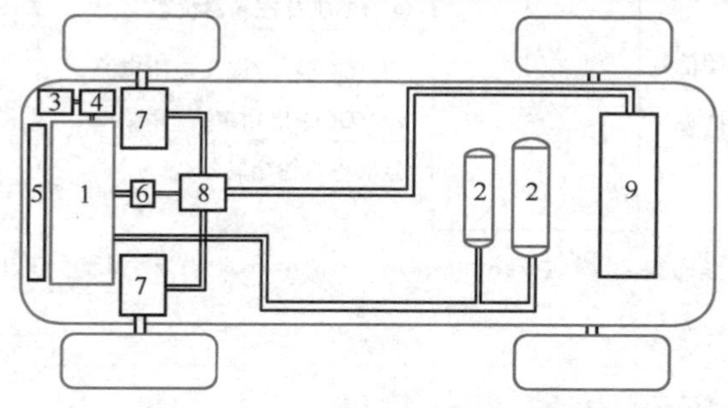

图 6-4　燃料电池轿车整车总布置方案四

（图注 1~9 同图 6-1）

6.2.2　整车控制方案设计

整车控制对于氢燃料电池汽车尤为重要，其控制系统需要根据点火信号及加速踏板和制动踏板给出的信号，及时做出反应，协调各个动力部件的工作关系，使燃料电池电堆和动力蓄电池协调配合，稳定输出功率，确保车辆平稳并在多种工况下行驶。

燃料电池汽车的整车控制方案如图 6-5 所示。整车控制器 VMS（图 6-6）在收到点火开关信号、加速踏板模拟信号、制动踏板模拟信号后，可以通过 I01 口向电磁阀提供信号，同时对继电器 S1 提供信号，以控制电磁阀和继电器的开闭状态。通过 CAN 总线不仅可以分别获取燃料电池系统的控制器状态、DC/DC 控制器的信号及动力蓄电池信号等，还可以控制驱动电机的输出转矩和 DC/DC 变换器的输出功率，从而实现对整车行驶驱动的控制及在不同工况下对电池系统的能量补充。

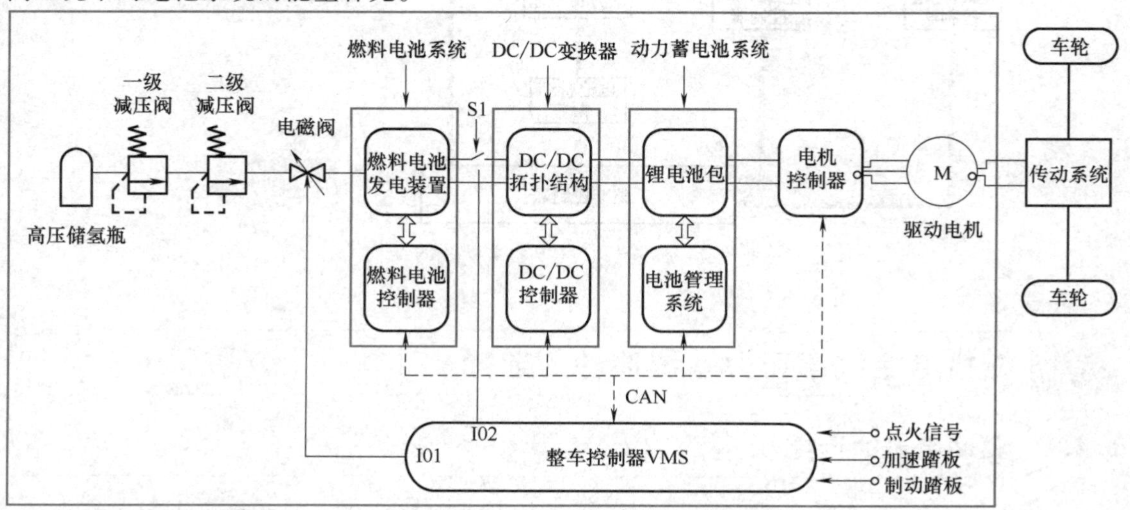

图 6-5　整车控制方案

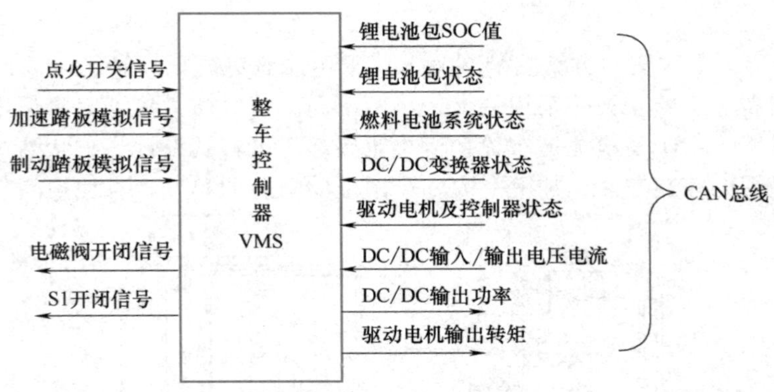

图 6-6 整车控制器（Vehicle Management System，VMS）输出信号图

6.3 燃料电池汽车动力系统的设计

如图 6-7 所示，氢燃料电池汽车的动力系统配置主要包括低温质子交换膜燃料电池、动力蓄电池、驱动电机、传动系统及 DC/DC 变换器，以及各种部件控制器和相关电子设备。当整车控制器收到加速踏板或制动踏板的转矩或动力请求信号时，它将控制燃料电池、辅助电源（电池）和驱动系统之间的能量，进而控制驱动电机的转矩（功率）输出。当车辆处于制动模式时，驱动电机会将制动时产生的多余能量转化为电能，并把这些能量储存在动力蓄电池中，但在车辆快速加速模式（峰值功率指令）下，燃料电池和蓄电池都需要给驱动电机提供驱动功率，从而为车辆提供驱动力，以保证其正常驾驶。

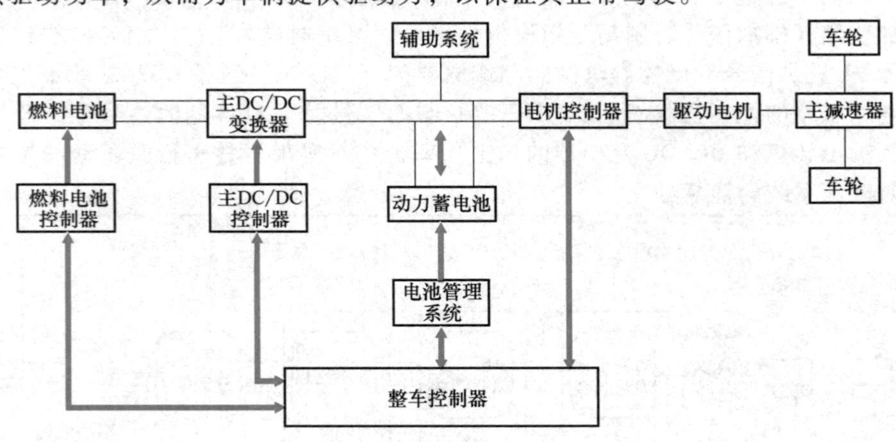

图 6-7 燃料电池汽车动力系统的结构

6.4 燃料电池汽车动力系统部件的选择

6.4.1 驱动电机的选择

氢燃料电池汽车中应用的驱动电机可以把电能转化为机械能，它需要满足以下条件：

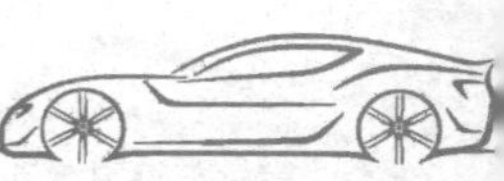

1）能频繁地使燃料电池汽车起动和停止，并在整车控制器收到信号时，可以快速做出反应，提供大转矩。

2）具有高变化率的加速度和减速度，确保各种状态能平滑切换，同时功率密度高，运行速度范围较宽，安全性好且方便维护。

驱动电机的分类如图 6-8 所示。

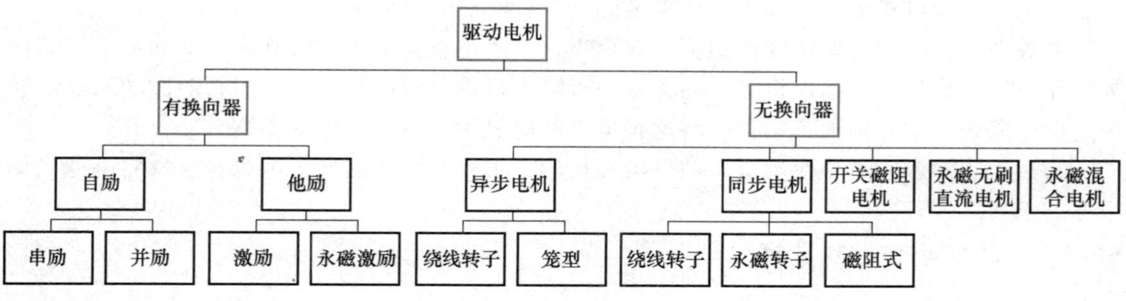

图 6-8 驱动电机的分类

从目前来看，新能源汽车驱动电机主要包括直流电机、三相交流感应异步电机、永磁同步电机和开关磁阻电机，其性能比较见表 6-1。

表 6-1 新能源汽车驱动电机性能比较

比较内容	电机类型			
	直流电机	三相交流感应异步电机	永磁同步电机	开关磁阻电机
功率密度	低	一般	好	一般
转矩、转速特性	一般	好	好	好
转速范围	小	一般	大	最大
效率	低	一般	高	一般
易操作性	最好	好	好	好
可靠性	差	好	好	好
成本	高	低	高	较高
电机尺寸	大	一般	小	小
电机质量	大	一般	小	小
综合性能	差	一般	最好	好

直流电机通常用于电动车辆，具有成本低、速度可变可控、安全性高、适应频繁起动和停止以及技术稳定成熟的特点。直流电机的主要缺点是换向时需要用到电刷和转向换向器；在运行期间不仅会产生火花，也会造成机械磨损，导致电机的最大容量受限。但使用晶闸管整流器电源可增加直流电机的可用性，因而在氢燃料电池汽车领域占有一席之地。

异步电机技术是比较成熟的一种驱动技术，它不需要换向器，在结构方面比较简单，并且体积小、重量较轻，布置时不会占用过多空间，安全性很高，具有很高的效率，耐久性好。这些特征对于氢燃料电池汽车非常重要。笼型电机和绕线转子电机都是异步电机，其价格昂贵、耐久性差，需要大量维护。三相交流感应异步电机在低速时的效率比永磁同步电机和开关磁阻电机低一些。

永磁同步直流电机由于采用永磁体机构，速度快，效率高，输出密度大，适用于混合动力汽车和氢燃料电池汽车。永磁同步电机采用正弦波电流驱动，在电气和机械方面都更加安静，几乎没有转矩脉动。当前的电动和混合动力汽车大都采用永磁同步直流电机，其主要优点是体积小、质量小、功率密度大，不仅减少了对车载空间的占用，还能满足电动汽车的频繁起停要求，在功率因数、效率等方面占优，并且维护成本低，使用寿命长，噪声低。综合来看，永磁同步电机更适合用于氢燃料电池汽车，它能满足要求。

开关磁阻电机的可调速度范围宽、效率高，结构也较为坚固，因其成本低和易于控制而被看作是以后比较可行的电机。然而，开关磁阻电机难以解决起动时的大转矩脉动和电磁噪声这两个问题，就目前而言，很少将这种类型的电机用于氢燃料电池车辆。

通过上述对各种类型驱动电机的分类和比较，可以看出永磁同步电机是氢燃料电池汽车很好的选择之一。

6.4.2 动力蓄电池的选择

氢燃料电池汽车动力系统中的动力蓄电池及其管理系统是不可或缺的组件。在氢燃料电池汽车中，电池的比功率（单位电池质量的最大功率）是动力蓄电池选择的主要技术条件。在电动汽车中，比能量（单位质量的能量容量）是关键条件，因为它限制了车辆的最大续驶里程。

氢燃料电池汽车所用的电池类型主要有铅酸电池、镍基电池和锂基电池。

铅酸动力蓄电池在汽车相关领域应用较广，其优点是制造成本低，技术和制造工艺成熟可靠，输出能量较高，电流输出特性优良，耐高温、低温，能效高。但它也有许多缺点，如温度特性差，有一定的腐蚀性，以及电池工作寿命短。

镍基电池主要包括镍铁、镍锌、镍镉和镍金属氢化物（NiMH）电池，其中以镍镉电池的应用较多。镍镉（NiCd）电池的负极是金属镉，正极为氢氧化镍（NiOOH），其主要优点如下：

1）比功率高（>220W/kg）。

2）具有较高的耐用程度。

3）可适应多种不同的工作温度，电池工作寿命长。

4）具有高速的充电能力，可在 18min 内达到 50%的容量。

5）放电过程中电压稳定。

6）腐蚀性小，设计方便，储电能力好。

然而，镍镉电池也有一些缺点：单体电压相对较低，制造成本高，金属镉元素有毒性。镍氢电池（NiMH）和镍镉电池的区别在于它吸收和使用来自金属氢化物的氢，其优点可归纳为比功率高（200~300W/kg）和比能量高。

锂基动力蓄电池主要有 Li-I 和 Li-P 两种类型，其中 Li-I 蓄电池处于研究起步阶段。它具有高的能量密度，并且对环境无危害，因此应用的可能性较高，其反应式为

$$Li_xC+Li_{1-x}M_yO_z \leftrightarrow C+LiM_yO_z \tag{6-1}$$

Li-I 蓄电池的电解质是有机溶液或固态聚合物的混合液，而 Li-P 蓄电池采用锂金属当作负极，将金属嵌入氧化物 M_yO_z 作为正极，反应式为

$$xLi+M_yO_z \leftrightarrow Li_xM_yO_z \tag{6-2}$$

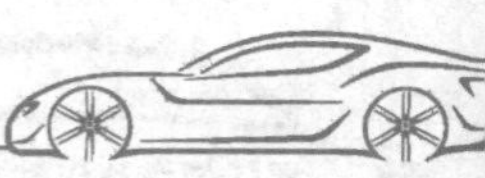

锂电池具有以下优点：

1）锂电池单体电压是镍氢电池的三倍。与其他电池组相比，锂离子电池制造具有相同电压的电池组，可以有较少数量的单体电池，并在电池一致性方面具有显著优势。

2）可循环使用，工作寿命长。

3）储存电量的能力强。

4）能量密度高。

5）可适应高功率充放电，保证车辆的频繁起动和加速。

6）储电能力强。

7）对温度的适应性强。

8）环保性能好，对环境污染小。

但是锂离子电池的成本较高，生产难度较大。

通过上述对铅酸电池、镍基电池和锂基电池的分析可知，锂电池作为氢燃料电池汽车的动力蓄电池，其安全性和可靠性都更具优势。

6.4.3　燃料电池的选择

各种燃料电池性能比较见表6-2，其优缺点对比见表6-3。

表6-2　各种燃料电池性能比较

燃料电池种类	电解质	工作温度/℃	效率（%）
质子交换膜燃料电池（PEMFC）	固态聚合物（含氟PEM）	80～100	>60
直接甲醇燃料电池（DMFC）	三氟甲烷磺酸或PEM	50～100	40
碱性燃料电池（AFC）	KOH	50～200	70
熔融碳酸盐燃料电池（MCFC）	$(Li/Na/K)CO_3$	650～700	>60
固体氧化物燃料电池（SOFC）	ZrO_2-Y_2O_3	1000～1200	>60
磷酸燃料电池（PAFC）	H_3PO_4	100～200	40

表6-3　各类燃料电池优缺点对比

燃料电池种类	优点	缺点
质子交换膜燃料电池（PEMFC）	可低温运行，对氢燃料电池汽车可期望快速起动性能；功率密度高；固态电解质不发生变化、迁移；可将空气用作氧化剂，无腐蚀性，使用寿命较长	催化剂成本高，高价聚合物膜；催化剂易于中毒
直接甲醇燃料电池（DMFC）	甲醇是液态燃料，易于储存；甲醇不仅可以从丰富的矿物资源中提取，也可从农产品中再生制造，来源广	功率密度低；功率响应慢；效率不高

（续）

燃料电池种类	优点	缺点
碱性燃料电池（AFC）	内部的催化剂和电解液的成本低，在运行效率和快速起动方面性能好	电解液的腐蚀性会造成安全隐患，电池在连续长时间工作时性能下降
熔融碳酸盐燃料电池（MCFC）	空气可以被用作氧化剂，催化剂成本可控	只能在温度较高的范围内工作
固体氧化物燃料电池（SOFC）	空气可以被用作氧化剂，使用静态电解质	工作温度较高
磷酸燃料电池（PAFC）	可适应低温运行，电解液成本低，起动时间短	效率不高，催化剂采用昂贵的 Pt

6.5 燃料电池汽车动力系统部件参数计算

6.5.1 驱动电机参数的确定

驱动电机是驱动氢燃料电池汽车行驶的重要动力部件，为了使车辆在各种操作条件下保持稳定运行，电动车辆发动机的外部特征通常包括以下两点：低于额定速度时以恒定转矩运行；高于额定转速时，保持恒定功率。根据整车性能要求和驱动电机的设计目标，结合氢燃料电池汽车不同工况的工作特点及动力需求，需要确定的参数包括额定功率（驱动电机输出功率）P_e、峰值功率 P_{max}、额定转速 n_e、峰值转速 n_{max}、额定转矩 T_e 和峰值转矩 T_{max} 等六个主要参数。

1. 额定功率、峰值功率

额定功率即电机在正常状态下稳定输出的功率；峰值功率即电机所能达到的最高功率。驱动电机的使用工况和使用条件要求电机能长时间工作在额定功率状态下，同时峰值功率要满足短时间的动力高需求。通常根据汽车的最高车速计算驱动电机的额定功率，而驱动电机峰值功率计算包括三部分：最高车速对应的峰值功率、最大爬坡度对应的峰值功率以及满足加速性能对应的峰值功率，三者中数值最大的即为驱动电机最大功率。

（1）额定功率　即驱动电机输出功率。

根据汽车行驶平衡方程可知：

$$F_t = F_f + F_w + F_i + F_j \tag{6-3}$$

式中，F_t 为汽车驱动力（N）；F_f 为汽车行驶的空气阻力（N）；F_w 为汽车行驶的空气阻力（N）；F_i 为汽车行驶的坡度阻力（N）；F_j 为汽车行驶加速阻力（N）。

根据汽车行驶方程式，驱动电机输出功率 P_e 可由下式计算：

$$P_e = \frac{1}{3600\eta_\tau}\left(mgfu_a\cos\theta + mgu_a + \frac{C_D A u_a^3}{21.15} + \delta m u_a \frac{du}{dt}\right) \tag{6-4}$$

式中，P_e 为驱动电机输出功率（kW）；η_τ 为传动系数；m 为整车质量（kg）；f 为滚动阻力

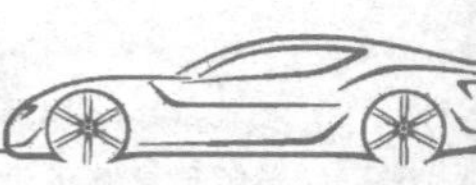

系数；C_D 为空气阻力系数；A 为迎风面面积（m^2）；u_a 为汽车行驶车速（km/h）；θ 为坡度（°）；δ 为旋转质量换算系数；du/dt 为车辆加速度（m/s^2）；g 为重力加速度，取 $9.8m/s^2$。

（2）峰值功率　驱动电机的峰值功率要同时满足车辆最大爬坡度、加速性能和最高速度的要求。

1）峰值功率要满足车辆最大爬坡度的要求。车辆以较低车速沿最大坡度行驶时，加速阻力和空气阻力均忽略不计，则有

$$P_{\mathrm{eimax}}=\frac{1}{3600\eta_{\tau}}(mgfu_{\mathrm{a}}\cos\theta_{\max}+mgu_{\mathrm{a}}\sin\theta_{\max}) \tag{6-5}$$

式中，P_{eimax} 表示最大爬坡度时的需求功率（kW）；u_a 表示满足最大爬坡度要求行驶时的最低稳定车速（km/h），$\tan\theta_{\max}$（$\sin\theta_{\max}/\cos\theta_{\max}$）为汽车的最大爬坡度。

2）峰值功率要满足加速性能的要求。在汽车加速性能测试中，汽车一般在水平路面上行驶，坡度阻力可忽略不计，则有

$$P_{\mathrm{ea}}=\frac{1}{3600\eta_{\tau}}\left(mgfu_{\mathrm{a}}+\frac{C_{\mathrm{D}}Au_{\mathrm{a}}^{3}}{21.15}+\delta mu_{\mathrm{a}}\frac{\mathrm{d}u}{\mathrm{d}t}\right) \tag{6-6}$$

式中，P_{ea} 为加速过程中的最大需求功率（kW）。

同时，由经验公式求得瞬时车速：

$$v=v_{\mathrm{m}}\left(\frac{t}{t_{\mathrm{m}}}\right)^{x} \tag{6-7}$$

式中，v_{m} 为车辆的末速度（km/h）；t 为加速过程中某一时刻所对应的时间；t_{m} 为汽车从初速度到末速度的加速时间（s）；x 为拟合系数，取 0.5。

由于汽车的阻力功率在加速末端达到最大，此时驱动电机所需功率也达到最大。根据迭代法代替求导过程，同时合理控制步长宽度，即可保证工程计算精度满足要求。因此，最大功率需求 P_{ea} 可表示为

$$P_{\mathrm{ea}}=\frac{1}{3600\eta_{\tau}}\left\{mgfu_{\mathrm{a}}+\frac{C_{\mathrm{D}}Au_{\mathrm{a}}^{3}}{21.15}+\frac{\delta mu_{\mathrm{a}}^{2}}{3.6\mathrm{d}t}\left[1-\left(\frac{t_{\mathrm{m}}-d_{\mathrm{t}}}{t_{\mathrm{m}}}\right)^{x}\right]\right\} \tag{6-8}$$

式中，d_{t} 为步长宽度，取 0.1s；δ 为旋转质量换算系数，取 1.04。

3）峰值功率要满足最高车速的要求。在最高车速状态下，驱动电机达到最大功率，忽略加速阻力和坡度阻力，则有

$$P_{\mathrm{eumax}}=\frac{1}{3600\eta_{\tau}}\left(mgfu_{\max}+\frac{C_{\mathrm{D}}Au_{\max}^{3}}{21.15}\right) \tag{6-9}$$

式中，P_{eumax} 为最高车速时的需求功率（kW），$u_{\max}$ 为最高车速（km/h）。

燃料电池驱动电机的最大输出功率应同时满足最大爬坡度、加速性能和最高车速的要求，即驱动电机的最大功率应满足：

$$P_{\max}\geqslant\{P_{\mathrm{eimax}},P_{\mathrm{ea}},P_{\mathrm{eumax}}\} \tag{6-10}$$

由驱动电机的峰值功率根据以下公式求出额定功率：

$$P_{额}=\frac{P_{\max}}{\lambda} \tag{6-11}$$

式中，λ 为电机过载系数，通常取 2~3。

2. 额定转速、峰值转速

额定转速和峰值转速对电机生产成本、维修保养及传动系统的匹配结果等都有影响。

（1）峰值转速　驱动电机根据峰值转速的不同可分为两种类型：峰值转速低于6000r/min的普通低速电机和峰值转速高于6000r/min的高速电机。普通低速电机生产制造工艺相对简单，对配套使用的部件，如齿轮、轴承等的制造精度要求都较低，因此成本较低；高速电机对工作环境的要求较严苛，增加了电机维护保养的成本和难度，同时也需要匹配更复杂的传动系统以达到传动要求。

计算驱动电机的峰值转速 n_{max} 由下式求得，即

$$n_{max}=\frac{v_{max}i_0}{0.377r} \tag{6-12}$$

式中，v_{max} 为最高车速（km/h），i_0 为最小传动比。

（2）额定转速　根据氢燃料电池汽车的运行工况、工作特性和传动效率等因素，其所用的驱动电机额定转速多在4000r/min以下。

由驱动电机的峰值转速根据以下公式求出额定转速：

$$n_e=\frac{n_{max}}{\beta} \tag{6-13}$$

式中，β 为电机扩大恒功率区系数；n_e 为驱动电机额定转速。

降低驱动电机额定转速，在低转速区电机可以获得较大的转矩，能够提高氢燃料电池汽车的动力性；但是随着 β 值的增大，驱动电机工作电流也将增大，这不仅会加剧功率损耗，也不利于驱动电机的使用安全性，因此 β 值不宜过高。根据经验，β 值一般取2~3。

3. 额定转矩、峰值转矩

额定转矩、峰值转矩根据下式求得，即

$$P_e=\frac{T_{tq}\times n_e}{9550} \tag{6-14}$$

式中，P_e 为驱动电机的输出功率（kW）；T_{tq} 为驱动电机的转矩（N·m）；n_e 为驱动电机的额定转速（r/min）。

6.5.2　燃料电池参数的确定

氢燃料电池系统的功率选择对于氢燃料电池汽车动力系统的总布置设计很重要。如果氢燃料电池系统的功率过大，则会造成整车制造成本增加；如果氢燃料电池系统的功率过小，则会导致动力蓄电池在某些高功率条件下的功率增加。最终的结果是动力蓄电池组过多，造成整车质量过大，成本高，并使整个车辆动力系统的布置变得困难。

氢燃料电池汽车是由燃料电池电堆提供平均功率，并由动力蓄电池在重负载条件（加速、爬山）下供应辅助功率。实际上，氢燃料电池汽车的燃料电池必须能够以最大速度供电，以便操作车辆。

6.5.3　动力蓄电池参数的确定

动力蓄电池使用锂离子蓄电池，根据车辆设计规格确定其动力需求和能量需求。氢燃料

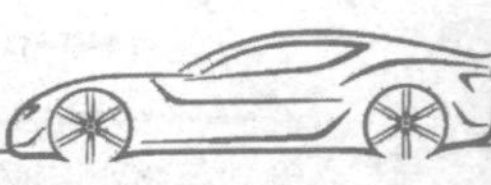

电池和动力蓄电池共同满足最大功率要求。因此，驱动电机的最大输出与氢燃料电池的最大输出之差不应大于动力蓄电池的最大输出。

设定动力蓄电池可以单独驱动汽车以 60km/h 的速度行驶 80km，以确保汽车在燃料电池故障或无法使用的情况下仍可行驶。根据以下公式：

$$P_{\mathrm{d}}=\frac{1}{\eta_{\mathrm{T}}}\left(\frac{Gfu}{3600}+\frac{C_{\mathrm{D}}Au^{3}}{76140}\right) \tag{6-15}$$

$$W_{\mathrm{d}}=\frac{P_{\mathrm{d}}\times S}{60} \tag{6-16}$$

$$W_{\mathrm{b}}=\frac{UC\times\eta_{\mathrm{DOD}}}{1000} \tag{6-17}$$

计算得出动力蓄电池的容量 C 为 41A · h。

6.6　燃料电池汽车供氢系统的布置及设计

6.6.1　燃料电池汽车供氢系统的布置方案

氢燃料电池汽车供氢系统布置方式的依据是整车的总布置，图 6-9 和图 6-10 所示为两种不同的供氢系统在燃料电池汽车中的布置方案。简言之，燃料电池汽车结构可分为动力系统和供氢系统。其中，驱动轮和 DC/DC 变换器可以归为燃料电池汽车动力系统，高压储氢瓶为供氢系统主要部件。从图 6-9 和图 6-10 中可以看出，两种供氢系统分别是车载制氢式供氢系统和车载储氢式供氢系统。

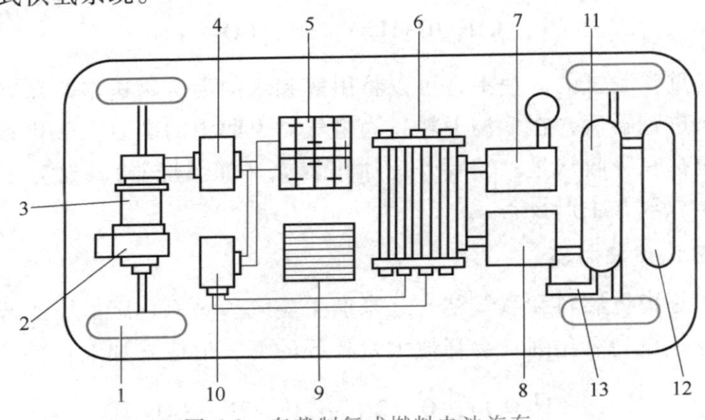

图 6-9　车载制氢式燃料电池汽车

1—车轮　2—传动系统　3—驱动电机　4—功率逆变器　5—辅助电源（锂电池）　6—燃料电池电堆　7—空气分离制氧装置　8—氢气管理系统　9—整车控制器　10—DC/DC 变换器　11—车载甲醇制氢装置　12—甲醇储存罐　13—H_2 净化装置

6.6.2　车载制氢式供氢系统

1. 甲醇水蒸气重整制氢

在水蒸气重整的化学过程中，通过烃燃料和热蒸汽之间的化学反应产生氢。首先进行的

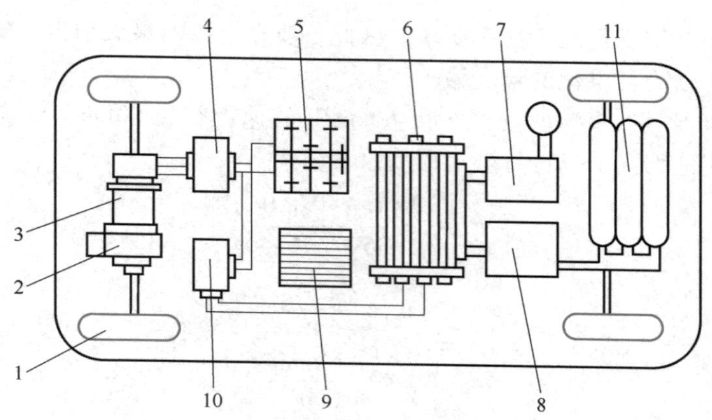

图 6-10　车载储氢式燃料电池汽车

1—车轮　2—传动系统　3—驱动电机　4—功率逆交器　5—辅助电源（锂电池）
6—燃料电池电堆　7—空气分离制氧装置　8—氢气管理系统　9—整车控制器
10—DC/DC 变换器　11—车载甲醇制氢装置

是分解反应，它需要在不低于 600℃的环境中进行并吸热，反应方程式如下：

$$CH_3OH \rightarrow 2H_2 + CO \tag{6-18}$$

该反应是吸热反应并产生 CO，CO 又会污染燃料电池电解质。因此，该反应还需要再进行转化反应，反应方程式如下：

$$CO + H_2O \rightarrow H_2 + CO_2 \tag{6-19}$$

综上所述，整个过程可表示为

$$CH_3OH + H_2O \rightarrow 3H_2 + CO_2 \tag{6-20}$$

在甲醇水蒸气重整制氢的方法中，可以将甲醇和水的混合物送至蒸发器并加热以形成二者的混合气，引入重整器后，在低温下转化为氢气。甲醇中的碳以二氧化碳的形式排出。然而，由于整个反应都在吸收热量，需要外部加热装置（如燃烧器），这对于快速起动是不利的，也不适用于车载氢气生产设备。

2. 甲醇部分氧化重整制氢

部分氧化重整是指将燃料和氧气结合起来产生氢气和一氧化碳。甲醇部分氧化重整制氢的方法通常使用空气作为氧化剂，会释放大量稀释的氮，反应式如下：

$$CH_3OH + \frac{1}{2}O_2 + 2N_2 \rightarrow 2H_2 + 2N_2 + CO_2 \tag{6-21}$$

该反应动态响应很快，但产生的氢气量小于蒸汽重整的氢气量。由于该反应会放热，其工作温度相对较高（可达 800℃），易产生散热问题，从而影响上述方法在车载制氢装置上的应用。

3. 甲醇自热重整制氢

水蒸汽重整制氢方法需要加热，导致温度高，而部分氧化重整制氢方法释放大量热量，会使余热处理变得困难。将两种自加热重整方法组合，使得水蒸气重整反应吸收的热量与部分氧化重整反应释放的热量平衡，其原理如图 6-11 所示。甲醇自热重整制氢的方法结合了甲醇部分氧化和甲醇水蒸气重整的反应过程，其反应式如下：

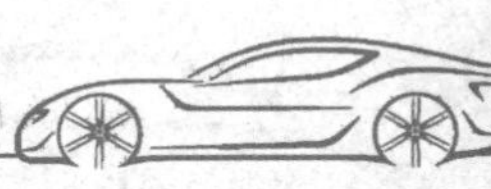

$$CH_3OH+(1-2n)H_2O+nO_2 \rightarrow CO_2+(3-2n)H_2 \quad (0<n<0.5) \tag{6-22}$$

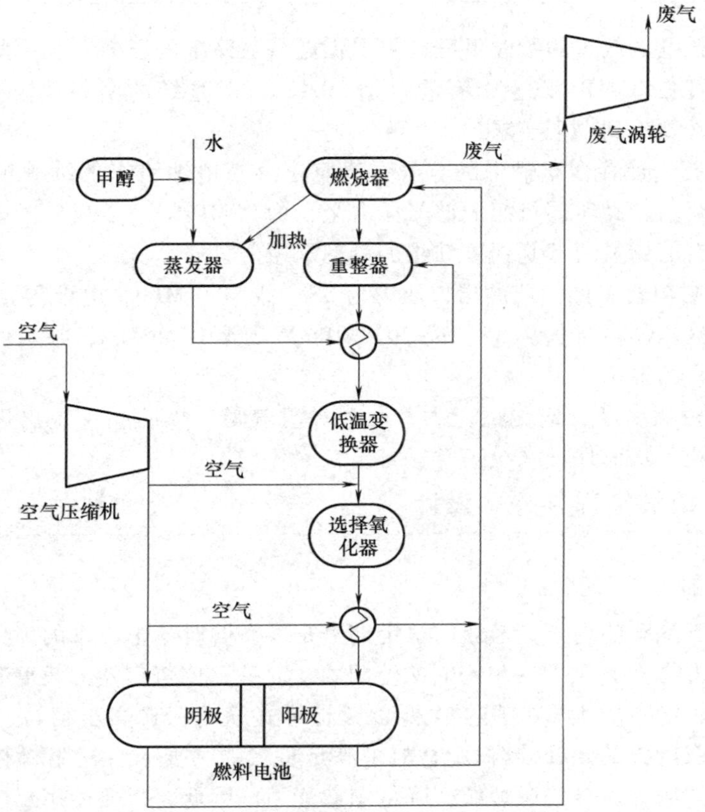

图 6-11　车载甲醇自热重整制氢系统原理

6.6.3　车载储氢式供氢系统

储氢式供氢系统将氢气储存在高压储氢瓶中，以供应给燃料电池系统。如前所述，当前主要的储氢技术有压缩气体储氢、液氢储存、金属氢化物储存和碳基储氢技术等。

6.7　供氢系统方案设计

高压储氢是目前储存纯氢最简单且最常用的方法。考虑到车辆续驶里程要求，参考现有整车的储氢量及续驶里程确定供氢方案及储氢量。

车载储氢式供氢系统的工作原理：氢供应系统向燃料电池提供必需的氢燃料，供应过程主要包括加氢和供氢两个工作过程，如图 6-12 所示。动力系统利用氢气和氧气（或空气）进行化学反应直接发电，并通过驱动电机来驱动汽车。此外，车载储氢式供氢应系统还需要氢气补充站来补充氢气。

图 6-12　车载储氢式供氢系统的工作原理

6.7.1 供氢系统的功能要求

为了增加燃料电池汽车的续驶里程，需要提高供氢系统的压力。几乎所有燃料电池汽车供氢系统的压力都在35MPa以上，有的可达70MPa，对系统的密封性及安全性要求很高。因此，供氢系统必须达到以下要求：

（1）储氢功能　储存在车辆中的氢气量决定了燃料电池汽车的续驶里程，为了使车辆的续驶里程满足要求，高压储氢瓶的储氢压力至少为35MPa。由于氢分子非常小，并具有很高的渗透性，现有的储氢瓶都是铝碳纤维的卷型气瓶。

（2）压力控制功能　储氢瓶的出口压力为35（或70）MPa，电堆需要0.16MPa的氢气压力，因而需要减压器将氢气从35（或70）MPa减压至0.16MPa，并确保压力稳定性，以满足燃料电池汽车的要求。

（3）安全和检测功能　应测试压力、温度和氢气量，以防止系统出现泄漏、过压、过热和过电流等问题，从而保证系统正常运行。

6.7.2 供氢系统的零部件方案设计

1. 高压储氢瓶（储氢功能）

为了获得用于汽车的高压储氢瓶的恒定储氢密度，同时考虑汽车的高压储氢瓶氢气填充装置的容量，压力通常选在35~70MPa的范围内。此外，储氢容器的长度和宽度受到车辆内部结构的影响，不能占用太多空间，主要以圆柱形式简化。在高压区域，可以使用质量更小，又具有高负载能力的碳纤维/树脂材料来满足负载能力要求。树脂材料在固化过程中会增加局部位置处的应力，导致微裂纹，降低承载能力。因此，需要使用尺寸稳定性和碳纤维黏合性较好的树脂，目前通常采用环氧树脂。储氢容器的内衬充当主要屏障，主要使用轻金属（铝和钛）或具有优异阻隔性能或涂有阻挡层的聚合物材料。

高压储氢容器的结构与多层压力容器相似，每层具有不同的功能，包括内衬、过渡层、纤维增强层、外纤维缠绕层、缓冲层。高压储氢容器典型结构如图6-13所示。其中，内衬主要用来阻止高压氢气渗透，过渡层减少了内衬和纤维增强层之间的剪切作用，在缠绕过程中应防止纤维脱落。为了防止压力负荷通过内衬传递到纤维增强层，导致纤维增强层承受大部分压力负荷，外纤维保护层一方面保护易碎纤维，另一方面增加与现有负载能力相对应的过剩强度以保证刚度。缓冲层用于减少处理和安装储氢容器时的冲击，图6-13中的缓冲层设置在外部，它具有许多嵌入结构。阀门和接缝与周围的管道相连，是氢气输入和输出的通道。

2. 氢气瓶组合阀（安全和检测功能）

为使系统更紧凑，组合阀门由多个电磁阀组成（发挥安全和检查的作用）。车载高压储氢瓶上的组合电磁阀由空气充填阀、电磁断路阀、手动断路阀、超流量自动断路阀、安全阀、温度传感器及压力传感器等构成，具体作用如下：

（1）空气充填阀　其作用是连接加氢站的氢气接口。填充气体后，阀门机构自动打开；气体填充结束后，它自动关闭，供氢站的接口与膨胀阀分离。

（2）电磁断路阀　汽车发动机运转时，阀门打开；发动机不工作时，阀门关闭。

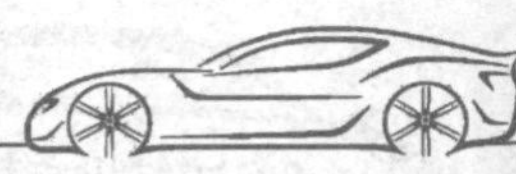

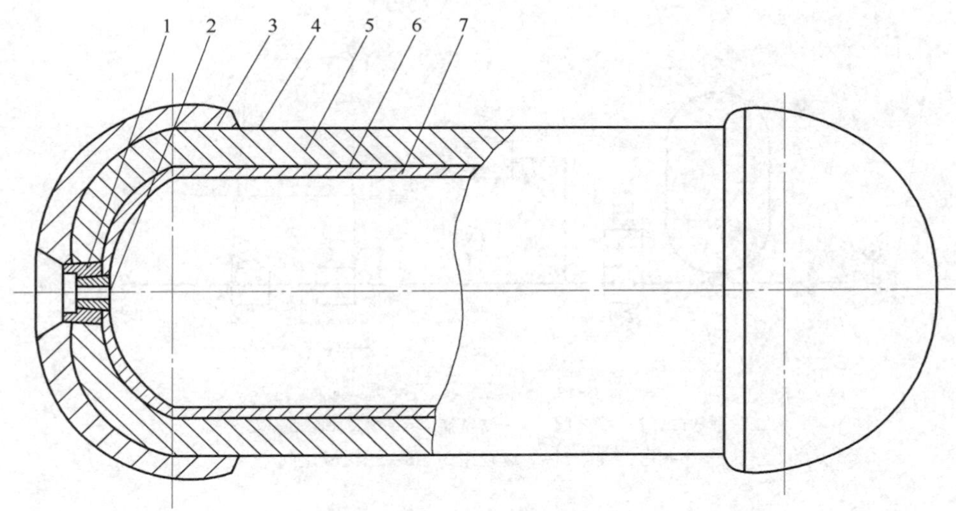

图 6-13　高压储氢容器典型结构

1—阀座　2—接嘴　3—缓冲层　4—外纤维缠绕层　5—纤维增强层　6—过渡层　7—内衬

（3）手动断路阀　其作用是实现手动阻断管路。

（4）超流量自动断路阀　如果汽车发生意外碰撞且氢气管路断裂，阀门将在大量氢气释放前自动关闭。

（5）安全阀　它包括电路控制开关和机械自动开关。电路控制开关执行由控制系统基于温度传感器测量的数据发出的控制命令。机械自动切换功能是指汽车起动，电子系统被破坏，气缸内的压力超过规定压力时，安全阀自动打开，释放压力。

（6）温度传感器和压力传感器　温度传感器和压力传感器分别用来测量气瓶的温度和压力。

3. 两级减压装置

燃料电池汽车使用的氢气在氢气瓶中以高压储存，因而不能将氢气直接从氢气瓶输送到燃料电池，需要两级减压。阀组入口压力为 35MPa（或 70MPa），出口压力为 0.16MPa。

使用两级减压方法的原因是在电池组承受小负荷（<150W）时，一级减压阀可以稳定地确保氢气入口压力。然而，加速时，单级减压阀电压调节效果差，特别是在变负荷时，其出口压力有阶跃变化，质子交换膜上的快速压力变化更加严重。

两级减压的控制方案设计：Tescom 公司专门针对氢气和天然气开发了减压阀。该减压阀为直动活塞式减压阀，最大进口压力有 35MPa 和 70MPa 两种。初级减压采用直动活塞式减压阀，氢气压力由 35MPa 降至 5MPa；次级减压采用普通气动减压阀，氢气压力由 5MPa 降至 0.16MPa，给压力的变化提供了一个缓冲过程。

6.7.3　供氢系统的气动系统设计方案

供氢系统属于高压气动系统，其原理如图 6-14 所示。

车载供氢系统主要由加氢口 1、单向阀 2、储氢瓶 3、电磁阀 4、安全阀 5、压力表 6、一级减压阀 7 和二级减压阀 8 组成的减压阀组等元件组成。

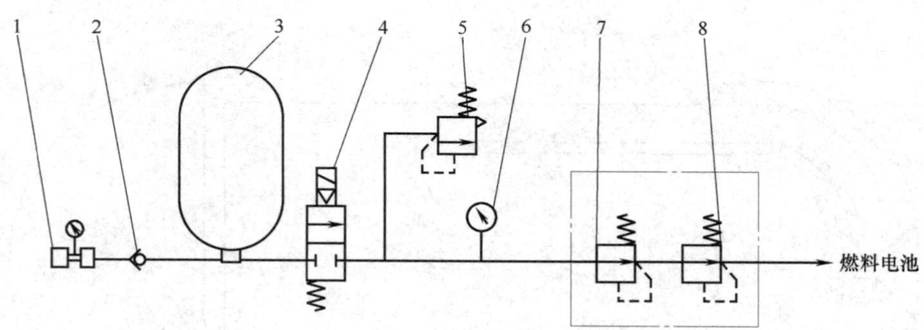

图 6-14 供氢系统气动原理

1—加氢口 2—单向阀 3—储氢瓶 4—电磁阀 5—安全阀
6—压力表 7——级减压阀 8—二级减压阀

供氢系统的工作过程分为加氢、储氢和输氢三个过程。

（1）加氢 它是加氢站的加氢系统通过单向阀 2 向车载储氢瓶 3 注入氢气的充气过程。

（2）储氢 加氢系统向车载储氢瓶 3 加注完氢气后，氢气储存在气瓶中，并且还没有被使用的储存过程。

（3）输氢 当燃料电池需要氢气时，电磁阀 4 打开，高压纯氢经过两级减压阀 7、8 减压输送给燃料电池的输运过程。

6.8 燃料电池汽车总布置设计优化

6.8.1 总布置方案对整车的影响

1. 对整车参数的影响

为了满足高速驾驶和汽车稳定性的要求，汽车的离地间隙通常在 120mm 左右。燃料电池汽车的电堆位于其中部下方。升高中央地板或改变前后悬架支撑弹簧的强度都会影响整车的最小整体离地间隙，进而影响车辆的通过性。

2. 对舒适性的影响

根据人机工程学的经验，坐姿角度的参考值见表 6-4。由于电堆放置在中央地板下方，车辆中部占据了后排乘员的空间，导致后排乘员脚角变小，令乘员更容易疲劳。由此可见，燃料电池汽车的电堆位于发动机舱中比较理想。

表 6-4 坐姿角度的参考值

坐姿角度符号	坐姿角度	参考值
β	背靠角/(°)	20~30
γ	躯干与大腿夹角/(°)	95~115
δ	膝角/(°)	100~145
α	脚角/(°)	87~130

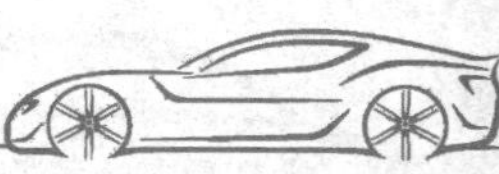

3. 对行李舱的影响

常见的储氢方式是使用高压储氢瓶储存氢气，燃料电池汽车通常将储氢瓶布置在行李舱中。考虑到储氢瓶的安全问题，氢气储存装置应与驾驶舱隔离。将储氢瓶布置在行李舱会影响整个行李舱的存储空间，使存储空间减小，如何将储氢瓶合理地布置也是需要解决的问题之一。

4. 对散热性能的影响

燃料电池汽车的散热快慢会直接影响电堆的性能，因此其对前端散热器模块的风扇性能和散热器的尺寸空间有很高要求。由于其紧凑的前舱空间布置，必须充分考虑散热性能要求。在实际布置中，通常可以用两种方式改善散热性能。首先是增加进气区域，即增大前保险杠进气区域；其次是合理地将其他部件放在前舱内，以确保散热器后面有足够的空间。此外，预留空气流路也能改善散热效果。

5. 对整车安全的影响

车辆安全指标可分为主动安全和被动安全。碰撞安全性是确保碰撞后乘员不被伤害的重要指标。在燃料电池汽车中，由于氢气储存装置位于车厢内部，在所有碰撞测试中，后部碰撞必须检查后车厢是否变形以及氢气储存系统是否损坏。储氢瓶可能在发生碰撞时被压缩或出现移位、管接头破裂等问题。

6.8.2 燃料电池汽车整车总布置方案改进

综上所述，燃料电池动力系统若想在整车上实现良好的应用，至少需要从以下几方面进行改进开发，以推动燃料电池汽车的推广进程。

1. 整车车身架构

燃料电池汽车采用半承载式车身，因为半承载式车身在燃料电池汽车整体布置方面具有更大的灵活性，中央通道的宽度可适当扩展。首先，半承载式车身平台可以有效解决高压电线安全空间的问题；其次，空间可以得到有效使用。根据电池或储氢瓶技术的突破性情况，可以将动力蓄电池或储氢瓶向前移动，以释放后车厢的空间，提高碰撞安全性，同时不会牺牲离地间隙。

2. 前舱集成化设计

影响燃料电池汽车整车水平的一个重要因素就是动力系统的集成度远低于内燃机汽车，将电堆布置在前舱中可保证燃料电池汽车拥有足够的空间和可操作性。本田新推出的燃料电池汽车已经将电堆及其控制单元布置在前舱中，实现了集成化设计。转向系统可采用电动式，与电液式相比，车辆前舱的空间大大减小，整体布局难度降低。整车空间的增大，可使整车设计水平大大提高。

3. 燃料电池发动机系统集成化设计

目前主要是解决电堆的设计问题，对其进行整合设计。例如，集成其控制系统和冷却系统，以及冷却水泵；风机和控制单元等电力系统的主要部件采用框架设计结构，放置在整车前部。集中布局方案解决了乘员的乘坐舒适性问题，同时可以实现前舱空间的合理分配，这能显著提高燃料电池汽车的散热能力。

4. 储氢系统的布置解决方式

根据当前高压储氢瓶的规格，对现有的储氢瓶布置进行改进，使储氢系统集成化、模块化，组装也可以实现模块化。为了全面考虑储氢系统模块的碰撞安全性，可以在汽车后端增加防撞梁，安装储氢瓶时可以更换原有的钢矩形框架，采用强力支撑臂。此方式下的碰撞安全性更为理想，储氢瓶和管路系统不会受损。其次，前舱的集成化设计可以使原先布置在中部的电堆的位置空间增大，有效解决后碰撞的安全保护及行李舱的储存空间问题。

思考题

6-1 什么是氢燃料电池汽车车身总布置设计？

6-2 请描述氢燃料电池汽车车身总布置设计的基本原理和目标。

6-3 氢燃料电池汽车车身总布置设计主要包含哪些组成部分？

6-4 燃料电池汽车的动力系统设计需要满足哪些条件？

6-5 燃料电池汽车动力系统总布置包括哪些组成部分？

6-6 氢燃料电池汽车的动力系统配置主要包括哪些部件？

6-7 用于驱动燃料电池汽车的电机需要满足哪些条件？

6-8 氢燃料电池所使用的电池类型有哪些？各有什么优缺点？

6-9 车载制氢式供氢系统有哪些？

6-10 车身总布置设计如何确保氢燃料电池汽车的安全性和稳定性？

6-11 在车身总布置设计中，如何平衡车辆的重量分布和重心高度？

6-12 请预测未来氢燃料电池汽车车身总布置设计和优化的发展方向和趋势。

第7章　氢燃料电池汽车动力总成设计方案

7.1　氢燃料电池汽车动力配置方案

氢燃料电池汽车动力总成的配置方案按驱动形式可分为纯燃料电池驱动、燃料电池+蓄电池驱动、燃料电池+超级电容器驱动、燃料电池+蓄电池+超级电容器驱动、燃料电池+蓄电池+超高速飞轮驱动、插电式动力配置六方案。

由于氢燃料电池汽车正处在研究初期，各种布置形式竞相使用且优缺点不同，下面分别对上述六种动力总成配置方案进行详细介绍。

7.1.1　纯燃料电池驱动方案

纯燃料电池（PFC）动力系统利用燃料电池内部氢氧化学反应所产生的电能，单独担负汽车行驶过程中所需的动力，其驱动方案示意图如图 7-1 所示。该方案的优点是能量供给系统单一，减小了整车整备质量，系统结构简单，易于控制。然而，它也有以下缺点：动态响应慢，在车辆瞬间需要输出高功率状况（起动、急加速、爬坡等）下，一般所需高功率相

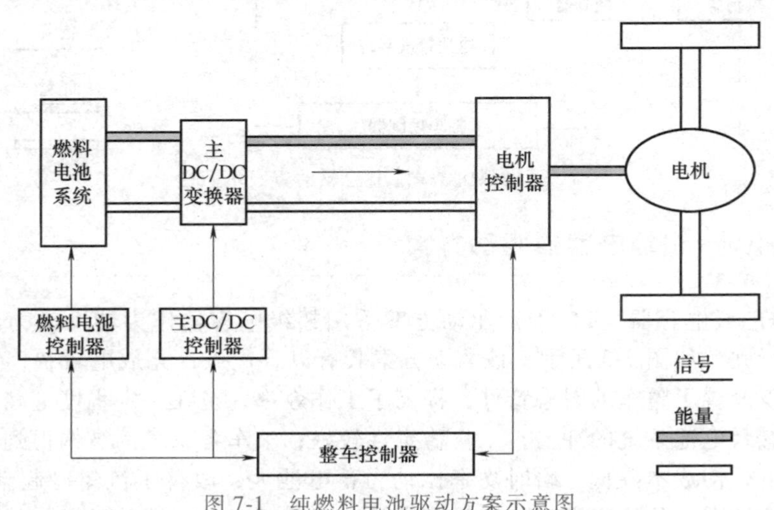

图 7-1　纯燃料电池驱动方案示意图

当于2~3倍甚至更高的额定功率，加上车载燃料电池受到寿命、体积、成本等制约，导致车辆动力系统的抗过载能力较差；燃料电池的输出具有单向性，不能吸收驱动电机电磁制动产生的回馈能量，导致车辆在制动能量回收方面的经济性较差；燃料电池单能量源动力系统无法达到低温起动的要求；研发生产技术要求较高，生产制造成本高。由于纯燃料电池驱动方案有许多不足之处，它在实际中应用较少，但在燃料电池动力系统研究的基础上，研究人员发现汽车增配一些辅助动力源能够极大提高其使用性能。

7.1.2 燃料电池+蓄电池驱动方案

燃料电池+蓄电池（FC+B）驱动方案的工作原理：串联燃料电池和蓄电池，以燃料电池氢氧作用所产生的电能为主，以蓄电池储存的电能为辅，两者共同驱动汽车正常行驶，如图7-2所示。在爬坡、加速等需求功率较大的工况下，燃料电池和蓄电池共同输出能量，由于蓄电池的加入使得燃料电池输出能量变得平缓，延长了燃料电池使用寿命；在减速、制动等需求功率较小的工况下，驱动电机可以转换为对电池反向充电的发电机，将车辆的动能转化为可被蓄电池储存的电能。该方案对燃料电池动态特性及功率要求较低，冷起动性能较好、可靠性高。目前，该方案应用相对广泛，但它也有一定的不足。例如，多个蓄电池串联一方面会导致汽车自身质量增加，影响整车动力性能；另一方面，汽车架构设计难度随之加大，产生了额外的投入成本。

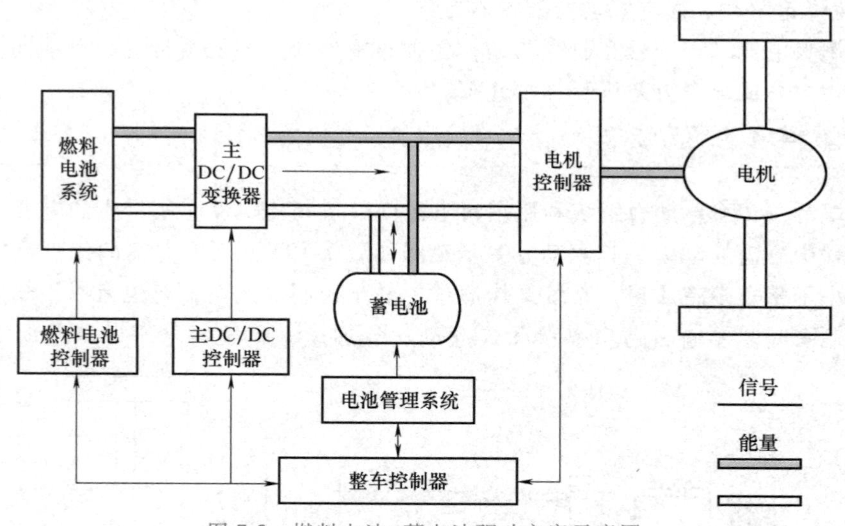

图7-2 燃料电池+蓄电池驱动方案示意图

7.1.3 燃料电池+超级电容器驱动方案

燃料电池+超级电容器（FC+C）驱动方案采用超级电容器作为辅助动力源，两者共同驱动汽车正常行驶，如图7-3所示。该驱动方案具有以下优点：充放电较快，允许较大的充放电电流，不仅改善了整车的瞬态特性，提高了工作效率，也在一定程度上减少了驱动电机瞬时高功率对燃料电池系统的冲击，工作稳定性较好；整车各系统的结构得到简化，提高了整车轻量化程度，使成本降低；瞬时功率比动力蓄电池大，改善了汽车冷起动性能。然而，该驱动方案也有缺点：价格成本高、能量密度低；不适用于长途续驶里程充放电；难以控制

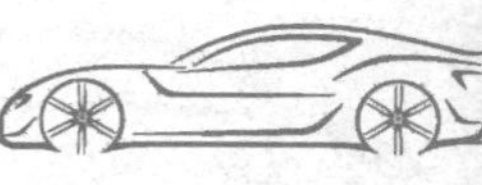

充放电时的电流，维修保养费用相对较高。该方案目前尚不成熟，基础设施不尽完善，还不具备商业化量产的条件，但相关技术一旦突破，可推动燃料电池汽车的快速发展。

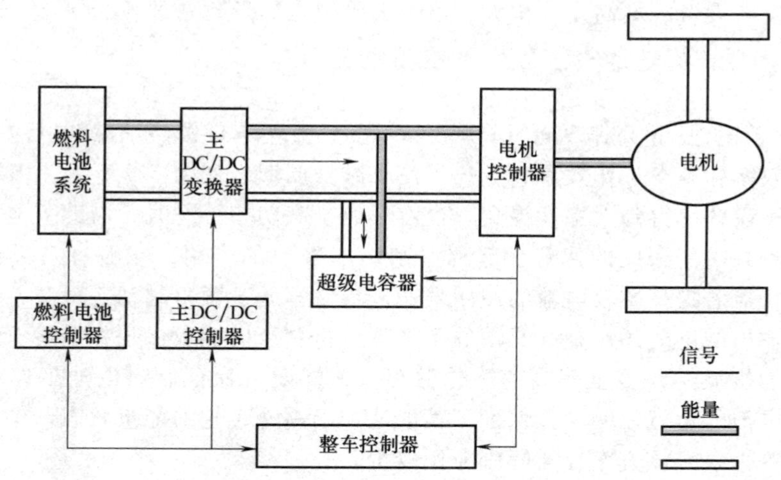

图 7-3 燃料电池+超级电容器驱动方案示意图

7.1.4 燃料电池+蓄电池+超级电容器驱动方案

燃料电池+蓄电池+超级电容器（FC+B+C）驱动方案是在纯燃料电池驱动方案的基础上并联了一个蓄电池组和超级电容器，如图 7-4 所示。无论将辅助能量源确定为上述两种中的任何一种（蓄电池或超级电容器），都存在一定的不足，于是选定上述两种动力系统同时作为辅助能量源与燃料电池相结合，从而形成燃料电池+蓄电池+超级电容器动力系统。

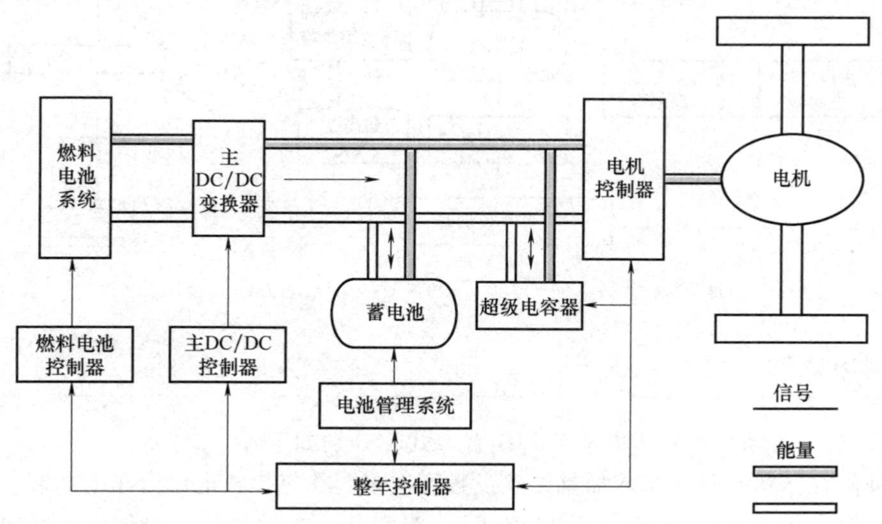

图 7-4 燃料电池+蓄电池+超级电容器驱动方案示意图

该系统的优点是高能量比的蓄电池和高功率比的超级电容器之间可以取长补短，当汽车处于高功率工况时，需求功率极高，辅助能量源可以提供更高的输出功率；由于峰值电流被超级电容器有效吸收，减小了蓄电池受负荷影响的重负担；在车辆紧急制动时，由于超级电容器的存在，驱动电机的制动能量回馈瞬时大电流对蓄电池带来的寿命损耗将被缓解，而蓄电池也弥补了超级电容器比能量低的缺点。但该系统也存在结构复杂、控制难度大、参数匹配较困难、开发与设备成本高及体积大、质量大等缺点，导致发展较为缓慢。

7.1.5 燃料电池+蓄电池+超高速飞轮驱动方案

燃料电池+蓄电池+超高速飞轮（FC+B+F）驱动方案不仅提高了燃料电池比功率，还提高了能量补充效率和整车工作效率，延长了汽车维护周期。如图 7-5 所示，由于增加了超高速飞轮，整车系统效率得到大幅度提高。当汽车处于高功率工况时，借助蓄电池和超高速飞轮高能量密度和高功率密度的优势，起到“削峰填谷”的作用，能够有效降低燃料电池峰值功率的输出，显著提高燃料电池的使用寿命。当汽车处于紧急制动工况时，整车控制器在控制燃料电池输出的电能满足整车驱动的条件下，将剩余的能量优先补给蓄电池，其余能量则经电机转化为机械能并传至超高速飞轮储存，这样既可保证燃料电池工作在高效工作区间，提高燃料电池的运行效率，又保证了蓄电池和超高速飞轮的能量状态。但是受限于成本高、控制困难等因素，该方案在实际中应用较少。

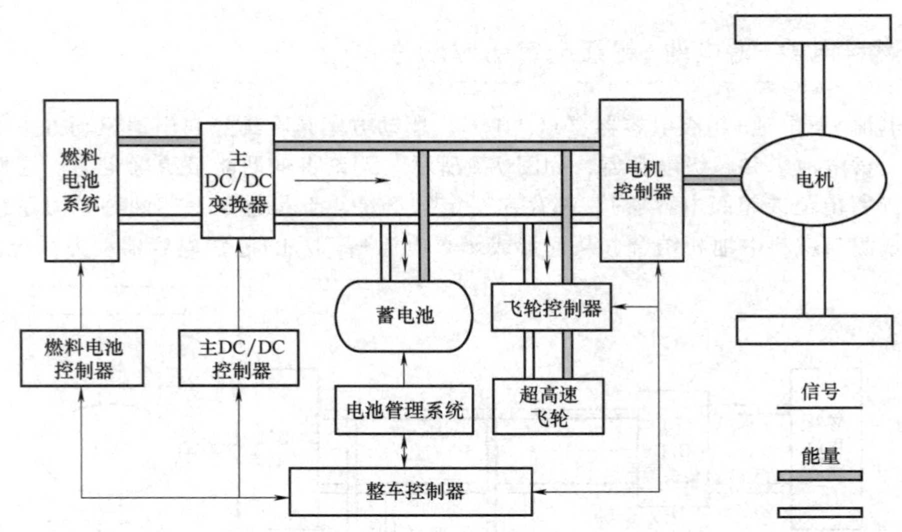

图 7-5 燃料电池+蓄电池+超高速飞轮驱动方案示意图

7.1.6 插电式动力配置方案

插电式（PE）动力配置方案有两种配置方式，分别如下：

第一种配置方案受限于当前加氢站建设数量有限，在氢燃料电池汽车上加装一个可再生燃料电池装置（Regenerative Fuel Cell，RFC）。当汽车正常行驶时，RFC 是典型的氢燃料电池；当氢燃料电池需要充电时，RFC 又是电解槽，可使用充电器进行充电，如图 7-6 所示。这种配置方案尚在实验中，暂无相关车型的报道。

第二种配置方案有纯燃料电池驱动和混合驱动两种驱动模式，蓄电池可利用外部电网进行充电，代表车型是上汽荣威 950、梅赛德斯-奔驰 GLCF-Cell、现代 GV80。这种动力配置方

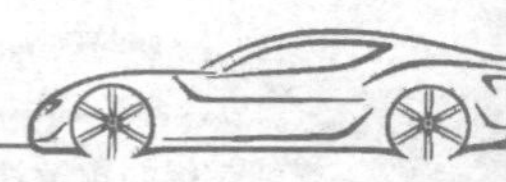

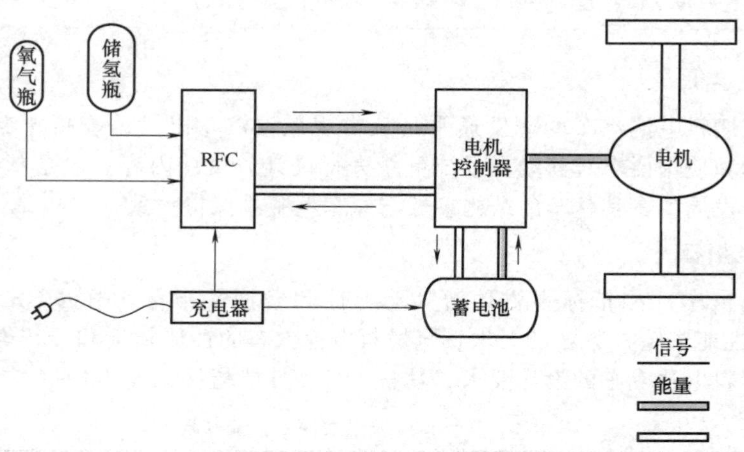

图 7-6 插电式动力配置方案一示意图

案不仅能够发挥氢燃料电池汽车优异的低速性能，有效解决车辆起停和排放问题，还能较好地解决氢燃料电池汽车性能、配置和成本三者之间的矛盾，其示意图如图 7-7 所示。

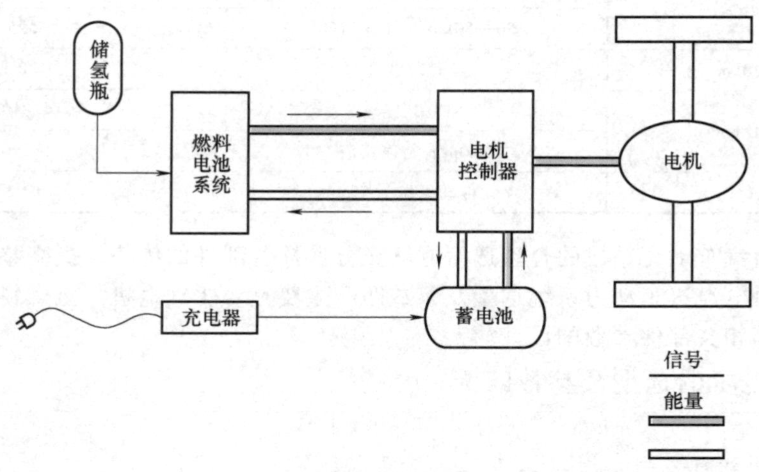

图 7-7 插电式动力配置方案二示意图

7.2 动力系统参数匹配

氢燃料电池汽车动力系统的选型及参数匹配是整车研发设计过程中相对复杂的问题，动力系统的匹配结果直接决定了汽车的动力性和经济性。选用不同构型方式、不同的控制策略及不同部件的不同参数，整车的动力性、经济性及其他性能指标往往有显著差异。因此，对这三者进行解耦才能有效完成氢燃料电池汽车动力系统的选型设计。

动力系统参数匹配的思路：根据选定的动力总成系统构型和能量控制策略，在整车结构参数和性能指标已知的条件下，以满足车辆动力性和经济性为前提，进行氢燃料电池汽车动力系统的参数匹配。

7.2.1　氢燃料电池汽车整车结构参数与主要性能指标

1. 整车结构参数

各企业对氢燃料电池汽车的研发通常是从常规燃油汽车出发，按照既定的整车设计目标、动力性指标和使用要求对其动力系统重新进行设计。设计内容一般是基于常规燃油车，为了缩短研究开发周期，其整车的结构参数与原车型基本保持一致。

2. 主要性能指标

氢燃料电池汽车性能指标主要是指其动力性和经济性指标。根据 GB/T 18385—2005《电动汽车动力性能试验方法》的要求，氢燃料电池汽车的性能指标和传统燃油车存在部分区别，根据氢燃料电池汽车的设计要求，其整车各项性能指标见表 7-1。

表 7-1　氢燃料电池汽车整车性能指标

性能指标	项目	数值
车速/(km/h)	最高车速	≥100
	巡航车速	60
加速性能/s	0—50km/h 加速时间	≤15
	50—80km/h 加速时间	≤25
爬坡性能/(20km/h)	最大爬坡度	20
续航能力/km	NEDC 工况	≥310
	60km/h 匀速续航	≥390
效率参数(%)	传动系统效率	0.92

氢燃电池料汽车动力总成的合理选型能够充分发挥各部件的优势，提高整车的动力性和经济性。氢燃料电池汽车动力系统选型及参数匹配主要是对驱动电机、氢燃料电池、蓄电池组和传动系统等相关部件参数的设计。

7.2.2　驱动电机的选型及参数匹配

1. 驱动电机的分类与比较

驱动电机系统是把电能转化成机械能，从而驱动车辆行驶的核心系统，其性能直接决定了氢燃料电池汽车的动力性。驱动电机系统由驱动电机和控制器两部分组成。控制器通过接收来自加速踏板、制动踏板及换档面板的输出信号，改变驱动电机的转速，从而控制车速。

为了提高车辆的动力性、经济性和安全性，驱动电机以质量小、效率高、价格低、可靠性高为发展目标。燃料电池汽车的驱动电机受空间、工作环境等因素的影响，必须具有功率密度高、瞬时过载能力强、转矩动态响应快等特点。目前常用的驱动电机系统有直流电机驱动系统、交流感应电机驱动系统、永磁同步电机驱动系统和开关磁阻电机驱动系统。随着科技发展和制造水平的提高，各类驱动电机系统都有较大的技术进步，各类驱动电机在实际中都有应用，在电动汽车及燃料电池汽车中的应用也越来越普遍。

2. 驱动电机的参数匹配

不仅驱动电机的类型对氢燃料电池汽车的性能有很大影响，还要根据驱动电机的参数设

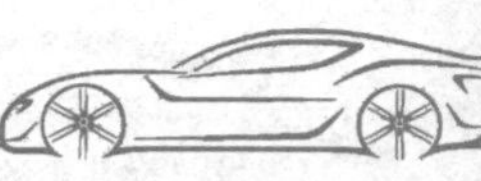

计（参见 6.5.1 节）合理匹配驱动电机，才能充分满足氢燃料电池汽车的整车动力性要求。如果驱动电机的参数设计过大，会导致整车成本提高，并影响整车轻量化目标。如果驱动电机的参数设计过小，则在某些特定状况下不能满足车辆动力性要求。

7.2.3 氢燃料电池的选型及参数匹配

氢燃料电池汽车的动力系统结构设计对氢燃料电池功率的选择要求非常高。氢燃料电池功率偏大，车辆的成本会增加；氢燃料电池功率偏小，在车辆大负荷行驶工况下需要辅助动力源提供动力，这会造成整车质量和生产成本增加、各系统效率降低、整车布置难度加大，以及燃料电池均衡控制难度增加等问题。

在实际运行中，为了保证对驱动电机的电力供应和氢燃料电池汽车的正常行驶，氢燃料电池应留有一定的后备功率。因此，基于选定的整车能量控制策略，氢燃料电池功率的选择应遵循以下原则：

氢燃料电池荷电状态值在汽车运行过程中基本保持不变，因而需要氢燃料电池的功率大于平均行驶阻力功率；氢燃料电池的峰值功率要小于或等于车辆以最高车速稳定行驶时的需求功率，避免氢燃料电池单独驱动时产生过多的富余功率。

1. 氢燃料电池的输出功率

根据已选择的能量控制策略，氢燃料电池汽车由蓄电池提供平均行驶功率，在整车需求功率大于蓄电池的输出功率时，氢燃料电池起动，输出电能辅助驱动。在实际计算中，按汽车最高车速下的平均行驶阻力功率计算氢燃料电池的需求功率，即

$$P_{fd}=\frac{1}{3600\eta_{\tau}}\left(mgfu_{max}+\frac{C_{D}Au_{max}^{3}}{21.15}\right) \tag{7-1}$$

式中，P_{fd} 为汽车最高车速下的平均行驶阻力功率；u_{max} 为最高车速。

氢燃料电池的输出功率大部分用于维持蓄电池的荷电状态（SOC）值，剩余部分则用于满足辅助系统的需求，即

$$P_{ro}=P_{fd}+P_{ff} \tag{7-2}$$

式中，P_{ro} 是氢燃料电池的输出功率；P_{ff} 是其他辅助系统的功率需求，取 15kW。

2. 储氢参数的选择

根据设计要求，在以巡航速度 60km/h 行驶时的续驶里程为 390km，根据下式可计算出满足设计要求的氢气质量。

$$m_{H_2}=\frac{Q-E}{(M\times\eta_{fc})\times3.6} \tag{7-3}$$

式中，m_{H_2} 为需要的氢气质量；Q 为整车需求能量；E 为蓄电池提供的能量；M 为氢气的低热值，取 120MJ/kg；η_{fc} 为氢燃料电池的能量转换效率，取 50%。

7.2.4 动力蓄电池组的选型及参数匹配

1. 动力蓄电池的分类与比较

蓄电池的主要作用是补充或吸收行驶过程中能量的快变部分，弥补燃料电池动态特性差的缺点。例如，当遇到电机需求功率较大的工况时，它能补充燃料电池功率覆盖不到的区

域；当汽车制动时，它可吸收电机的回馈能量；当汽车冷起动时，它可为电机提供能量。因此，蓄电池需要满足以下条件：

1）当汽车需求功率低于燃料电池输出功率的低阈值时，为了提高汽车经济性，燃料电池一般不起动，由蓄电池单独承担驱动电机的任务。这就要求蓄电池的最大输出功率不能过小，应能覆盖车辆低功率工况时的需求功率。

2）当汽车冷起动时，燃料电池需要做一些必要准备才能为动力系统提供能量。在汽车起动的一定时间内，燃料电池仅为自身加热、空压机运转、增湿器运转提供能量，驱动电机的能量完全来自蓄电池，这就要求蓄电池的功率应大于汽车的起动功率。

3）汽车制动时需要蓄电池吸收回馈的能量，以增加汽车的续驶里程。这就要求蓄电池的充电功率和电池容量较大，可以接受以较大的电流在一定时间内充电，从而尽量多地吸收制动时的回馈能量。

2. 动力蓄电池的参数设计

根据车辆改型后的性能指标和蓄电池的设计要求，需要确定蓄电池的功率需求、放电电压、持续输出电流、模块数等参数。根据已确定的氢燃料电池+蓄电池的动力配置方案，蓄电池和氢燃料电池共同为整车提供最大需求功率。

（1）蓄电池的最大输出功率 由上述分析可知，蓄电池的最大功率应大于或等于驱动电机与氢燃料电池最大功率的差值，即

$$P_{\mathrm{bmax}} \geqslant P_{\mathrm{emax}} - P_{\mathrm{fc}} \tag{7-4}$$

式中，P_{bmax} 为蓄电池最大功率（kW）；P_{emax} 为驱动电机最大功率（kW）；P_{fc} 为氢燃料电池最大功率（kW）。

（2）动力蓄电池组的模块数 电池模块数要同时达到汽车行驶需求功率和续驶里程的要求，即

$$n_{\mathrm{b}} \geqslant \frac{P_{\mathrm{d}} R \times 1000}{U_{\mathrm{b}}^{2}} \tag{7-5}$$

式中，n_{b} 为电池模块数；P_{d} 为汽车行驶需求功率（kW）；R 为单体电池内阻（Ω）；U_{b} 为单体电池额定电压（V）。

（3）动力蓄电池组的容量

1）氢燃料电池汽车的纯电动续驶里程由动力蓄电池组容量决定，以巡航车速 $u_{\mathrm{a}}=60\mathrm{km/h}$ 计算，汽车行驶时的需求功率为

$$P_{\mathrm{d}} = \frac{1}{3600\eta_{\mathrm{T}}}\left(mgfu_{\mathrm{a}} + \frac{C_{\mathrm{D}} A u_{\mathrm{a}}{}^{3}}{21.15}\right) \tag{7-6}$$

式中，P_{d} 为以巡航速度行驶时所需的驱动功率（kW）；u_{a} 是汽车巡航车速，取 60km/h。

2）达到氢燃料电池汽车纯电动续驶里程要求所需的能量为

$$W_{\mathrm{d}} = \frac{P_{\mathrm{d}} \times S}{\eta_{\mathrm{DOD}} \eta_{\mathrm{e}} \eta_{\mathrm{d}} (1-\eta_{\mathrm{a}}) u_{\mathrm{a}}} \tag{7-7}$$

式中，W_{d} 为汽车以巡航速度（60km/h）行驶 40km 所需的能量（kW · h）；S 为纯电池驱动时的行驶距离，取 40km；η_{DOD} 为蓄电池放电深度，取 80%；η_{d} 为蓄电池放电效率，取 80%；η_{e} 为电机及控制器整体效率，取 98%；η_{a} 为汽车附件能量消耗比例系数，取 90%。

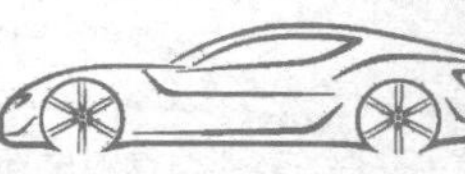

3）动力蓄电池组能量、电压与容量的关系为

$$W_d = \frac{U_B C_B}{1000} \tag{7-8}$$

式中，U_B 为动力蓄电池组电压（V）；C_B 为动力蓄电池组容量（A·h）。

（4）持续输出电流　通过下式可以求得蓄电池持续输出的功率：

$$P_E = \frac{P_e}{\eta_m} \tag{7-9}$$

式中，P_E 为蓄电池持续输出功率（kW）；P_e 为驱动电机输出功率（kW）；η_m 为电机效率（%）。

由蓄电池最大输出功率求出蓄电池最大输出电流，即

$$I = \frac{P_E}{U_B} \tag{7-10}$$

（5）动力蓄电池组的质量　以锂电池为例，其能量密度为120~160W·h/kg，计算动力蓄电池组的质量：

$$m_b = \frac{U_B C_B}{\rho_B} \tag{7-11}$$

式中，m_b 为动力蓄电池组的质量（kg）；U_B 为电池的标称电压（V）；C_B 为电池的标称容量（A·h）；ρ_B 为锂电池的能量密度（W·h/kg）。

7.2.5　传动系统传动比的匹配

1. 传动系统设计要求

由于驱动电机的转速较高，氢燃料电池汽车的动力驱动系统需要配备变速器和主减速器。选择合适的变速器和主减速器对传动系统非常重要。对于传统燃油汽车，内燃机转速较低，调速范围相对较窄，因此，增加档位数，可以使发动机有效发挥高功率，降低燃油消耗率，提高汽车的动力性。相比之下，驱动电机调速范围较宽，具有低速恒转矩、高速恒功率的特性，档位过多反而会使传动系统结构更加复杂。

传动系统分为固定速比和可变速比齿轮减速两种，它们的比较结果见表7-2。这两种传动系统在氢燃料电池汽车上均有使用，各有利弊。

表7-2　固定速比和可变速比齿轮减速传动系统的比较结果

项目	固定速比	可变速比齿轮减速
电机参数调整	较困难	较方便
生产成本	较低	较高
体积/质量	较小	较大
系统效率	较低	较高
操作方便性	好	差

2. 传动系统参数设计

确定传动系统传动比时，需要考虑最大爬坡度、附着力、最低稳定车速、最高车速等因

素。设传动系统主减速比为 i_0，变速器的最低档和最高档传动比分别为 i_{g1}、i_{g2}，总传动比为 i，则有 $i=i_0 i_g$。因此，当 i_0 已知时，可根据传动系统传动比确定变速器各档位的传动比。

（1）传动系统最小传动比的选择

1）最小传动比 i_{min} 的上限由汽车最高车速和驱动电机最高转速决定：

$$i_{min} \leqslant \frac{0.377 r n_{max}}{u_{max}} \tag{7-12}$$

2）最小传动比 i_{min} 的下限由汽车按最高车速行驶时的阻力决定：

$$i_{min} \geqslant \frac{r}{\eta_\tau T_{max}}\left(mgf+\frac{C_D A u_{max}^2}{21.15}\right) \tag{7-13}$$

综上所述，可以得到最小传动比的范围。

（2）传动系统最大传动比的选择

1）最大传动比 i_{max} 的上限由汽车爬坡时能以最低稳定车速行驶决定：

$$i_{max} \leqslant \frac{0.377 r n_{max}}{u_a} \tag{7-14}$$

2）最大传动比 i_{max} 的下限由最大爬坡度和地面附着力决定：

$$i_{max} \geqslant \frac{r}{\eta_\tau T_{max}}\left(mgf\cos\theta+mg\sin\theta+\frac{C_D A u_a^2}{21.15}\right) \tag{7-15}$$

综上所述，可以得到最大传动比的范围。

综合以上分析，选取最大传动比 i_{max} 和最小传动比 i_{min}。由于传动系统最小传动比 i_{min} 为最高档传动比 i_{g2} 与主减速比 i_0 的乘积，所以传动系统最大传动比 i_{max} 就是变速器Ⅰ档传动比 i_{g1} 与主减速器传动比 i_0 的乘积。

根据设计要求，变速器相邻档位间传动比比值不宜大于 1.7，这样可以充分利用驱动电机提供的功率，提高汽车的动力性，同时还能保证汽车换档平顺，运行平稳。

（3）倒档的设计　氢燃料电池汽车的倒档设计可以不同于传统内燃机汽车，它可以在变速器的机械结构上省略倒档齿轮，但要在换档面板上保留倒档功能提示，倒档的控制过程可以直接通过驱动电机控制器的控制策略实现。

（4）变速器中心距的计算　变速器中心距较小时，档位速比选择的可能性较小；变速器中心距较大时，每个档位间齿轮的传动比会有较大的选择，但会增加变速器的尺寸和质量，影响汽车的使用经济性。因此有必要为变速器选择合适的中心距。

一般中心距的经验公式为

$$A=K_A\sqrt[3]{T_{max} i_1 \eta_g} \tag{7-16}$$

式中，A 为中心距；K_A 为中心距系数；i_1 为变速器最高档传动比；η_g 为变速器传动效率。

（5）变速器的外形尺寸　不同档位变速器壳体轴向尺寸的选择见表 7-3。

表 7-3　不同档位变速器壳体轴向尺寸的选择

档位	尺寸/mm	档位	尺寸/mm
四档	(2.2~2.7)A	六档	(3.0~3.5)A
五档	(2.7~3.0)A		

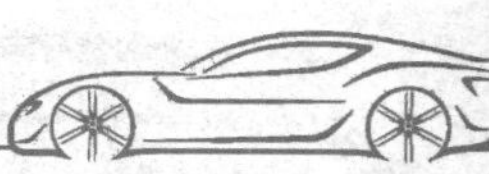

7.3 氢燃料电池汽车动力总成仿真模型建立与分析

为了使设计出的氢燃料电池汽车更加满足设计要求，在研发过程中，利用仿真软件对氢燃料电池混合动力系统进行仿真验证和性能优化，就必须对其混合动力系统及各主要部件进行模型搭建，而ADVISOR是较主流的仿真软件。

7.3.1 仿真软件ADVISOR简介

仿真软件ADVISOR的原意为Advanced Vehicle Simulator，它是在MATLAB/Simulink软件环境下开发的高级车辆仿真软件。它在给定的道路循环条件下利用车辆各部分参数，能快速地分析传统汽车、纯电动汽车和混合动力汽车的燃油经济性、动力性及排放性等性能。此外，该软件的开放性也允许用户对自定义的汽车模型和仿真策略做仿真分析，可以通过整车参数设置界面、仿真参数设置界面和仿真结果输出界面三个图形用户界面（GUI）完成仿真过程，尤其是图形用户界面，它能够使用户在不需要修改Simulink代码的条件下改变汽车模型的参数，从而进行仿真参数的输入。

前向仿真和后向仿真是氢燃料电池汽车仿真的两种基本方法，其流程分别如图7-8、图7-9所示。

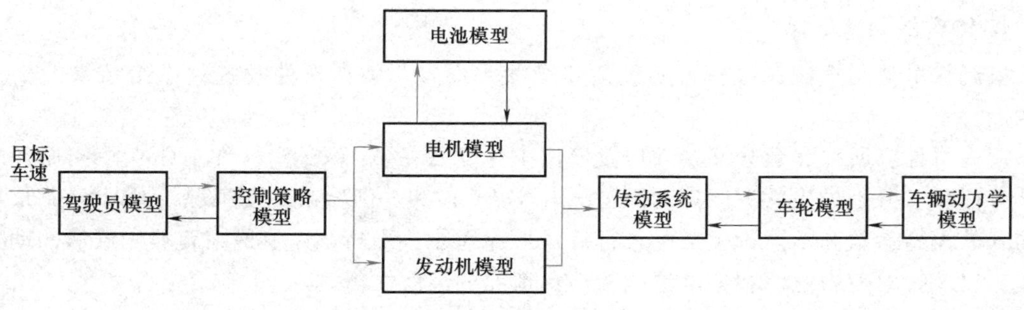

图7-8　车辆前向仿真流程

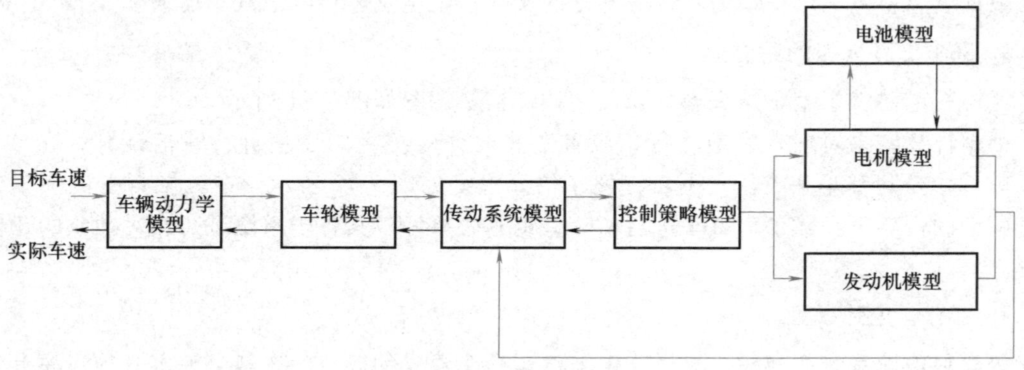

图7-9　车辆后向仿真流程

ADVISOR软件采用后向仿真为主，前向仿真为辅的混合仿真方法，吸收了两种方法的优点，减小了仿真计算量，提高了运算速度，保证了仿真结果的精度。

ADVISOR 软件主要用于快速有效地分析汽车的动力性和经济性，具体如下。

1）通过仿真估计传统燃油汽车的燃料经济性和新能源汽车的能量利用效率。

2）对整车的加速时间、最大爬坡度和行驶车速等动力性指标进行仿真分析。

3）针对不同循环工况，对传统燃油汽车的尾气排放量进行分析优化。

4）优化传动系统传动比及变速器各档位传动比，从而减少能耗，提高整车性能。

在运行 MATLAB 时，先运用路径浏览器删除以前所有的 ADVISOR 路径，然后更改最高阶层的 ADVISOR 路径（包含所有解的压缩文件）为当前路径，最后在 MATLAB 命令行内输入 advisor（区分大小写）运行 ADVISOR 软件。ADVISOR 软件的启动界面如图 7-10 所示，单击“Start”进入整车参数设置界面，开始运行 ADVISOR 软件。

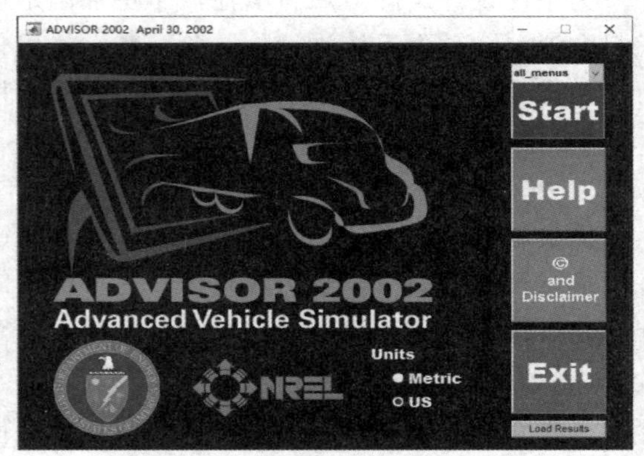

图 7-10　ADVISOR 软件的启动界面

7.3.2　氢燃料电池汽车动力总成仿真模型的建立

1. 仿真步骤及目标

氢燃料电池汽车仿真过程主要包括整车参数设置、仿真条件设置和输出结果三个主要步骤。

首先将计算所得参数分别输入仿真模型中，然后在 ADVISOR 软件中建立不同循环工况的计算任务，分别导入欧洲循环测试工况（NEDC）和美国城市驱动工况（UDDS），最后根据输入的模型参数和不同行驶工况进行针对加速性能、最高车速及最大爬坡测试等的动力性仿真，以及针对燃料电池和蓄电池能量消耗情况的经济性仿真。

2. 整车参数

根据氢燃料电池汽车动力系统各部件的参数，设定氢燃料电池汽车输入参数。

3. 整车仿真模型的建立

氢燃料电池汽车整车仿真模型顶层拓扑结构示意图如图 7-11 所示。

根据计算结果对现有模型进行相应参数修改并对各相关变量进行赋值计算，在 ADVISOR 软件中搭建整车系统仿真平台。整车仿真模型如图 7-12 所示。在氢燃料电池汽车整车仿真模型的框架下，除了对整车进行仿真，也有必要针对其各子系统进行相对独立的建模与仿真。

4. 氢燃料电池模型

氢燃料电池系统的建模是氢燃料电池汽车整车建模的难点。燃料电池本身的建模方法有两种：①在热力学、电化学等学科的理论基础上，建立比较复杂的分布参数模型，其优点是可以通过参数设置模拟燃料电池的动态特性，以及模拟燃料电池的内部状态，从而对燃料电池展开进一步优化；其缺点是模型复杂不直观，运算较慢。②采用经验模型，此类模型以能

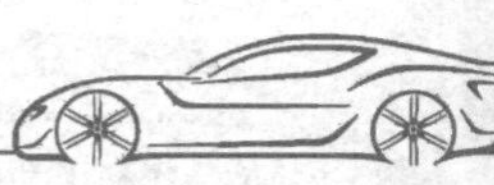

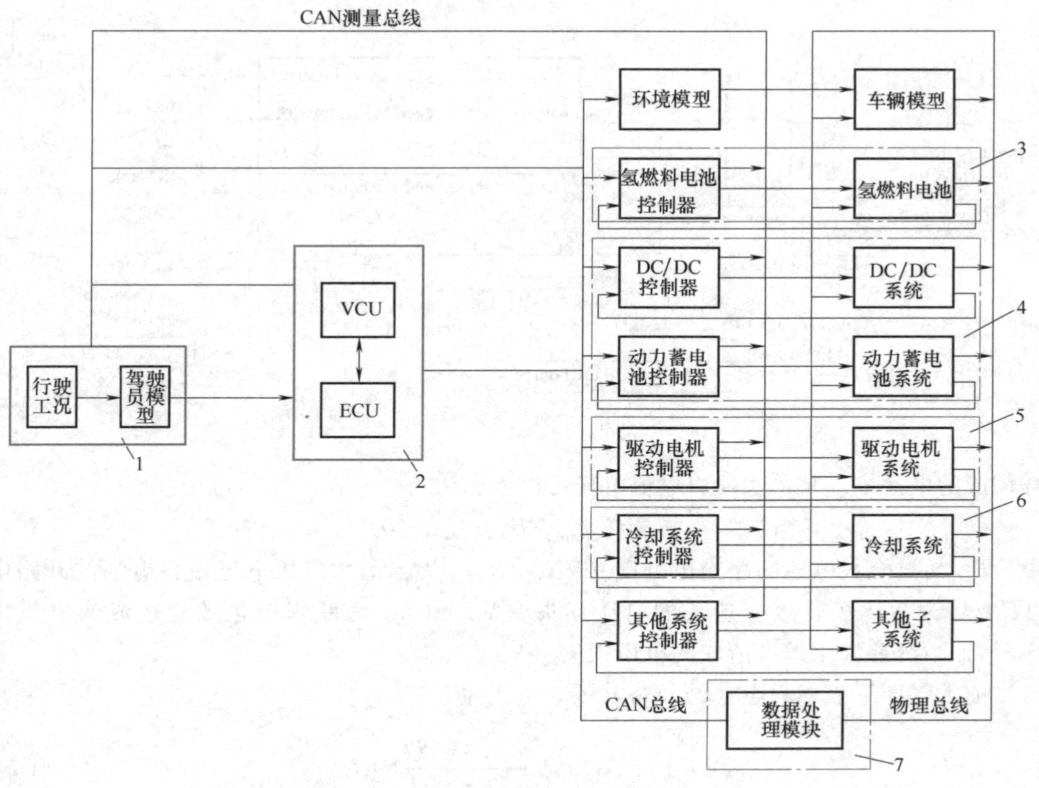

图 7-11 氢燃料电池汽车整车仿真模型顶层拓扑结构

1—输入模块 2—整车控制系统 3—燃料电池系统 4—动力蓄电池+DC/DC 系统 5—驱动电机系统 6—冷却及辅助系统 7—数据处理模块

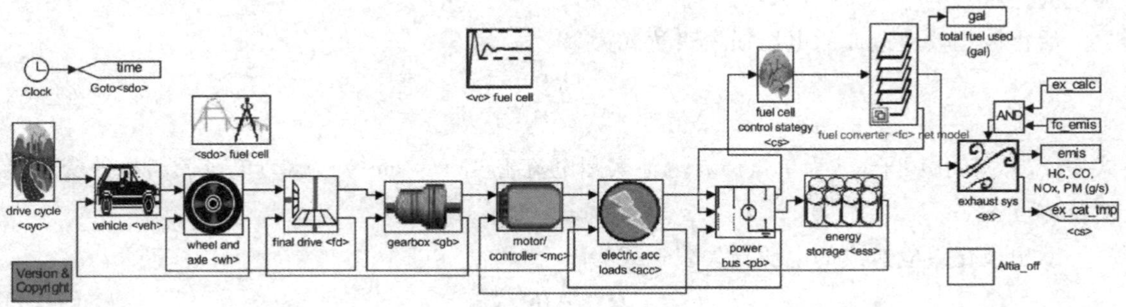

图 7-12 整车仿真模型

量守恒理论和实验数据为基础，从整体角度分析燃料电池的工作特性，更接近实际应用，但是存在大量的待定参数和表格，因此需要较耗时的实验测试。

氢燃料电池内部结构相对复杂，建立完整的燃料电池模型存在较大难度，而采用功率-效率模型能够减少仿真模型的计算量，以便于后续的仿真分析。根据上述理论，由 ADVISOR 软件搭建的氢燃料电池系统 Simulink 顶层模块结构图如图 7-13 所示。

氢燃料电池能量源并非一个整块的电池，而是电堆，顾名思义就是由多个单氢燃料电池

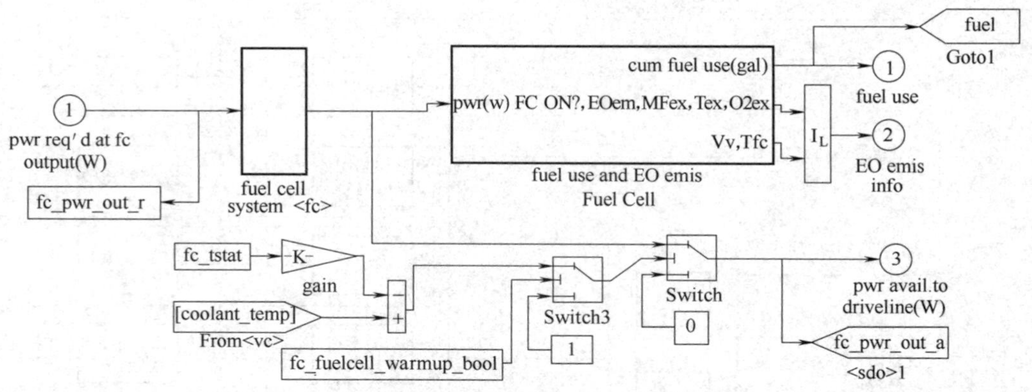

图 7-13　氢燃料电池系统 Simulink 顶层模块结构图

组合构成的电池堆。其单氢燃料电池电压可以表示为

$$E_{fc}=E_{Nernst}-U_{act}-U_{ohm}-U_{co} \tag{7-17}$$

式中，E_{fc} 为氢燃料电池的净输出电压（V）；E_{Nernst} 为当前大气压下氢燃料电池的开路电压（V）；U_{act} 为活化极化效应造成的电压损失（V），U_{ohm} 为欧姆极化效应造成的电压损失（V）；U_{co} 为浓差极化效应造成的电压损失（V）。

当前大气压下氢燃料电池的开路电压表达式为

$$E_{Nernst}=E_{po}+(T-298)\frac{-44.43}{zF}+\frac{RT}{zF}\ln\left(P_{H_2}\sqrt{P_{O_2}}\right) \tag{7-18}$$

式中，E_{po} 为标准大气压下氢燃料电池的开路电压（V）；T 为氢燃料电池运行时的内部温度（K）；R 表示理想气体常数；z 为转移电子数；F 为法拉第常数；P_{H_2} 为氢气分压（V）；P_{O_2} 为氧气分压（V）。

活化极化效应造成的电压损失表达式为

$$U_{act}=\frac{RT}{z\alpha F}\ln\frac{i}{i_0} \tag{7-19}$$

式中，α 为转化因子；i 为单氢燃料电池实际电流密度（A/cm^2）；i_0 为单氢燃料电池交换电流密度（A/cm^2）。

欧姆极化效应造成的电压损失表达式为

$$U_{ohm}=IR_{ohm} \tag{7-20}$$

式中，I 为氢燃料电池对外输出电流（A）；R_{ohm} 为单燃料电池内阻（Ω）。

浓差极化效应造成的电压损失表达式为

$$U_{co}=-B\ln\left(1-\frac{J}{J_{max}}\right) \tag{7-21}$$

式中，B 为常数，由氢燃料电池的运行状态决定，也称为氢燃料电池的运行常数；J 为氢燃料电池运行过程中实际电流与膜面积的比值，用于表征氢燃料电池工作的负载度（A/cm^2）；J_{max} 为最大电流密度（A/cm^2）。

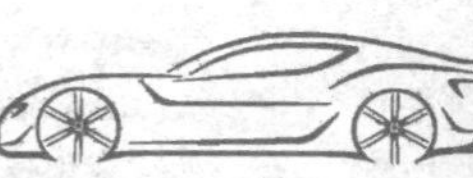

5. 动力蓄电池模型

SOC 用来描述蓄电池剩余容量，其决定了蓄电池产品的综合性能。通过对 SOC 进行优化，可以防止过充/过放现象发生，更有效地对电池组进行控制和管理。

锂电池作为燃料电池复合电源系统的辅助电源，负责供能、吸收多余电量及回收制动能量。锂电池常用的建模方法有三种，包括电化学建模、等效电路建模及数学建模。电化学模型能很好地反映化学反应的内部机理，模型精度高，但在实际优化仿真过程中计算量过大；数学模型减少了建模的复杂程度，通过搭建适用的方程来表示，能够实现快速运算，但是不利于反映电池的动态特性；等效电路模型能够表现电池的特性及其复杂的动态特性，自适应性好，计算时间适中。

从能量管理的角度出发，蓄电池大都通过等效电路建模，主流的等效电路模型包括内阻模型、阻容模型、戴维南模型等。其中，阻容模型与戴维南模型虽然能够较为真实地反应蓄电池的动态特性，但电容元件的特性值测定困难，这就导致难以进行状态观测，不利于对元件特性输出特点的分析，因而一般选取内阻模型。

动力蓄电池是混合驱动型氢燃料电池汽车的重要动力来源之一。因为其在充放电过程中伴随着复杂的化学反应，会导致电池内部温度发生变化，所以蓄电池的化学特性是存在很多复杂变量的非线性函数，可以将蓄电池简化为电压源串联内阻模型，如图 7-14 所示。

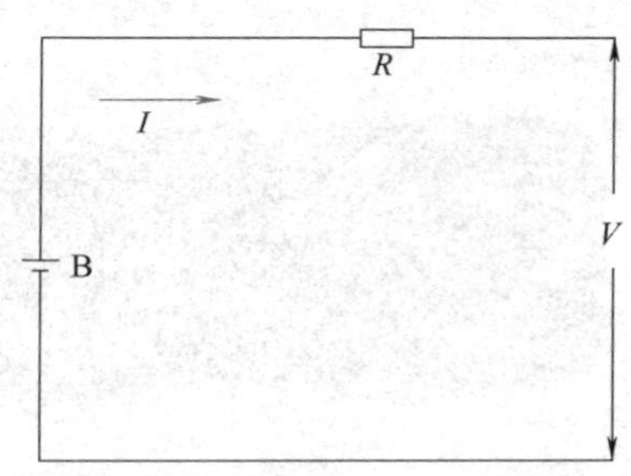

图 7-14　蓄电池等效电路图

当电流 $I>0$ 时，动力蓄电池处于放电状态，在 Δt 时间内的放电量为 $I\times\Delta t/3600$；当电流 $I<0$ 时，蓄电池处于充电状态，考虑到充电电量的损失，在 Δt 时间内的充电量为 $I\times\Delta t\times\eta/3600$，其中 η 为蓄电池库仑效率，它是时间 T 的函数。

从 $T=0$ 到 $T=T_1$ 时刻，蓄电池充入或放出的总电量为

$$Q=\int_0^{T_1}\frac{I(t)}{3600}\mathrm{d}t \tag{7-22}$$

考虑到一般蓄电池都存在电量缺损，即蓄电池荷电状态总<1，把蓄电池电量缺损值计入电量损耗中，从 $T=0$ 到 $T=T_1$ 时刻，蓄电池改变（充入或放出）的总电量为

$$Q=(1-SOC_{初})Q_{\mathrm{m}}+\int_0^{T_1}\frac{I(t)}{3600}\mathrm{d}t \tag{7-23}$$

式中，$SOC_{初}$ 为 SOC 初始值；Q_{m} 为蓄电池初始容量。

6. 驱动电机系统模型

驱动电机系统模块的主要作用是将需求转速和转矩转换为需求功率后，计算实际转矩和转速，与之相关的数学公式为

$$\omega=(\omega_{\mathrm{r}},\omega_{\max}) \tag{7-24}$$

$$T=\min(T_{\mathrm{r}}+T_{\mathrm{j}},T_{\max}) \tag{7-25}$$

式中，ω 为驱动电机的实际转速；ω_{r} 为驱动电机需求转速；$\omega_{\max}$ 为驱动电机最大转速；T_{r}

为驱动电机需求转矩；T_j 为旋转部件消耗转矩；T_{max} 为驱动电机峰值转矩。

此外，因为电机在工作时会产生大量的热量，电机的温度对电机性能的影响很大，而 ADVISOR 软件中的热计算模块可以用于计算电机的温度，所以此模块可以对电机的温度进行检测和反馈。

7.3.3 整车参数和仿真参数输入

1. 整车参数设置界面

在 MATLAB 中运行 ADVISOR 软件后，先在主界面和 M 文件中输入设计参数，然后按照以下内容进行操作。

(1) 车辆 M 文件 基于默认 FUEL_CELL_defaults_in 模型对设计的氢燃料电池汽车进行再开发。首先将 FUEL_CELL_defaults_in 模型另存为一个新文件，命名为 FUEL_CELL_defaults_su_in. m。仿真参数输入界面如图 7-15 所示。

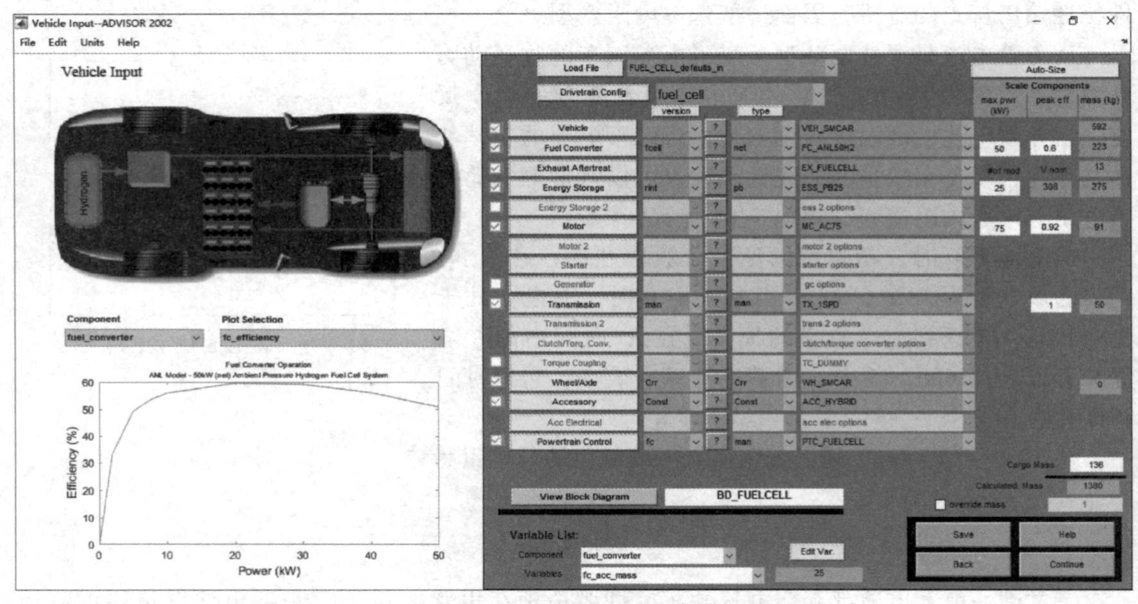

图 7-15 氢燃料电池汽车仿真参数输入界面

在仿真参数输入界面中，可以选择现有的动力系统配置或者修改动力系统模型的各项参数。该界面左上部分的 Vehicle Input 是“输入车辆模型”，显示所选车型的结构示意图，通过单击汽车模型上的各个部件，可以查看或编辑该部件的具体数据及对应的 M 文件。该界面左下部分可以显示各个部件的性能曲线。其右侧区域可以显示的部件包括氢燃料电池、蓄电池、驱动电机、变速器和主减速器等，通过动力系统配置功能和计算所得参数，修改各部件的 M 文件，并另存为仿真所需的特定车型。

(2) 整车 M 文件 将默认的整车 vehicle 文件 VEH_SMCAR. m 另存为 VEH_SMCAR_su. m，并添加到 vehicle 的目录下。在该文件中，可依据已知车辆参数进行改动。

(3) 氢燃料电池 M 文件 将默认的整车 Fuel Converter 文件 FC_ANL50H2. m 另存为 FC_ANL50H2_su. m，并添加到 Fuel Converter 的目录下。在该文件中，可依据已知氢燃料电池参

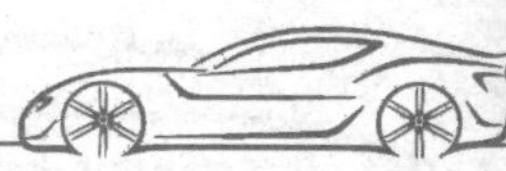

数进行改动。

（4）动力蓄电池 M 文件　若氢燃料电池汽车的动力蓄电池采用锂离子电池，则将默认的整车 Energy Storage 文件 ESS_PB25. m 另存为 ESS_PB25_su. m，并添加到储能器 energystorage 目录下。

（5）驱动电机 M 文件　若车型采用永磁同步电机，需要基于驱动电机中的 MC_PM58. m 进行修改。将 MC_PM58. m 另存为 MC_PM58_c. m，并添加到电机 Motor 目录下，同时做出改动。

（6）传动系统 M 文件　若氢燃料电池汽车的传动系统采用变速器和主减速器配置，则将整车 Transmission 文件 TX_1SPD_BUS. m 另存为 TX_1SPD_BUS_su. m，并添加到传动系统 Transmission 目录下。

（7）车轮 M 文件　车轮基于 WH_SMCAR. m 进行修改。将 WH_SMCAR. m 另存为 WH_SMCAR_su. m，并添加到 Wheel/Axle 目录下。

（8）配置结果　在完成上述所有部件的配置后，ADVISOR 软件显示的整车输入界面如图 7-16 所示。

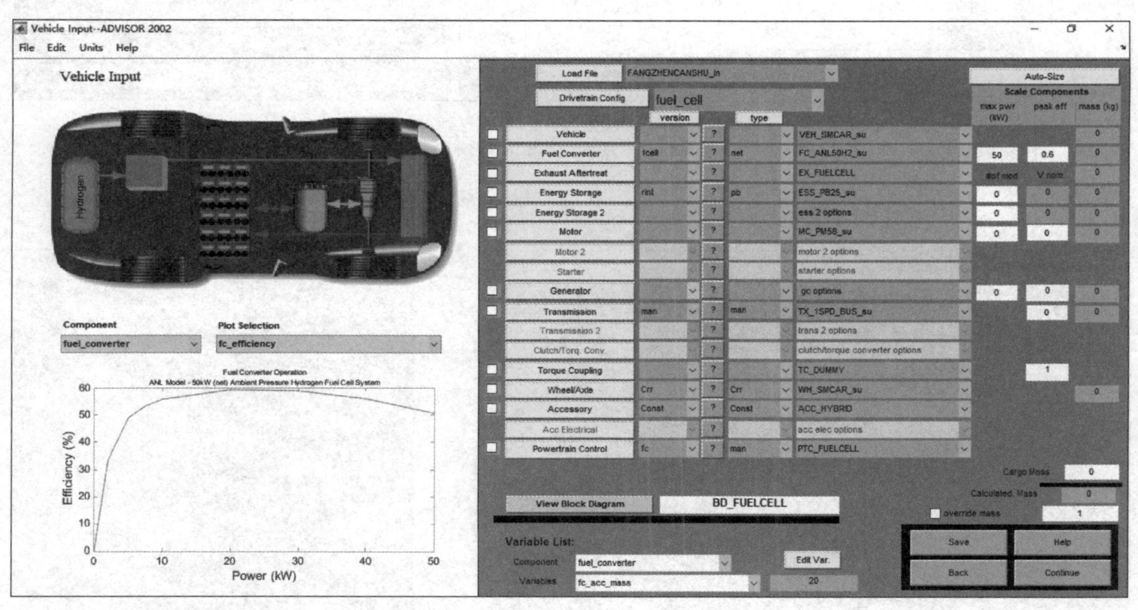

图 7-16　配置完成后的整车输入界面

2. 仿真参数设置界面

在修改完整车参数之后，单击 Continue（继续）按钮，进入仿真参数设置界面，如图 7-17 所示。

在该界面中，需要选择仿真循环工况、SOC 校正方法、加速与爬坡测试条件、优化控制策略等参数。

考虑到单一工况缺乏代表性，采用 NEDC 和 UDDS 两种工况，同时选择线性校正法。另外，ADVISOR 软件还提供了加速性能和爬坡性能测试，这两种性能测试的界面分别如图 7-18 和图 7-19 所示。

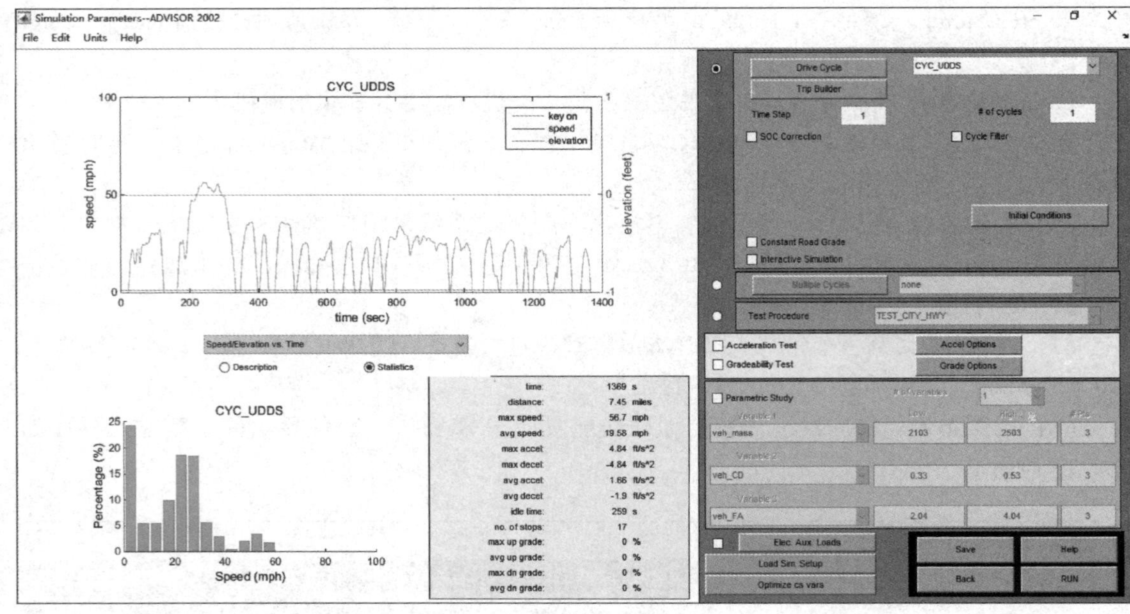

图 7-17　仿真参数设置界面

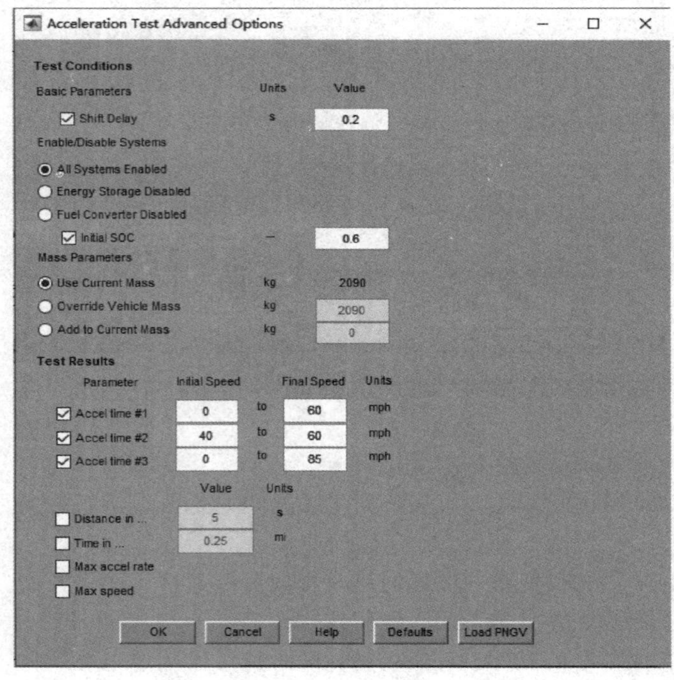

图 7-18　加速性能测试界面

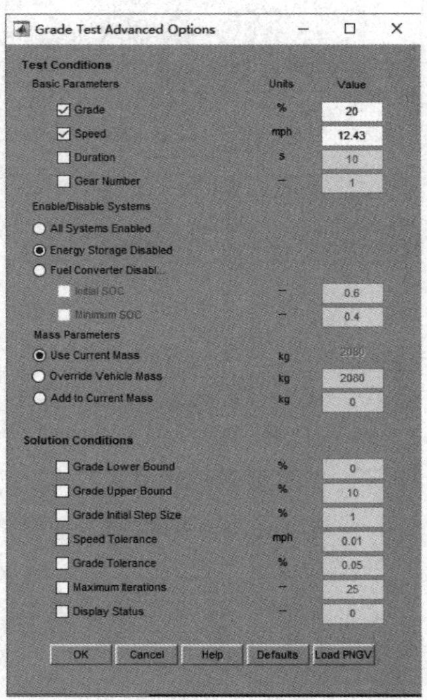

图 7-19　爬坡性能测试界面

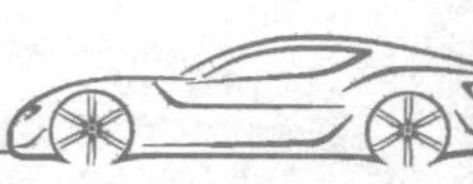

3. 仿真结果输出界面

完成仿真参数的设置和修改后，单击 RUN（运行），即可进入仿真结果输出界面。NEDC 下的仿真结果如图 7-20 所示，UDDS 下的仿真结果如图 7-21 所示。这两种工况下的能量利用率图分别如图 7-22、图 7-23 所示。

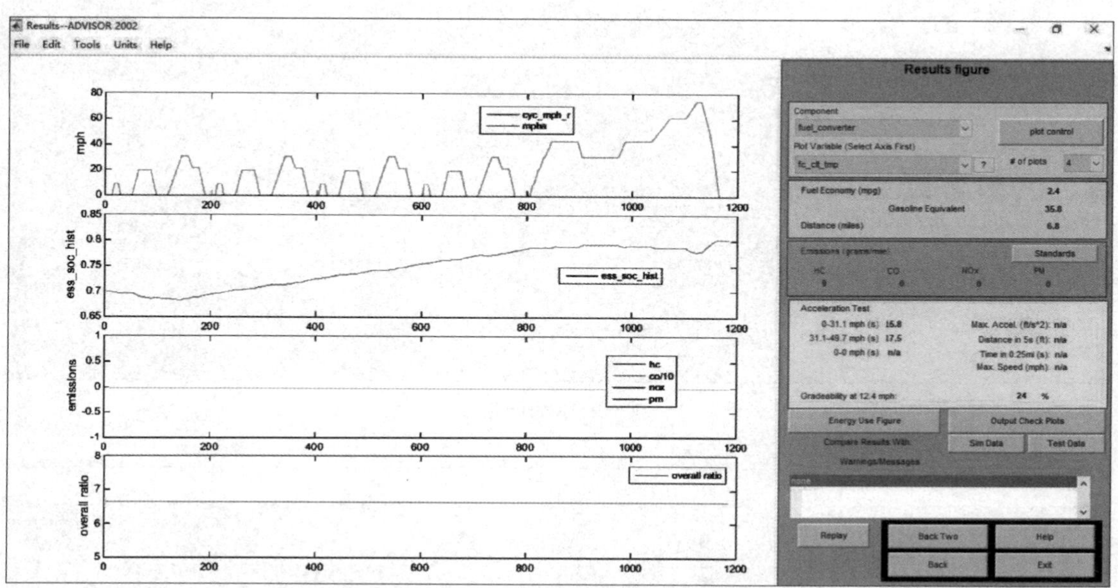

图 7-20　NEDC 下的仿真结果

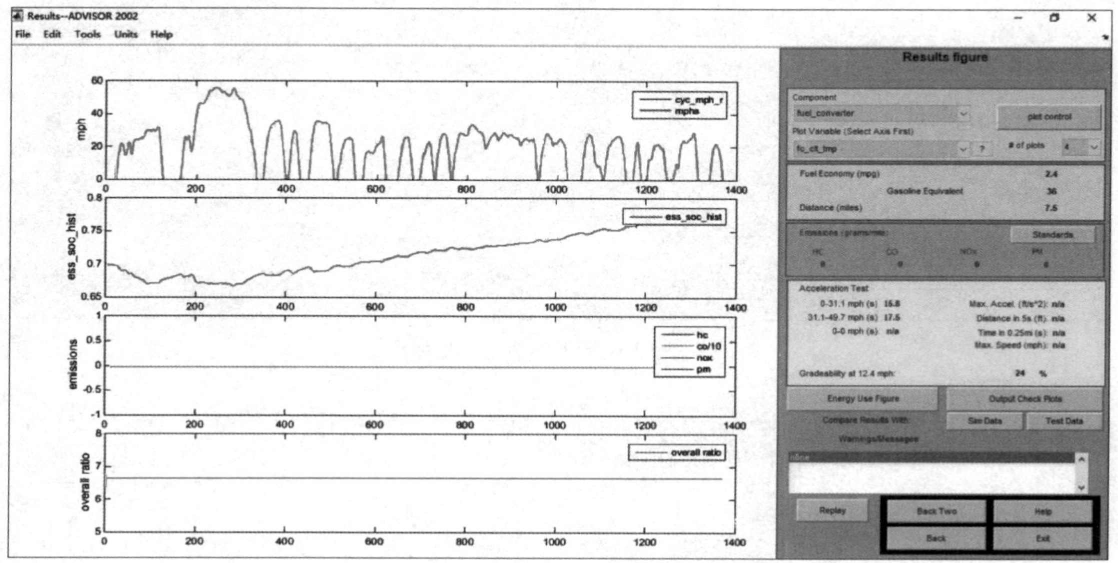

图 7-21　UDDS 下的仿真结果

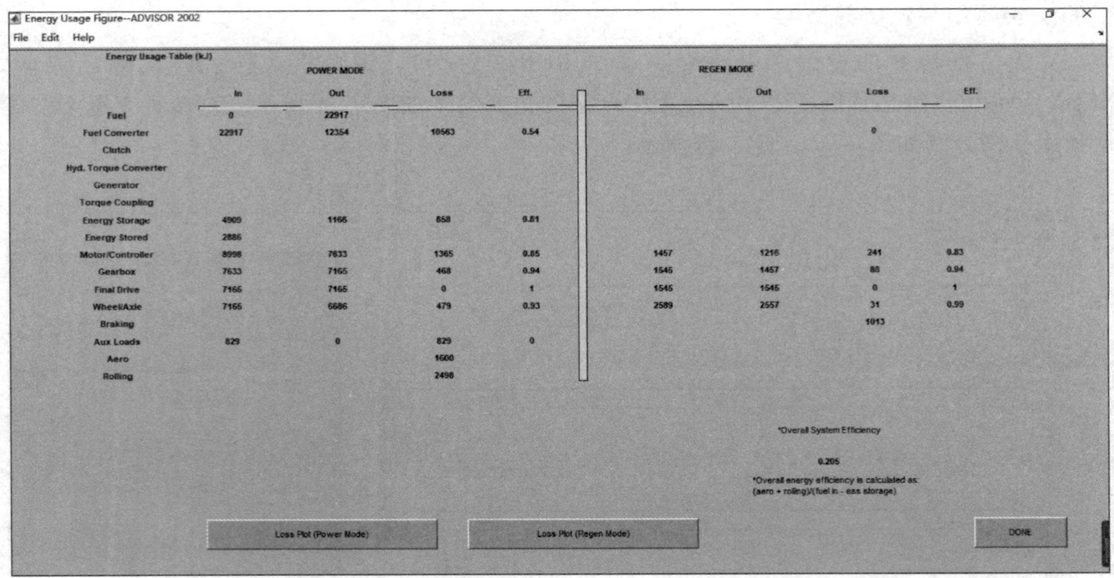
Energy Usage Figure--ADVISOR 2002

Energy Usage Table (kJ)

	POWER MODE				REGEN MODE			
	In	Out	Loss	Eff.	In	Out	Loss	Eff.
Fuel	0	22917						
Fuel Converter	22917	12354	10563	0.54			0	
Clutch								
Hyd. Torque Converter								
Generator								
Torque Coupling								
Energy Storage	4909	1166	858	0.81				
Energy Stored	2886							
Motor/Controller	8998	7633	1365	0.85	1457	1216	241	0.83
Gearbox	7633	7165	468	0.94	1545	1457	88	0.94
Final Drive	7165	7165	0	1	1545	1545	0	1
Wheel/Axle	7165	6686	479	0.93	2589	2557	31	0.99
Braking							1013	
Aux Loads	829	0	829	0				
Aero			1600					
Rolling			2498					

*Overall System Efficiency

0.205

*Overall energy efficiency is calculated as:
(aero + rolling)/(fuel in - ess storage)

Loss Plot (Power Mode)　Loss Plot (Regen Mode)　DONE

图 7-22　NEDC 下的能量利用率图

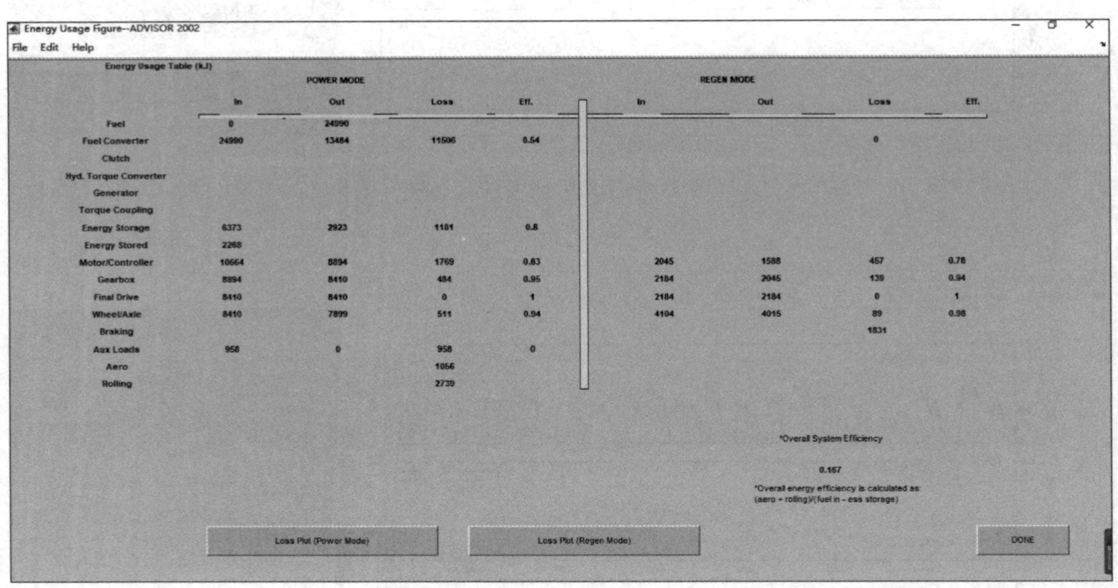
Energy Usage Figure--ADVISOR 2002

Energy Usage Table (kJ)

	POWER MODE				REGEN MODE			
	In	Out	Loss	Eff.	In	Out	Loss	Eff.
Fuel	0	24990						
Fuel Converter	24990	13484	11506	0.54			0	
Clutch								
Hyd. Torque Converter								
Generator								
Torque Coupling								
Energy Storage	6373	2923	1181	0.8				
Energy Stored	2268							
Motor/Controller	10664	8894	1769	0.83	2045	1588	457	0.78
Gearbox	8894	8410	484	0.95	2184	2045	139	0.94
Final Drive	8410	8410	0	1	2184	2184	0	1
Wheel/Axle	8410	7899	511	0.94	4104	4015	89	0.98
Braking							1831	
Aux Loads	958	0	958	0				
Aero			1056					
Rolling			2739					

*Overall System Efficiency

0.167

*Overall energy efficiency is calculated as:
(aero + rolling)/(fuel in - ess storage)

Loss Plot (Power Mode)　Loss Plot (Regen Mode)　DONE

图 7-23　UDDS 下的能量利用率图

7.4　氢燃料电池汽车重点企业分析

7.4.1　亿华通-U

北京亿华通科技股份有限公司（简称亿华通）专注于氢燃料电池发动机研发及产业化，截至 2021 年 9 月底，其燃料电池系统配套车型位居行业第一。该公司成立于 2012 年，是我

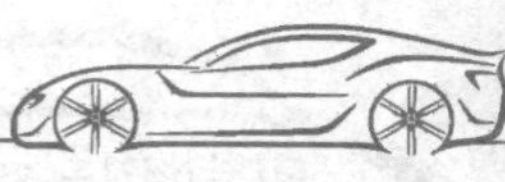

国燃料电池系统研发与产业化的先行者，它于2016年开始量产，拥有、研发、制造燃料电池系统（包括核心零部件电堆）的能力，现有燃料电池系统产品型号覆盖30~240kW。

亿华通于2015年收购上海神力科技，以拓展电堆技术；2019年，它成立上海亿氢科技，从事薄膜电极组的研发和制造；2021年，它又联合丰田汽车成立华丰燃料电池有限公司。2018年，亿华通建成投产我国首条具有自主知识产权的燃料电池发动机生产线，率先实现燃料电池发动机量产，具备年产2000台的产能。目前，亿华通二期年产1万台燃料电池发动机项目已建设完成，投产后，上海市将成为国内规模较大的燃料电池发动机生产基地。

作为国家级高新技术企业，亿华通专注于燃料电池动力系统研发及技术突破。石墨极板燃料电池强耐低温快速自起动技术基于“氢喷+引射”氢循环系统架构，省去了传统高功耗部件——氢气循环泵，简化了结构，减少了结冰风险，降低了BOP系统功耗，提升了燃料电池能效；运用电堆极化控制策略和停机吹扫自适应控制技术，精准控制膜及催化剂层的干湿状态，避免过度干湿循环，保持单片间残留水状态一致，提升低温起动性能；建立集成交流阻抗功能的石墨极板电堆及系统，及时调节低温环境下电堆内部水含量，保证系统低温起动功能的可靠性。该技术大幅度提升了燃料电池低温性能，基于该技术的新一代燃料电池产品可以在-40℃低温环境下，实现126.5s达到额定功率输出，性能指标处于国际领先地位。搭载该技术的4.5T氢燃料电池冷藏车于北京冬奥会期间完成实地低温验证，系列车辆已于2022年3月开始批量化投入使用，助力氢燃料电池汽车应用推广和京津冀氢燃料电池汽车示范城市群建设。《石墨极板燃料电池强耐低温快速自启动技术》一文斩获全球新能源汽车创新技术奖。该奖项是首个面向全球新能源汽车技术领域的评选，旨在准确把握全球新能源汽车在前沿技术研究及创新技术应用方面的最新进展，促进国内外关键技术合作与交流，引导新能源汽车核心技术加速突破。

亿华通下游客户丰富，与头部主机厂建立了稳固的合作关系。自2016年起，该公司已经累计向超过19家中国商用车制造商提供超过2000套燃料电池系统，并与北汽福田、宇通客车、吉利商用车等建立了长期稳定的合作关系。2022年，亿华通与丰田汽车、北汽福田合作开发的燃料电池客车被指定为北京冬奥会的赛事交通服务用车。

7.4.2 潍柴动力

作为我国装备制造业的领军企业，潍柴动力股份有限公司（简称潍柴动力）已经提前布局氢能赛道。从2010年开始，该公司先后投资40多亿元，现已建成全球最大、年产量达两万台的氢燃料电池发动机研发制造基地，在燃料电池全产业链的研发方面取得了一大批具有完全自主知识产权的突破性成果，能够为氢燃料电池商业化提供全系列产品和绝对领先的技术支撑。目前，潍柴动力的产品转换效率已达62.3%，使用时间可达30000h以上，位居世界领先水平。2016年，潍柴动力战略投资弗尔赛能源，并与其在氢燃料电池客车、重卡等产品领域展开合作；2018年，潍柴动力战略投资巴拉德；2019年，潍柴动力建成山东省首座加氢站；2020年，潍柴动力年产20000台氢燃料电池基地投产；2021年，由淮柴动力牵头，国家燃料电池技术创新中心在济南市正式揭牌，标志着该中心正式进入试运营阶段。在科学技术部（以下简称科技部）、山东省政府和各地市政府的全力支持下，山东国创燃料电池技术创新中心有限公司正式成立。作为运营主体，实施独立法人运营的国家燃料电池技

术创新中心，聚集优秀人才，现有中高端科技人才200余人，积极探讨实践独具特色的创新运营模式。经过一年多的试运营，在多方力量的协同攻关下，依托科技部“氢进万家”科技示范工程，成功开发了15~200kW系列化氢燃料电池发动机，形成了“黄河”雪蜡车、氢能热电联供、高速加氢站、氢能港口建设、氢燃料电池客运船等一系列转化成果。

从燃料电池到重卡、客车、物流车、商务车等，潍柴动力已完成燃料电池核心部件、动力系统及整车全产业链平台部署。2018年，该公司成为加拿大燃料电池供应商巴拉德动力系统的第一大股东。目前已建成万套级燃料电池发动机生产基地，形成了覆盖燃料电池关键共性技术突破、应用与验证全链条技术创新支撑与自主产业化能力。2021年，研发的电堆功率密度达到4.0kW/L，使用寿命超过30000h，可实现-30℃无辅热低温起动。

7.4.3 宇通客车

宇通客车股份有限公司（简称宇通客车）是一家集客车产品研发、制造与销售为一体的大型现代化制造企业。该公司产品主要服务于公交、客运、旅游、团体、校车及专用出行等细分市场。截至2020年底，宇通客车累计出口客车超70000辆，累计销售新能源客车140000辆，其生产的大中型客车连续多年畅销全球。

宇通客车研发了多项氢燃料电池客车技术，已完成了三代燃料电池客车开发，包括8m、10m、12m燃料电池公交车，11m燃料电池团体车，整车寿命、低温起动、经济性、续航能力逐步提高，目前正在开发第四代燃料电池城市客车。早在2009年，宇通客车就开始抢先布局，研发第一代燃料电池客车；2014年，宇通客车取得国内首个燃料电池客车资质认证，并于2015年取得国内首个燃料电池客车正式公告，建成中原地区首座加氢站；2018年，宇通客车成立行业首个燃料电池与氢能工程技术研究中心；2021年，它获批成立河南省氢能与燃料电池汽车产业研究院，并取得燃料电池货车资质，全面布局氢燃料电池商用车产品，产品涵盖客车、环卫、货车和物流等多个领域。截至2022年，宇通客车累计销售508辆氢燃料客车，主要承担的重点项目，包括郑州干线公交223辆，服务2022年北京冬奥会的河北张家口85辆、北京延庆150辆，江苏省首条示范线15辆，山东潍坊示范线30辆等。总体来看已累计运营超过3800万km，并形成了以郑州为中心，辐射郑州、张家口、张家港、潍坊和六盘水等地的运营网络。在服务北京冬奥会期间，950辆宇通客车以零故障、零延误、零投诉的表现获得各方赞誉，尤其是185辆宇通氢燃料客车表现最为突出，它们以100%的出勤率，从容应对低温、降雪、山地等复杂路况，累计运行50余万km，执行接送任务4000余次，接送乘客10万人次，凭借平稳运行、低噪声、长续航、低氢耗、冷起动等表现赢得了多方好评。第三代燃料电池客车加氢需要8~10min，续驶里程超过500km，可实现-30℃低温起动，每100km工况氢耗4.3kg，具有氢耗低、长工作寿命、高安全、环境适应性强等优势。宇通客车通过燃料电池全生命周期安全管理技术保证了车辆使用和运营安全，同时利用燃料电池整车智能化热管理技术，降低了取暖能耗和运营费用，提升了续航能力。

在氢燃料电池客车技术方面，宇通客车依据工况大数据和零部件工作特性，开发了基于规则的确定性控制方法，使燃料电池工作效率和使用寿命、动力蓄电池使用寿命等多目标得到优化，提高了整车经济性，延长了零部件使用寿命；通过开发燃料电池整车智能热管理技术，提高了燃料电池系统余热利用率，进一步降低了整车能耗；优化氢系统全时域监控、基

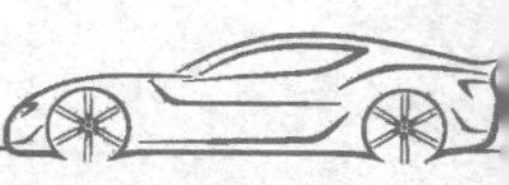

于大数据的故障预警、燃料电池系统健康度评估等技术，并应用于燃料电池客车产品，进而提高整车安全性和可靠性。在试验能力建设方面，宇通客车建设了燃料电池实验室，具备整车、动力系统和关键零部件三级测试能力，包括百千瓦级燃料电池系统测试平台、燃料电池专用空压机测试台、燃料电池专用 DC/DC 测试台、燃料电池环境舱测试系统、氢气阀类测试平台等，有效支撑了产品和技术研发。

思考题

7-1　氢燃料电池动力总成的配置方案主要有哪几种？

7-2　氢燃料电池汽车动力总成与传统内燃机动力总成的区别是什么？

7-3　基于选定的整车能量控制策略，燃料电池功率选择所需遵循的原则是什么？

7-4　驱动电机系统如何将电能转化成机械能？

7-5　驱动电机的峰值功率需要满足哪些要求？

7-6　氢燃料电池汽车动力总成在低温或高温环境下的性能如何？是否受到温度影响？

第8章　加氢站规划设计

加氢站是为氢燃料电池汽车充装氢气燃料的专门场所，作为服务氢能交通商业化应用的中枢环节，它也是氢能源产业发展的重要基础设施。

8.1　加氢站总体规划布局

8.1.1　加氢站的工作原理

根据氢气的储存状态，加氢站可分为高压氢气加氢站和液氢加氢站。总体而言，我国加氢站的技术尚未成熟，关键设备依赖进口。高压氢气加氢站主要由压缩系统、储氢系统和加注系统组成，由于国内缺乏成熟量产的加氢站设备厂商，当前设备费用占比较高。目前，我国常见的高压氢气加氢站的造价约为1500万元，据相关专家推测，未来加氢站仍有30%～40%的降本空间。当前国内氢能应用规模有限，但随着未来需求的增加和加氢站的推广，加氢环节的关键设备亟须国产化。国家或将进一步出台支持政策，加快加氢站核心设备自主研发进程，实现关键设备国产化，提高氢能商业化的经济性。

由于液氢密度较高，在相同的加氢量下，液氢加氢站的单位投资低于高压气氢加氢站，因而具有一定的成本优势。从数量来看，2020年全球液氢加氢站约占加氢站总量的33%。相比之下，我国在液氢加氢站的建设上起步较晚，2021年底全国首座液氢油电综合功能服务站正式启用。从技术维度来看，液氢装备制造核心技术基本被德国、法国垄断，我国在液氢站方面的技术研发与攻关还有待加强。

在确保安全的前提下，站内制氢、储氢和加氢一体化的加氢站等新模式也正在积极探索中，《氢能产业发展中长期规划（2021—2035年）》中鼓励充分利用站内制氢生产成本低的优势，推动氢能分布式生产和就近利用。此外，中国石化等企业也在探索充分利用固定资产，依法依规利用现有加油加气站的场地设施改扩建加氢站。

以外供氢加氢站为例，氢气通过管束罐车运输到加氢站，通过压缩系统进行加压，然后储存在加氢站里的储氢系统中，最后通过加注系统为氢燃料汽车加注氢气。当运氢车的压力足够高时，它可以直接为氢燃料电池汽车加注氢气；压力不够时，则需要高压储氢罐为车辆提供加氢服务。

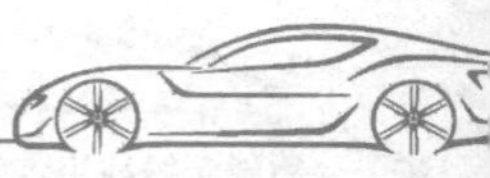

在实际操作中，储氢罐可以由多个不同压力的储罐通过并联形成。首先使用低压储罐中的氢气对加氢车辆进行加注，直到低压储罐和加氢车辆的压力达到平衡后，再换成高压储罐进行加注。

除了加氢站自身建设成本，氢气储运也是加氢站建设成本的重要组成部分，气氢拖车可以满足现阶段要求，液化氢技术是发展方向。目前，氢气运输方式主要分为气氢拖车运输、气氢管道输送和液氢罐车运输。氢能供应链中的氢输送链被定义为集中式氢装置和车辆/管道输送过程中涉及的所有设备的输送准备过程（氢压缩/液化、储存和加注）。

气氢拖车运输适用于小规模和短距离运输，气氢管道输送适用于大规模和短途运输，液氢罐车运输适用于长途运输。加氢站的工作原理如图 8-1 所示。

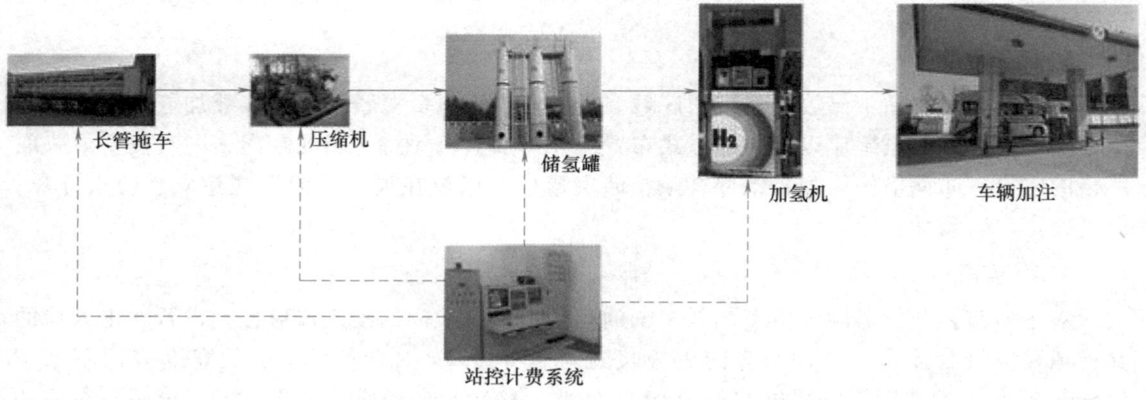

图 8-1　加氢站的工作原理

8.1.2　加氢站的组成

按照加氢站的使用性质和现有加氢站的一般现状，可以将加氢站站域分为加氢区、储氢区、行车道和停车场、辅助区四个区域。

1. 加氢区

加氢站的加氢区主要由三部分组成：站房、加氢岛和罩棚。

站房是加氢站用于管理和操作的建筑物，其通常包括营业厅、员工休息室、洗手间、储藏室等。随着现代加氢站多元化和一体化的发展，站房还增加了综合设施，如便利店和快餐店。站房的规划设置应充分考虑加氢站的等级和规模，以节约土地资源和可持续发展为原则，并根据实际需求进行设置。站房的一般形式如图 8-2 所示，90%的站房布置形式使用这种单层形式。加氢站在进行站房设计时，还应考虑站点人员和站外环境的需求，选择实用的站房数量和形式。

加氢岛是放置加氢机的岛状建筑，它是加氢站对外运营的主要设施。在设计加氢站时必须合理设置加氢岛的数量，使其满足服务区的氢需求。同时，应合理布置加氢岛的位置，以确保加氢车辆顺利进出。

罩棚属于防护设施，位于加氢岛上方，用于抵御恶劣天气的影响，避免日晒和风雪，它由四个支柱和一个巨大的棚顶组成。在设计罩棚时，需要充分考虑当地的天气状况，适当加厚罩棚建设标准或加强避雷措施，以确保加氢站安全运行。

a)

b)

图 8-2　加氢站加氢区参照图

2. 储氢区

储氢区是加氢站中储放储氢罐的区域。现代城市土地资源紧张，大多数加氢站使用地下储存氢。地埋的储氢罐应以集中的方式布置，并与加氢机保持适当的距离，同时按要求采取严格的防火、防漏措施。如果条件有限，储氢罐也可以放在地上，但要注意安装防火屏障，严禁在室内安装储氢罐。

3. 行车道和停车场

对于城市公共加氢站，由于加氢车辆的频繁进出，车辆的出入口应分别设置，出入口的交通道路应符合规范。单向行车道的宽度应不低于 3.5m，双向行车道的宽度应该不低于 6.5m，行车道的坡度不应超过 6%，行车道转弯处的转弯半径应不低于 15m，小轿车专用的转弯半径可为 9m。站内加、卸氢区和道路路面应采用不可燃材料。停车场是规模较大或者等级较高的加氢站的必要配置，旨在缓解加氢站内的加氢排队或供运输氢的车辆停车等候用，较小的加氢站很少配备停车场，需要等待加氢的车辆停靠在路边。值得注意的是，城市加氢站需要额外预留出空位为运输氢的车辆提供停车场所。

4. 辅助区

一般而言，辅助区包括零售区、车辆清洁保养区、围栏和绿化。零售区通常经营汽车用品、日用品、食品等。当土地资源紧张时，其通常位于站房内或与站房结合建造。车辆清洁保养区应与进站加氢车辆的流向一致，并尽可能远离加氢岛和储氢区，以免妨碍加氢操作。应用围栏围合加氢站，可起到保护隔离的作用，围栏高度不得低于 2.2m，应使用防火材料，不得将围栏设置在道路方向。中心城区的加氢站在不影响观测视线的条件下，也可以利用富裕的土地种植一些符合气候条件和区域特征的绿色植被。

8.1.3　站域交通流线分析

1. 车辆进出流线布置

车辆的加氢行为流程如图 8-3 所示，其中辅助设施应顺应车辆进出流线布置，以缓解加氢站内车辆滞留，避免站内发生拥堵。

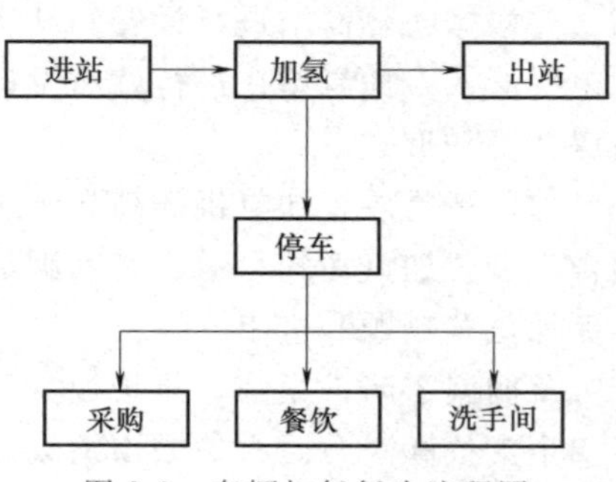

图 8-3　车辆加氢行为流程图

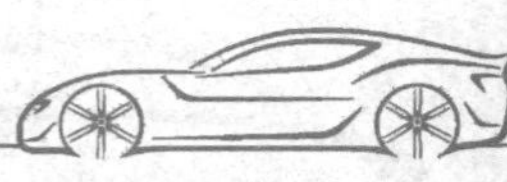

在研究加氢站的站域内交通流线时，可按加氢机的排列形状分为三类：横向排列、矩阵排列和纵深排列，三者的交通流线如图 8-4~图 8-6 所示。

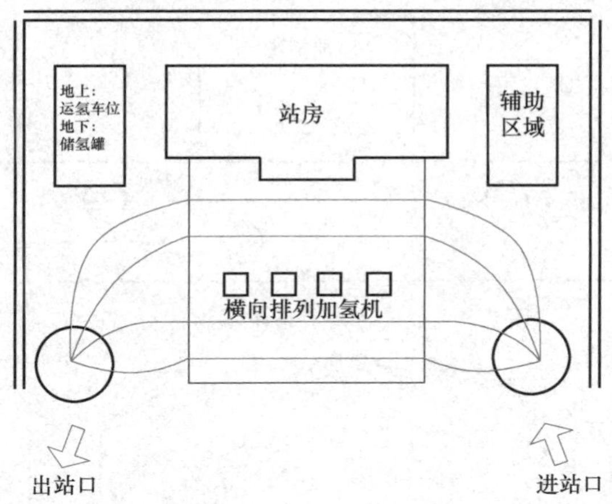

图 8-4　加氢机横向排列的加氢站站域内交通流线图

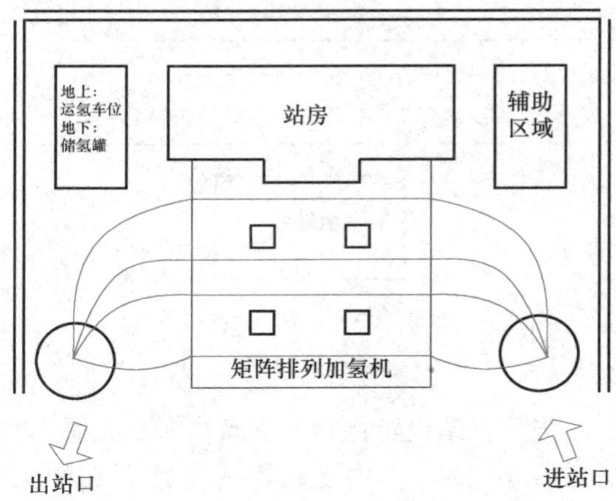

图 8-5　加氢机矩阵排列的加氢站站域内交通流线图

从这些图中可以看出，加氢机横向排列加氢站的分歧点和冲突点主要集中在入口和出口处。因此，这种类型的加氢站需要特别注意入口和出口处的标志鲜明和减速带健全，以及入口和出口道路视野宽敞、没有杂物遮挡；加氢机矩阵排列加氢站的站内冲突点的分布比较均匀；加氢机纵深排列加氢站的分歧点和冲突点集中在站内加氢机附近，这种加氢站应注意适当增加加氢岛两侧的行车道宽度。在实际操作中，还应注意加氢站内禁止停车标志的设置和临时停车车辆的管理。

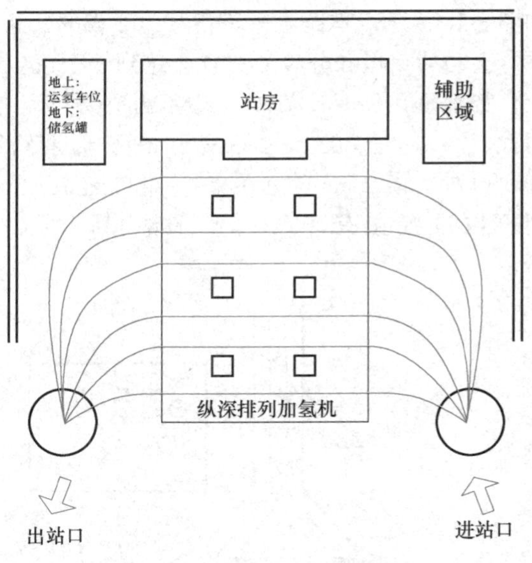

图 8-6　加氢机纵深排列的加氢站站域内交通流线图

2. 与城市交通系统的衔接

当加氢站设置在道路中段并采取对向两侧布置时，交通流线较简单，如图 8-7 所示。在相应的两个方向上只生成一个发散点和一个会合点。加氢车辆在进行转向时，只对同向行驶的后方车辆具有减速影响，并不会交通滞留现象。不考虑土地使用的影响，这种布置形式是当前道路等级较高的大城市最佳布局。

当加氢站设置在道路中段的一侧时，对向行驶的车辆需要左转进入加氢站。完成加氢后，其又要左转回到原始车道，从而与同一车道形成两次相交的碰撞点，并与对向车辆形成一个会合点和一个发散点，如图 8-8 所示。如果道路单侧加氢站合理分布在道路两侧，则冲突点发生的可能性将大大降低。因此，在道路两侧布置加氢站更为合理。

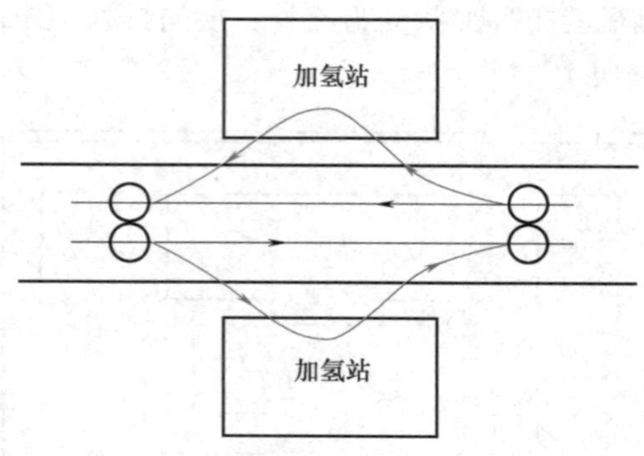

图 8-7 加氢站在道路中段直对式分布的交通流线图

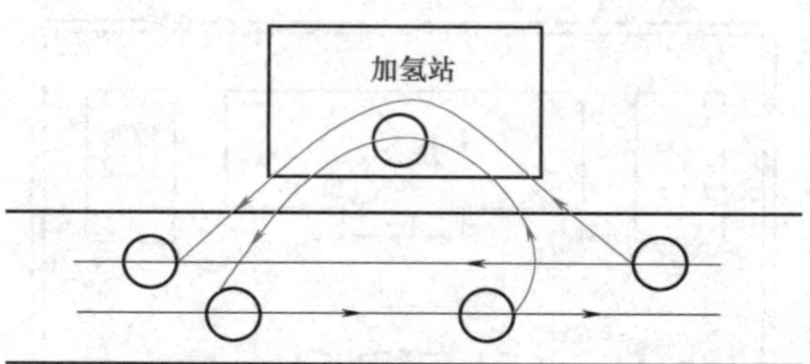

图 8-8 加氢站在道路中段单侧分布的交通流线图

当加氢站设置在转弯交叉口时，交通流线的方向如图 8-9 所示，由于转弯的角落存在视觉死角，车辆容易出现意外。加氢站的存在增加了交叉、会和、分歧的连接点，过往车辆需要特别注意。

当加氢站设置在 Y 形路口时，交通流线的方向如图 8-10 所示。道路上的车辆穿插形成的交叉冲突点、会和冲突点和分歧冲突点会达到十个或十个以上，特别是在加氢高峰期，易影响道路行车通畅。因此，中心城区的加氢站应位于 Y 形道路路口 50m 以外。若无法避免在 Y 形路口建造加氢站，则可以设置在有环岛的 Y 形路口，如图 8-11 所示。

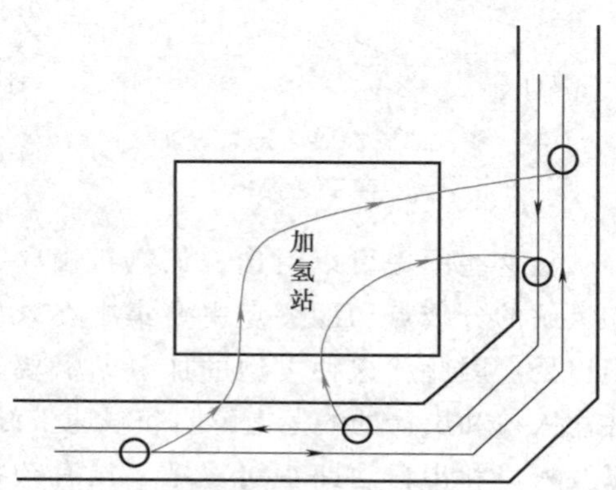

图 8-9 加氢站设在转弯处时的交通流线图

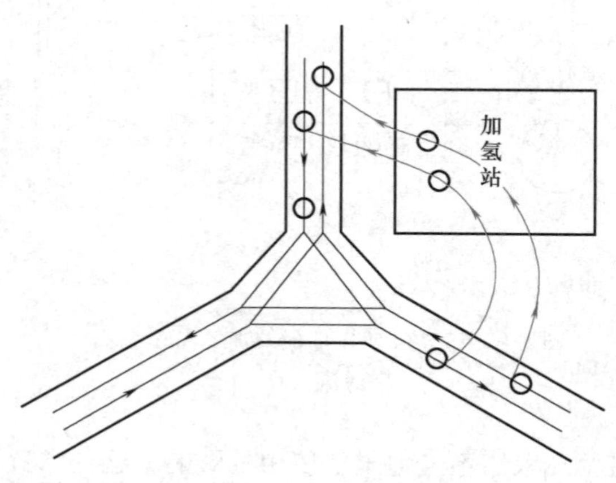

图 8-10 无环岛的 Y 形路口加氢站交通流线图

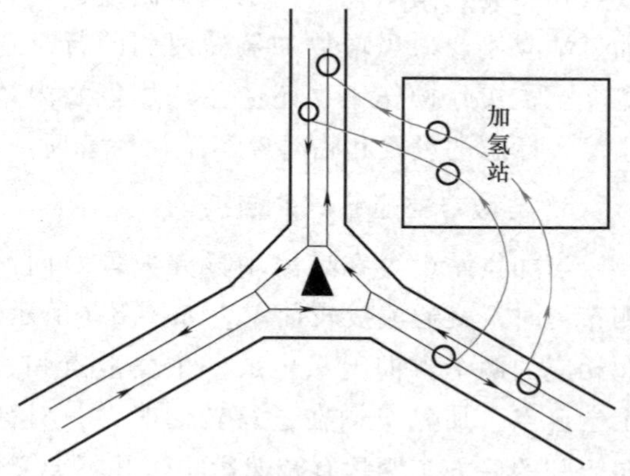

图 8-11 有环岛的 Y 形路口加氢站交通流线图

8.1.4 加氢站总平面布置类型

在区分加氢站的站区总平面布置形式时，通常以加氢岛相对于站房的位置来操作，一般有前置式、侧置式、后置式和环绕式四种。

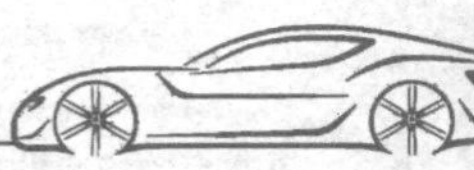

1. 前置式

前置式布置形式是指加氢岛面向道路位于加氢站站房的正前方（如图 8-5）。在被调研的加氢站中，有 80%的加氢站采用这种布置形式。

前置式布置形式的优点是加氢机和罩棚都面向道路而建，比较引人注目，并且很容易被通过的车辆注意到，站房有宽阔的视野，有利于车站工作人员观察过往车辆情况；由于加氢站内的行车道与城市道路相结合，加氢车辆的出入线路简单，转弯平缓。

前置式布置形式的缺点是仅适用于宽敞的路边和形状规则的用地，并不适合土地不富裕或不靠路边的土地。

2. 侧置式

侧置式布置形式是指加氢岛面向道路方向位于加氢站站房的一侧。其优点在于擅长利用道路夹角区域，以便于城市土地的集约使用和两条道路车辆的加氢。侧置式加氢站的交通流线图如图 8-12 所示。在调查的加氢站中，设置在交叉路口的加氢站通常采用侧置式布置形式。

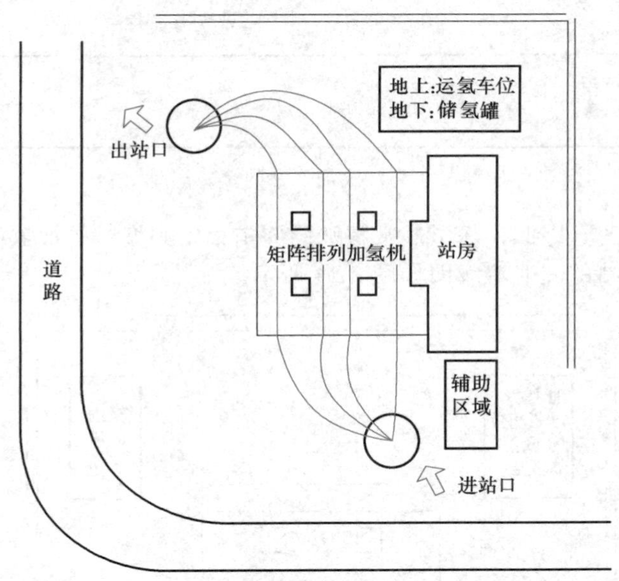

图 8-12 侧置式加氢站的交通流线图

3. 环绕式

环绕式布置形式是指加氢站的站房位于中央，加氢机均匀环绕布置在其两侧。这种布置形式会在没有显著增加占地面积的情况下，增加车辆进出站的行驶距离。其优点是适用于可利用土地面积大、机动车数量多的地区，能够很好地引导交通车流，减少对周边道路的交通负荷，但会增加占地面积，因而不适合城市土地紧张的地区，在中小城市也很少见。环绕式加氢站的交通流线图如图 8-13 所示。

4. 后置式

后置式布置形式是指加氢站的站房面向道路临街设置，加氢岛布置在站房背后，一般在对临街建筑有要求的地区使用。后置式加氢站不容易被过往的车辆看到，如果加氢车辆较

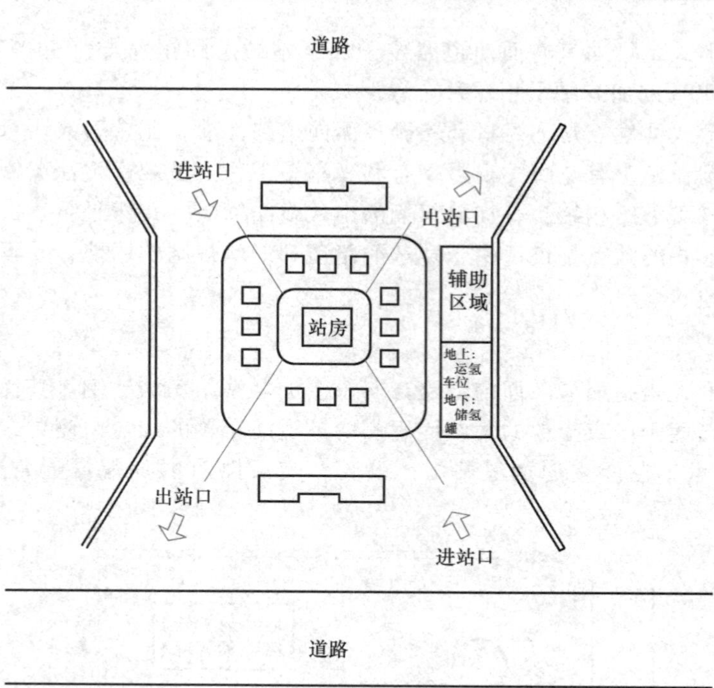

图 8-13　环绕式加氢站的交通流线图

多，也会发生交通堵塞。因此，除了非常特殊的要求，中心城区的加氢站通常不采用这种布置形式。后置式加氢站的交通流线图如图 8-14 所示。

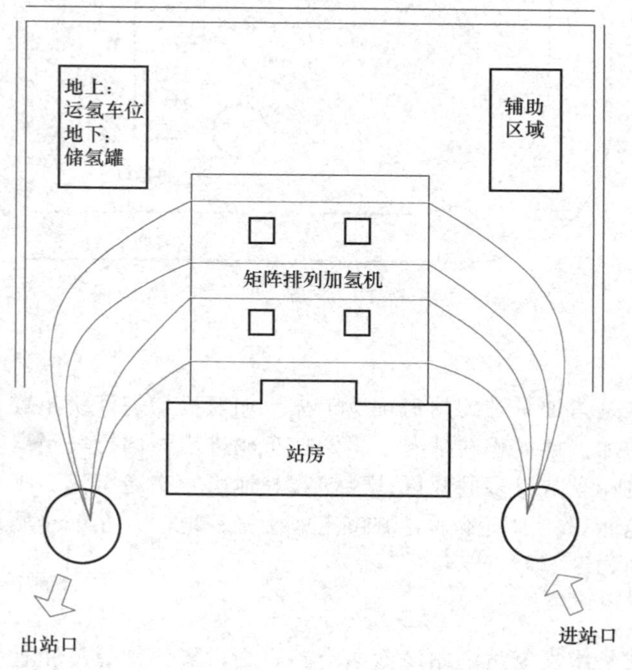

图 8-14　后置式加氢站的交通流线图

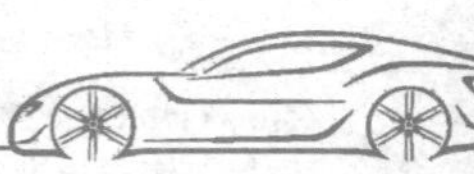

8.1.5 建/构筑物设计

1. 站房

加氢站的站房通常包括营业厅、便利服务店和行政管理室，它应根据实际情况确定楼层数。加氢站一般适合采用单层站房，但当土地资源紧张时，也适合使用二层站房。二层站房的一楼应为营业厅、便利店、公共卫生间等，以方便加氢车辆驾驶人使用。在一些北方城市，为了方便供暖，也可以增加锅炉房，但是需要保证锅炉房远离储氢区和加氢区。二楼主要是工作人员的活动区域、办公室或者员工休息室。单层站房需要区分对外服务的区域和员工活动区域。辅助区域通常布置在面积较大、用地富裕的区域。辅助区域主要提供加氢车辆清洗维修、超市快餐等服务。图 8-15 所示为单层站房和多层站房，中心城区的加氢站站房通常为单层布置。

a)

b)

图 8-15 单层站房和多层站房

a）单层站房 b）多层站房

2. 罩棚

一般而言，城市加氢站的罩棚立柱由混凝土建成，罩棚顶部采用网架结构，但是网架结构使用的材料较轻，承载能力较差，在台风和暴风雪等恶劣天气下容易坍塌。图 8-16 所示为罩棚在恶劣天气下坍塌的情况。因此，罩棚应采用钢筋混凝土和不燃材料建造。罩棚和加

a)

b)

图 8-16 恶劣天气导致罩棚坍塌的情况

氢机的边缘投影不应低于2m。一类二级加氢站的罩棚区面积应为800~1000m^2，罩棚距离地面的高度不低于7m。罩棚与支柱之间的连接须确保结构稳定性，立柱的外表面材料不易变形，并有利于清洁和维护。

3. 加氢岛

在中心城区的加氢站，其加氢岛的设计除了与加氢机要合理配置，数量也要与加氢机保持一致。除保证站内车辆通行外，还应注意采用哑铃的形状，与罩棚立柱配合使用或者单独设置，加氢岛的底部应配备防撞圈，如图 8-17 所示。

图 8-17　防撞圈

4. 安全辅助类构筑物

该类构筑物在车辆进入和离开加氢站时起指示作用，易被忽视，并且由于自然或人为原因，损坏通常比较严重。诸如进出口标志、加氢机行车方向前方的保护杆、储氢区附近的警示墩、车辆进站减速带、垃圾桶和废旧电池回收箱等设施，如图 8-18 所示，都有可能出现上述问题。为了确保车辆进出加氢的顺畅进行，加氢站在经营过程中应注意这些设施的清洁、维护和修理。

图 8-18　安全辅助类构筑物

5. 商业构筑物

加氢站作为一种商业服务设施，其内部的商业性构筑物是必不可少的，如广告灯箱和现代城市常用的标识立柱。标识立柱应使驾驶人清楚地了解加氢站可以提供的氢信息，如图 8-19 所示。

图 8-19　商业构筑物

6. 环境景观

由于城市加氢站服务的群体是过往的车辆，需要具有易被察觉和鲜明的特性，加氢站周

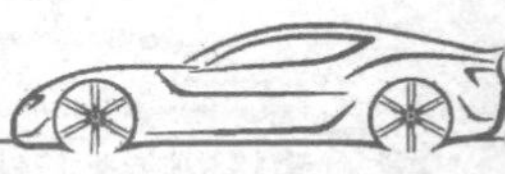

围的区域应该是视野开阔的地域。同时，因为加氢站在氢气加注、储运过程中会有一定量的挥发，长期吸入可能对员工的个人健康有害，所以有条件的加氢站可以在道路上铺设草坪或种植一些花卉和低矮的树木，但要避开油性树木，并且树木的高度不应超过 0.4m，以免遮挡标志及驾驶人和工作人员的视线。

8.1.6 加氢站安全管理措施

1. 加氢站选址、布局安全

在选址和布置加氢站时，应注意加氢站加氢设施与加氢站中的建筑物、构筑物之间的防火距离和加氢站内各种设备之间的防火距离。

2. 加氢站设备安全

（1）氢气压缩机　它应安装安全阀门、氢气关闭阀门及压力、温度超高报警等装置；压缩机入口和出口管设有换气吹扫口。

（2）储氢罐　它应设置安全泄压装置；清洗或更换储氢罐时，应将氢气排放管保持在顶部，以便于密度仅为氮气 1/14 的氢气被置换出来；排放管口应有两个截止阀和一个采样口，截止阀防止阀内泄漏，采样口便于分析排放管中的气体成分；安装压力表、压力传感器、氮气更换接口、氢气泄漏报警和火焰报警装置；进行抗压和气密性测试，定期进行设备检查和安全部件校准。

（3）加氢机　它应含有自动切断阀、拉断阀、安全泄压装置、防撞柱；充装氢气时的质量流量不>3.6kg/min；根据燃料电池车辆储氢瓶的正常填充压力，加氢机的额定工作压力通常为 35MPa 或 70MPa，70MPa 的加氢机具有氢预冷却装置。

3. 加氢站系统安全

（1）防止泄漏　通过安全连接系统，在氢气供应站的进气歧管中安装紧急切断阀，并安装手动紧急切断阀，确保能在紧急情况下切断供气。

（2）防静电　安装防静电设备和防雷设备，并采取接地措施。

（3）防火　安装火灾报警探测器、紧急释放装置、氮气吹扫装置等，加氢站关键部位根据 GB 50516—2010《加氢站技术规范（2021 年版）》配备足够数量的灭火器及消防栓设备。

4. 加氢站运行制度安全

（1）运行资质　通过安全监督、质量监督、消防安全等部门安全验收，取得车用气瓶充填许可证。

（2）操作资质　工作人员经过专业培训，并获得相关资格证书才能上岗。例如，加氢操作员需要获得气瓶充装证书；管理者需要获得特种设备安全和质量管理证书。

（3）设备许可　加氢站使用的压力储罐和保护安全装置必须获得使用许可，并在有效期内使用。

（4）管理体系　建立质量安全管理体系，包括应急管理、消防安全、设备安全、人身安全，定期进行安全检查、安全培训等；维护相关系统，制定应急预案，设立紧急情况下的应急小组，并且定期进行安全演练。

8.2 加氢站内参数设计

根据氢气加注状态，加氢站可分为高压加氢站和液氢加氢站。由于高压储氢可以在常温下进行，储氢罐具有简单的结构和较高的充装速度。目前，大多数燃料电池车辆都使用氢气，因此大多数加氢站均加注高压氢气。

一般的加氢站包括制氢系统、压缩系统、储氢系统、加注系统和控制系统。从加氢站外运输的氢气或者站内制造的氢气到达加氢站后，压缩系统将其压缩至需要的压力并储存在固定的高压容器中。当加氢车辆需要加注氢气时，凭借加氢站高压储罐和加氢车辆氢气储存容器之间的压差，通过氢气加注系统转移到加氢车辆的储氢容器中。

8.2.1 制氢系统

加氢站的氢气来源有两种：一种是由加氢站外集体制氢，然后通过运氢车或者输氢管道将氢气运送到加氢站；另一种是在加氢站内直接生产氢气。

目前，加氢站用工业制氢方法主要有以下几种：煤制氢和焦炭制氢、石油产品或天然气转化制氢、水电解制氢以及从各种工业生产中回收含氢尾气。这些制备方法在国内外都有一定的成熟经验。而利用生物技术、热化学反应及太阳能制氢的新方法已成为生产氢气的潜在途径。

我国制氢的主要原料有煤炭、石油、天然气及各种化石能源。以煤为原料或石油、天然气转化生产的焦炉煤气、水煤气和半水煤气是目前我国生产合成甲醇和氨的主要原材料。据了解，使用天然气转化设备获得99.9%纯度的1Nm^3氢气需要约1Nm^3的天然气。

水电解制氢的原理非常简单，即将一对电极浸入电解质（通常是含有质量分数约为30%的KOH碱性水溶液）中，中间用防止氢渗透的隔板隔成水电解室，在开启直流电开关后，将水分解成氢气和氧气。水电解技术使用的设备简单，易于安装、操作、管理，工艺过程无污染、纯度高、杂质含量低。其缺点主要是消耗电能，并且电解氢的成本通常较高。电解电压为1.8~2.0V，氢气纯度≥99.7%，氧气纯度≥99.5%，每标准立方米氢气的功耗约为5kW·h。

近年来，由于氢能受到世界各国的关注，一些科学技术人员对水电解装置进行了大量的研究和开发工作。小型离子膜电解制氢装置已商品化，单个装置的产量可达50Nm^3/h。现在正在开发具有低功耗的水电解装置。据报道，由日本开发的水电解制氢发生器（实验型），当工作温度为800℃时，在0.1MPa的操作压力下的单位制氢能耗仅为3.8kW·h/Nm^3 H_2O。

制氢原料及制氢方法与制氢规模密切相关。大规模制氢装置通常使用石油产品、天然气或煤作为制氢原料。对于小规模的氢生产（<1000Nm^3/h，<90K），通常使用水电解制氢、甲醇的氢重整和小规模天然气蒸汽重整制氢。

通过化石重整制氢或水电解制氢产生的氢必须经过进一步纯化精制。相关数据显示，全球大约80%的汽车氢燃料电池使用质子交换膜（PEM）燃料电池（PEMFC），燃料电池使用固体有机膜作为PEM，该膜使用Pt作为催化剂。由于Pt在酸性条件下对一氧化碳特别敏感，易中毒，需要严格控制氢燃料中的一氧化碳含量，在实际执行时应<1ppm（10^{-6}）。其对二氧化硫的要求更严格，允许的含量级别为ppb（10^{-9}），但二氧化碳的存在对Pt几乎没

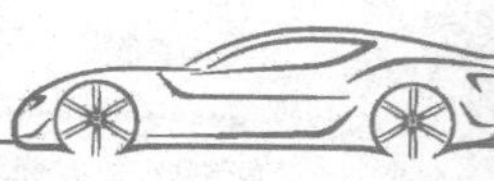

有影响。日本的氢燃料电池扩建计划（JHFC 计划）对燃料电池汽车的氢气质量提出以下要求：氢气纯度为 99.99%，一氧化碳<0.1ppm，二氧化碳<1ppm，氧气<2ppm，氮气<SO ppm，露点-60PP。

在约 160 个加氢站中，基本使用小规模水电解或天然气重整制氢的方法。尽管天然气重整制氢在经济上是合理的，但是纯化系统较为复杂，不利于控制氢气的质量，有可能使 PEMFC 出现“中毒”问题；水电解制氢虽会消耗大量电力，经济性较差，但生产出的氢气质量良好。水电解是加氢站的主要制氢方法，不含对燃料电池有害的 CO，SO_2 和其他气体。

8.2.2　压缩系统

为了使氢燃料汽车一次充氢续驶里程达到 400km 左右，结合车载储氢系统的容积要求，比较理想的车载氢气储存压力为 35~70MPa。氢气压缩有两种方式：一种是直接用压缩机将氢气压缩至车载容器所需的压力，并储存在加氢站的储氢容器中；另一种是先将氢气压缩至较低的压力（如 25MPa）储存起来，等到加注时，再用此气体部分充压，并起动增压压缩机，使车载容器达到规定压力。

1. 氢气压缩机

氢气压缩机包括往复活塞式、膜式、回转式、螺杆式、透平式等类型，可根据流量、吸入和排出压力选择合适的类型。往复活塞式压缩机流量大，单级压缩比一般为 3∶1~4∶1；膜式压缩机散热迅速，压缩过程接近等温过程，压缩比可达 20∶1，但流量小，因此常用于氢气压力高且流量不大的情况。

通常压力低于 30MPa 的压缩机更倾向于往复活塞式，已经证明其在操作中的可靠程度较高，并且可以组成由多级构成的压缩机组。当压力>30MPa 且体积流量小时，优先选择膜式压缩机。由于气室的密封结构是夹在气缸盖和气缸体之间的隔膜，主螺栓以静密封形式固定，可以确保气体不会溢出。因此隔膜腔是封闭的，不允许与任何油滴、油雾和其他杂质接触，以确保进入的气体在压缩时不会被外界污染。

国内 200MPa、120Nm^3/h 氢气压缩机组和供气系统已完成开发，可为战略导弹和宇航飞行器气洞实验提供高空气源压力，已被移植到许多民用化学项目中使用。该机组入口压力为 0.102~0.104MPa，排气压力可达 210MPa。

根据 *Fuel Cells Bulletin* 公告，日本 Kobe Steel 已经开发出一种专门用于加氢站的 100MPa 氢气压缩机，它也是由往复活塞式和膜式压缩机串联组成的。

美国知名压缩机制造商 PDC Machines 开发了一种膜氢压缩机，其最大压力为 410MPa，流速为 178.6Nm^3/h。PDC Machines 压缩机已用于多个加氢站。

2. 压缩机的进口系统与出口系统

参考天然气站的压缩系统，加氢站压缩机的入口和出口系统的主要部件包括气水分离器、缓冲器、减压阀等。在氢气进入压缩机之前，必须分离水分以避免损坏下游组件。管道中的氢气压力受环境温度、流动阻力和沿路径流量的影响，并不稳定。缓冲器的作用是缓冲气体管线中的压力波动，因为压缩机运行期间的活塞运动会导致进气歧管压力脉动，同时防止进气管中的压力脉动进入空气管。减压阀的作用是保持一定的压缩机入口压力。

8.2.3 储氢系统

1. 储存方法

储存氢的方法有很多种。目前，加氢站主要有三种方法：高压气体储存、液态氢储存和金属化合物储存。一些加氢站还以多种方式储存氢气，例如同时储存液态氢和气态氢，多见于同时添加液态氢和气态氢的加氢站。高压氢的储存期不受限制，也没有氢蒸发，这是加氢站中氢储存的主要方式。使用金属氢化物储存氢的加氢站主要位于日本，但这些加氢站也用高压氢储存作为辅助方式。

2. 储存容器

储氢系统具有储存和缓冲功能，其安全状态通常由压力和温度传感器监控。用于加氢站的高压储存容器是储存系统的主要部件。由于车载储氢容器的压力通常为35~70MPa，加氢站的高压储存容器的最大储存压力为40~75MPa。

目前，高压加氢站的储存容器大都是无缝压制的储氢罐，通常根据美国机械工程师协会锅炉和压力容器规范的第1部分和附录22的“整体锻造容器”设计和制造，它们由无缝钢管经过两端收口制成，整体结构是焊接的，常用材料是CrMo钢、SA372Gr、JCL65、SA372FGr。

由加拿大Dynetek公司制造的加氢站用高压储氢容器，其压力高达45MPa，是根据CSA B51和欧盟PED设计和制造的。

近年来，我国加大了对储氢容器的研究力度。浙江大学化工机械研究所发明了一种具有抗压、抗暴、缺陷分散和可在线分析健康状态的多功能高压储氢容器，解决了无缝压制储氢罐存在的不足。

在使用液态氢并气化的加氢站中，有大部分使用从Linde及AirProducts购买的低温储罐，液氢也可以从这些公司购买。

8.2.4 加注系统

加注系统的原理与CNG加气站的原理相同，但操作压力高，安全性要求也高。加注系统主要包括高压管道、阀门、气枪、称重和定价系统。加氢枪需要配备压力传感器和温度传感器。同时，加氢系统应具有过压保护、环境温度补偿、软管截止保护和优先注氢控制系统。当同一个加氢机给两种不同的储氢燃料电池车辆加氢时，必须使用两种不可替换的喷嘴。

8.2.5 控制系统

控制系统是整个加氢站的核心，负责指导整个加氢站的运行。确保加氢站的正常运行非常重要，需要具有全面的实时监控功能。参考CNG站控制系统，加氢站控制系统由两级计算机组成。其中，前端机器负责数据收集，管理机器负责数据处理、显示、存储、控制和上传。

硬件主要包括各种变送器（压力传感器、温度传感器、气体传感器，速度传感器等）、安全围栏、气体通信连接器、数据采集卡、工业计算机和自动控制继电器输出卡、报警和仪

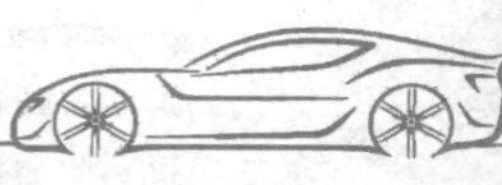

表板。软件主要由压缩机现场采集模块、氢气机械通信模块、流量计通信模块、电话线远程通信模块、专家系统和 MIS 管理系统组成。加氢站控制系统用于计算现场设备（包括压缩机系统和燃气）的各种实时数据（压力、温度、压差、气体浓度、流量、氢气销售量、销售金额等），并发送到后台工程计算机，由管理信息系统（Management Information System，MIS）处理，用于数据管理和实时显示、数据存储、氢销售累积、报告打印、自动报警、自动加载、故障停车等方面。

8.3 加氢站气源设计

8.3.1 加氢站气源设计的工作流程

从制氢厂预埋管道直接连接到加氢站及从副产氢制氢厂通过管束拖车运送至加氢站的氢气，经由压缩机加压灌装到站内高压储存容器中，在车辆需要加注时，通过加注机连接车辆燃料储存罐。为了保证加注安全和加注速度，加氢站采用多级加压分配，一般分为四个压力等级。第一步是由管束容器向车辆进行高压供气，加注的氢气主要依靠压力差自动平衡车内的压力；第二步是由加注的储氢容器向车辆中压供气；第三步是由下一级的储氢容器向车辆中低压加注氢气；第四步是由三级压力瓶组向车辆低压供气直至加注完成。上述流程都是由加注机内的计算机控制程序自动控制完成的。站外加氢站工作流程如图 8-20 所示。

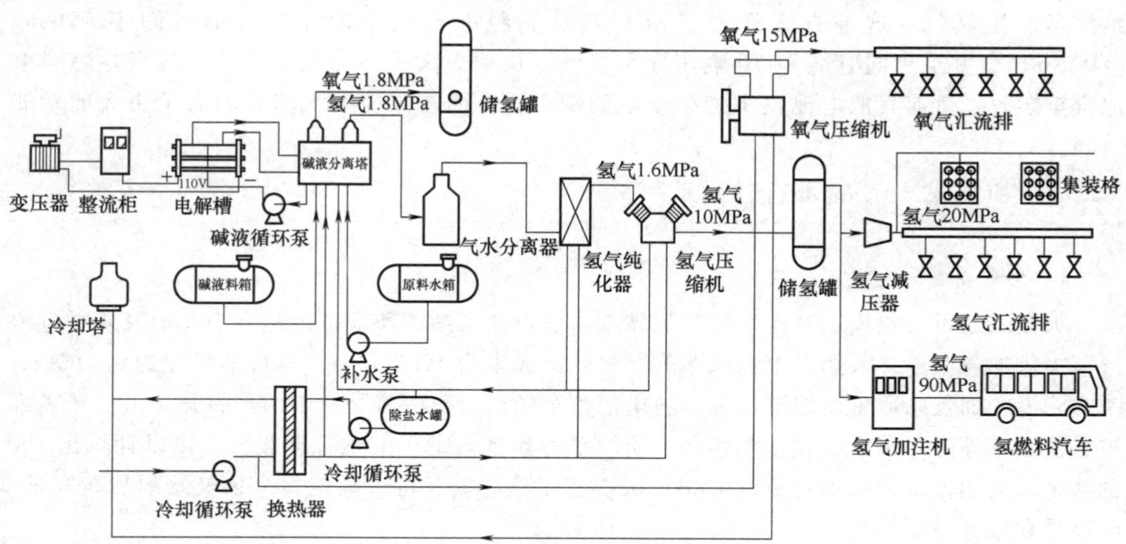

图 8-20 站外加氢站工作流程

此外，当加氢站发生用电事故时，即使有车辆正在加注，也可以通过加注机自动保护程序进行压力平衡加注，使得该车辆完成加注，不至于发生漏气事故。一般在多级加压加注后，车辆能够快速加满燃料。当连续加注多个车辆导致储气容器压力低于加注压力时，即可触动压缩机进行补氢直至加满。加注机的补气过程是进行高压充补再转为中压，之后低压补满。以上工作过程都是根据预先设定的程序自动进行的，当然也预留了手动操作。在某些特殊情况下，当氢燃料电池汽车的容量非常大而加注机的容量不充足时，会遇到加注机一边有

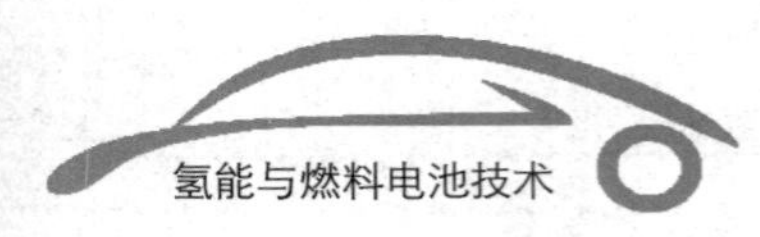

高压供应系统为其充装，一边给车辆连续加注的情况，由于充满、加注同时进行而各自的工作方式又不一样，技术难度很大。经过现有技术改进，在这种类型的工作条件下也可以完成加注过程，车辆不需要等待氢气储存容器完成充装后再进行加注。

将水电解制氢和天然气重整制氢的生产设备连接到氢气净化装置，净化装置需要和压缩机的入口连接，此时氢气隔膜压缩机内的压力为1.6~4MPa，压缩机的出口基座连接到储氢罐上，压缩机出口输出压力为40MPa。若流动速度为150Nm^3/h，氢气压力容器储氢压力为40MPa，整个储氢瓶可容纳2000Nm^{3}的氢气。40MPa压力储存器共有三个出口，分别与氢气加注机、氢气隔膜压缩机和减压器连接，方能使系统正常工作。在75MPa压力下，氢气隔膜压缩机的预留出口位置与储氢罐的入口位置相连，储氢罐的出口位置要和氢气加注装置连接，这样才能形成完整系统。因此，当氢燃料电池汽车需要充装氢气燃料时，其所需的氢气首先要被加注到40MPa的高压储罐中，被加压后的氢气通过特殊管道再通入75MPa的高压容器内进行二次加压。经过这种逐步加压方式，用三个不同压力的储氢容器为一个加注机加注氢气，储氢系统的利用率可提升60%以上。

利用压缩机可使储氢装置中的氢气压力上升到40~75MPa，储氢罐的储存压力可达到相同值。由于过去的加注系统中没有使用氢气加注机，安全系数较低，难以满足当前的安全标准，使用氢气加注机后，加注氢气变得安全、高效。汽车加注氢气时，并不是直接将未加压的氢气通过设备充装到氢气容器内，而是需要将氢气加压到特定压力后，储存在氢气容器设备内，也就是由储罐设备内压力大致为40~75MPa的氢气（储气量为2500~6000Nm^3）直接给汽车加注氢气。这种方式保证了给一辆氢燃料电池汽车加注氢气的时间不>20min（600Nm^3），并且可同时给8~10辆车充装氢气，从而大大提高了充装效率，使得氢燃料电池汽车摆脱了目前其他电池汽车持续续航的缺点，从而在新能源汽车领域有了更大的发展空间。

8.3.2 加氢站气源的可行性研究

1. 规模及需求分析

加氢站的设计规模应基于当地的氢需求。假设加氢站的覆盖范围是为100辆氢燃料电池汽车提供加氢服务，氢燃料电池汽车的燃料经济成本为100km/kg，其日均里程约为100km。考虑到沿线加氢站数量的因素，氢燃料电池汽车的运行范围将是有限的。另外，由于车辆维护、使用率等外界因素，预估车辆运行使用率为60%。基于上述合理假设，可以计算出100辆氢燃料电池汽车的氢消耗量为150kg/天。基于该数据，可以确定每个加氢站的加氢容量、储存量和服务量。

2. 成本分析

加氢站商业化运营的平均成本和氢气燃料的成本见表8-1。由该表可以看出，站内制氢加氢站的制氢设备和制氢成本在实际生产中占据总成本的一半左右，但后期的成本显著降低。由于站外氢源的加氢站无制氢装置，其站内结构成本低廉、操作方便、效率高，因此固定资产占资较低，但运输费用、后期的氢源影响较大。这种方式的原料成本占了很大的份额，特别是水电解制氢这种方式，耗电量很高，目前还没有高效的催化剂。现阶段减少材料成本是降低氢气使用成本的重要手段。

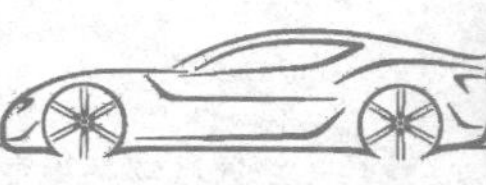

我国主要采用站外氢源的加氢站，此种方式得益于我国发达的交通网络，制氢厂分散并远离加氢站也是一个原因，但是高成本的运输方式一直是站外氢源加氢站的痛点，随着运输量的增加，相关成本会逐步下降。运输成本包括人工劳动、燃料管理服务和实际设备三方面，氢运输成本中的燃料管理服务和运输设备占比较高，实际设备成本费用管理和服务占比也很大。主要因为设备是进口的，而设备使用效率过低。如果氢气通过租用车辆运输，每辆车的运输成本为1350元，输送量为300kg/次，小规模的供氢更具成本效益，大规模的氢气供应则主要采用制氢厂直供。

表 8-1　各项成本分析

项目	成本	项目	成本
人工/(元/kg)	0.5	固定设备/(元/kg)	2.6
燃料/(元/kg)	0.5	总运输成本/(元/kg)	6.1
维修及管理/(元/kg)	2.5	每车运输成本/(元/车)	1800

采用成本模型对加氢站成本进行计算，得到加氢站的运营成本。平均每年的折旧成本和运营成本的结果约为700余万元，与加油站的运营成本相比，氢气加注费用要远高于石油。

8.4　加氢站应急预案

加氢站应急预案主要分为加氢站常见紧急事故应急预案、自然灾害应急预案及人为原因造成危险时的应急预案，具体包括氢气泄漏、失火、台风、暴雨、地震、雷电、雨雪冰冻等情况可能存在的危险及应对措施。

8.4.1　常见紧急事故应急预案

1. 氢气泄漏

遇到卸氢时发生氢气泄漏，氢运输车辆的卸氢阀应立即关闭，同时切断总电源开关并停业，加氢站相关人员应组织对现场进行处理，准备消防设备并联系有关部门。

非相关人员应及时离开污染区域撤离到安全区域，同时对污染区域进行隔离，严格限制人员进出。应急处理工作人员须穿戴安全防护装置，尽一切可能阻止泄漏源泄漏，确保氢气不会泄漏到下水道和排水沟等狭窄的地方。

分析跑、冒氢气的原因，书面报告主管公司和有关部门。

2. 失火

（1）火灾应急装备和物资　为了确保应急救援工作顺利进行，加氢站应配备应急设备和材料，由加氢站负责人或安全负责人统一购买和维护消防设备（石棉被、灭火器、消防池、防火砂），并准备必要的应急医疗物资（急救箱、药品、绷带）。加氢站设备经理负责检查和维护，以确保它们始终处于有效状态。

（2）应急启动程序　危险情况发生后，加氢站立即启动应急预案，疏散加氢站内的车辆和人员，及时通知周边地区的居民，并向上级主管部门和地方有关部门报告。如果发生重大事故，如大量泄漏、火灾、爆炸等，应立即向消防部门报告。

3. 火灾应急措施

（1）加氢机起火应急处理措施　加氢机着火时，加氢人员应立即停止加氢，用灭火器快速灭火，切断主电源并报告站长；有人受伤时，应立即对伤者现场进行救援，并拨打急救电话或者直接将伤者送往医院。若不能在2min内成功处理火灾，应立即拨打119报警，并协助驾驶人将加氢车辆推离加氢区，同时在现场设立警戒区，疏散无关人员和车辆离开现场，相关人员应配合消防队扑灭大火。

（2）运氢车卸氢过程着火应急处理措施　遇到运送氢气的车辆在卸氢时起火，应使用防火毯和灭火器灭火。如果是氢气运输车辆的气罐口着火，应用石棉毯、湿棉布、湿麻袋等覆盖气罐口，并使用车上携带的灭火器将火熄灭。停止氢气排放，关闭氢气运输车辆的氢气排放阀，切断所有电源，停止加氢，疏散无关人员和车辆，如果火灾在2min内没有被控制住，应立即拨打119求救。有人受伤时，应立即给予治疗，并拨打急救电话或立即将伤员送到最近的医院抢救。相关人员应与消防部门合作扑灭大火。

（3）电气火灾事件应急处理措施　在电气发生火灾的情况下，应立即切断总电源，使用二氧化碳灭火器或干粉灭火剂灭火（禁止使用泡沫灭火器或者用水灭火）；救火人员应穿戴安全防火装置，如果没有在2min内成功灭火，应立即拨打119求救，并设置警告区域，疏散无关人员和汽车。相关人员应配合消防部门灭火，并向经理通报损失，同时通报当地安监部门。

（4）人身着火事件应急处理措施　离着火者最近的员工应立即让其躺下并用灭火器帮其灭火（注意不要用灭火器喷射头部）。如果火区很小，可用石棉被进行灭火，其他员工立即拨打急救电话；如果不涉及其他火灾，按伤者的受伤程度执行；如果还有其他火灾，首先确定其他受伤人员，执行其他灭火程序，并向经理通报损失，同时通知当地安保部门。

8.4.2　自然灾害应急预案

1. 台风

（1）台风季节到来之前　注意天气预报和台风警报，确定当地政府部门对台风灾害的响应政策，预备好防灾救援物品，包括固定绳索、应急电源、安全帽等。

（2）天气预报播报台风后　时刻跟踪关注气象中心是否进一步更新台风预报、警告，做好停业准备，清除可能在台风中受损的物体，诸如要移除的广告灯箱等物品应及时移除，用木板或胶带封闭门窗，检查高空是否有需要移除的悬挂物。

（3）台风正在发生时　应关门停业并避免户外活动，在加氢站的站房里活动并和玻璃门、窗户之间保持必要的安全距离。避免因台风造成门窗破坏伤人，密切关注气象站播报的台风情况。

位于沿海风力较大地区的加氢站，若遇当地政府部门要求人员撤离，应立即保管好资金、发票等重要物资，服从政府部门安排。

风力较大时，员工出站房应佩戴安全帽，营业前应先检查罩棚顶及营业房顶下部是否悬挂将坠落的物体。

（4）台风过后　待台风过后，清理现场。计量员先检查操作井内是否有水，应先清除，再对罐内水位进行计量。当水位增加时，先确认是否会导致储存氢质量发生变化，若有

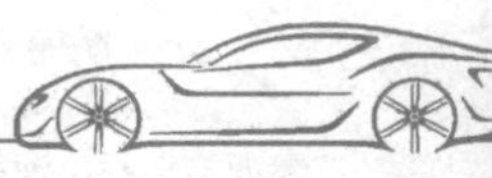

影响，应将杂质和积水清除后恢复营业。在第一时间内统计损失情况并上报经理、防台办，损失情况应简单明了，主要描述损失物品、损失部位、损失数量或面积，以及预计损失金额。

2. 洪灾（暴雨）应急程序

在汛期之前，应提前清理排水系统，并准备足够的防汛物资，如雨衣、铲子、沙子和沙袋，将易损怕潮材料转移到高处。同时，检查卸氢阀、计量口的关闭和密封情况。

如果发生洪水，应立即切断加氢站的所有电源并关门停业。密封的储氢罐可能被洪水淹没，应将有价值或易腐烂的物品和化学品放在洪水无法到达的地方。做好洪水防范工作。

洪水过后，清理排水、清理现场，检查设备和现场设施，测量储氢罐的水位，如果所有隐患已消除，可以恢复营业。最后，统计损失情况并上报。

3. 地震应急程序

如果发生地震，应立即切断所有电源并停止储氢加氢工作，按照工作流程从控制系统中将操作系统退出；采取必要措施保护加氢站的现金和各种文件；疏散加氢站的车辆和人员，将人员疏散到开放空间，遵循分工原则，坚守各自岗位，确保加氢站资产安全和员工的人身安全；当因地震发生管线或储氢罐渗漏时，执行管线和储氢罐渗漏处理程序；随时注意可能发生的次生事故。

地震过后，立即清理现场，检查设备和设施安全，测量氢气库存，确认已排除所有隐患后继续营业，并向公司值班室报告情况。

4. 防雷应急程序

1）打雷时，加氢站应暂停营业，切断电源，并向客户做好解释工作。在雷电期间禁止卸载和加注氢气。

2）加氢站员工必须保护自己的人身安全，关闭营业厅的门窗，如果有人受伤，应遵循人身安全应急处理程序。

3）当雷声响起时，请勿使用热水器或水龙头。另外，请勿触摸门窗等金属物体。

4）如果与电源、电话和电视连接的室外信号线没有配备避雷器，严禁在打雷期间使用，同时不要使用其他电器，并将电源插头拔掉。

5）雷电过后，应清理现场，检查设备和设施，确认所有隐患已清除后恢复业务，统计灾害损失情况并上报有关部门。

5. 雨雪冰冻灾害应急预案

（1）出现雨雪冰冻灾害时　应把员工和顾客的生命安全放在第一位，注意天气预报，站内应准备好充足的防灾用品，包括手电筒、安全帽、应急电源等，严禁使用明火取暖。

1）雨雪冰冻灾害警告播出后，注意气象部门是否有进一步的灾害预报、警告，并且随时做好关门停业的准备。在保证人身安全的前提下，及时处理容易松散或者有可能被雨雪压垮的物品，及时通知相关人员拆除广告灯箱、站内的进站须知牌、安全警示牌、安全周知牌等，检查门窗是否已经关闭，检查罩棚和其他建/构筑物是否有被雨雪压坏的迹象等。

2）雨雪冰冻灾害发生时，站内应采取除冰雪、在车道上铺放沙石、草垫，以及设置交通路障，降低车辆行驶速度等措施，确保进站车辆有序、平稳行驶。严禁高处作业，严禁人员到屋顶、罩棚顶部查看雪情。运氢车上有冰冻或积雪时，严禁上车计量作业，可采取清除积雪后再计量或过磅等方式进行交接入库。

（2）灾情严重时

1）雨雪冰冻灾害严重或建筑物出现被雨雪压坏的迹象时（包括出现墙面开裂、罩棚变形、立柱支撑及连接部位出现开裂和扭曲现象等），所有人员必须立即撤离公司值班室，经公司应急小组同意后停止营业，随时留意并上报公司建筑物的受压和变形情况。

2）罩棚积雪厚度超过20cm、罩棚面积超过800m^2的加氢站发现异常，随时启动疏散车辆和人员预案。罩棚积雪超过30cm的加氢站，一律停业。

3）已经停业的加氢站，要封闭进出口道路，设置警示标识，加氢罩棚下应禁止一切人员和车辆停留，并有工作人员监护，从根本上确保人员的安全。

4）发生坍塌的加氢站未经批准不得进行检修，防止发生次生事故，对加氢站坍塌现场要及时拍照，为保险理财做好准备。

（3）灾情发生后

1）灾情过后，应先检查高空物体情况，防止重压下受力不均匀导致物体垮塌；及时清除场地上的积雪，清除积雪时禁止使用铁器工具，防止与地面等物体撞击产生火花。

2）灾情过后，首先由计量员检查储氢罐内的氢气，再由站经理和安全员确认建/构筑物不存在垮塌危险，最后由站经理检查确认，方可开始营业。

8.4.3 人为潜在危害和非法行为应急预案

1. 完善组织体系，构建预防网络

1）组建加氢站防抢盗小组。在自营加氢站建立防抢盗领导小组，并与邻近的加氢站设立防盗救援队。每个加氢站都设立一个防盗队，由加氢站站长担任团队的组长，各班长担任副组长，所有加氢工人都是成员。制定防抢和防盗预案，每个季节都进行防盗预案演练。

2）组建防抢盗组织。加氢站及周边工厂、饭店、住户或村委会、派出所联合设立防抢盗组织，并约定报警方式，及时联系周围的联合防御单位处理盗窃案件，形成集体防御和集体管理，确保加氢站的安全。

2. 加强教育，提高员工意识

每个季节演练防抢、防盗预案时，需要抓住两个关键点对员工进行安全教育。首先，新员工在上班前接受防盗知识培训；其次，在重大节假日之前加强特殊防盗教育。重大节日期间是发生抢盗事件的高峰期。

建立员工档案，加强流动人员管理。

1）加氢站需要建立员工档案。在加氢站工作过的所有人员都需要登记个人信息，如身高体重、户籍所在地、家庭成员组成等。

2）加氢站不得让非加氢站工作员工长时间停留或者留宿，以防止非法人员掌控加氢站信息，方便进行抢盗或行窃。

3）严格的财务管理制度，可以降低风险、减少损失。加氢站的现金流量应及时放入站内的保险柜（收营员携带的现金不超过500元，加氢量少的时候可以不超过300元）。加氢

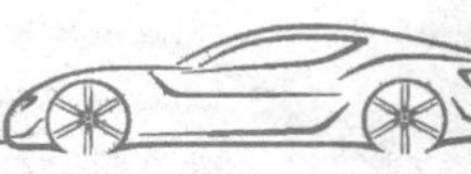

收款应在当天及时存入银行（银行工作人员上门收取或者由加氢站两名及以上员工护送至银行），票据、印章、各种发票和保险箱应由专人保管。

3. 对门窗等基础设施进行加固处理，从根源上减少偷盗事件的发生

1）为营业厅安装安全的防盗门窗。

2）根据非法人员一般从营业厅后窗撬开防盗窗进入，建议封闭营业厅的后窗，只留下通风孔或观察孔。

3）配置保险柜，并且对保险柜进行防盗处理，增加打开保险柜的难度；将保险柜固定在墙面或者地面上，以防止非法人员移动保险柜。

4. 配备防身装备

为工作人员配备必要的防身装备，使其能从容应对歹徒。教育工作人员应该始终把人身安全放在第一位，一切行动要在确保人身安全的条件下进行。

1）营业厅配备防护设备，如警棍、沙袋、灭火器和石灰粉，并放置在员工可以轻松获得的地方，防止突发情况发生。

2）可以为现场工作人员配备微型麻醉枪及便携式催泪瓦斯，以应对持有器械的歹徒。

5. 加强氢气管理，防止氢气产品被盗

从加强人员教育和严格的检查制度开始，消除杂念。

1）在储氢区域设置检验记录簿。加氢工人在夜间应隔半小时巡防检查一次，站长或计量员每晚检查两次。这样做的目的一是防止夜间值班人员睡觉；二是确保储氢区域的氢气安全。

2）储氢罐的计量口应随时上锁，并要保证牢靠，以防止氢气产品被盗。

3）必要时关闭加氢站，及时清空氢气产品，以防止氢气产品被盗。

6. 增加防盗系统投入，实现本质安全

1）在加氢站安装声光报警装置。发生抢劫案件时，员工及时按下按钮，能起到呼叫站内其他员工以震慑歹徒的作用。

2）安装110联动报警装置，确保24h通信畅通无阻。

3）安装计算机监控系统（电视监控系统）。

4）实施加氢卡IC卡改造项目，实现刷卡加氢。通过电子货币交易减少加氢站的现金流，可以从根本上减少甚至消除加氢站发生的抢盗案件。

8.5 国内外加氢站建设现状

8.5.1 国外加氢站建设现状

根据2021年2月德国LBST公司发布的全球加氢站年度评估报告，截至2020年年底，全球共有553座加氢站，其数量仍然呈现高速增长态势。2020年，四个国家新增加氢站数量显著，分别是日本28座、韩国26座、中国18座、德国14座。2010—2020年全球加氢站数量如图8-21所示。

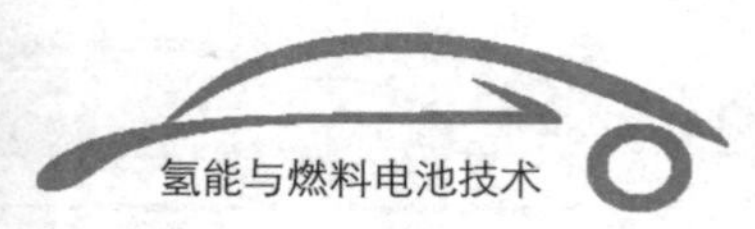

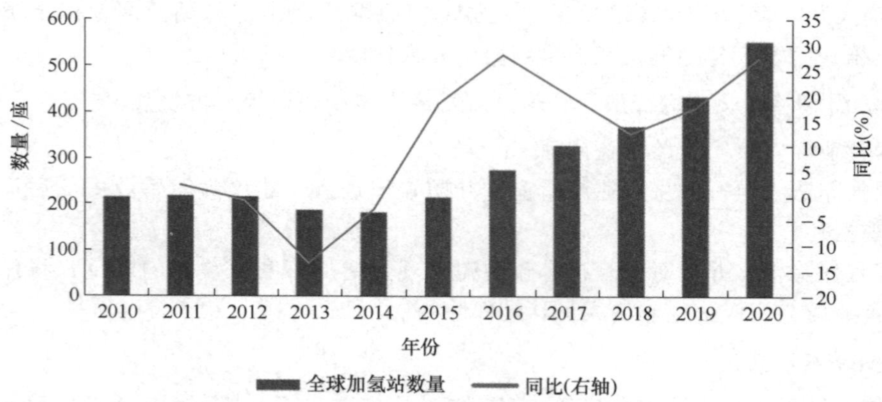

图 8-21　2010—2020 年全球加氢站数量

从地区分布来看，截至 2020 年年底，亚洲是全球拥有加氢站最多的地区，以 275 座的数量占据全球总量的 49.7%，其中 142 座位于日本，60 座位于韩国，中国的 69 座加氢站几乎全部是为公共汽车或货车车队补充燃料的。欧洲加氢站数量以 200 座位居全球第二，占据全球 36.2%的份额，其中 100 座位于德国，34 座位于法国。北美地区共有 75 座加氢站，其中 49 座位于美国加利福尼亚州。此外，根据该评估报告，非洲计划于特内里费岛建立加氢站，实现非洲地区加氢站零的突破。2020 年加氢站分布及新增加氢站分布如图 8-22 所示。

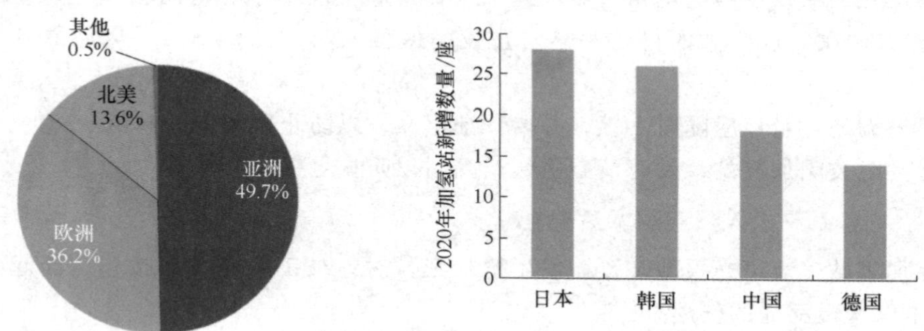

图 8-22　2020 年加氢站分布及新增加氢站分布

8.5.2　国内加氢站建设现状

我国高度重视加氢站的建设，并积极发布相关政策规划助推加氢站的建设与布局，加氢设施相关政策见表 8-2。

表 8-2　加氢设施相关政策

政策规划	发布单位	发布时间	补贴政策
《“十四五”全国城市基础设施建设规划》	住房和城乡建设部、国家发展改革委	2022 年 7 月	开展新能源汽车充换电基础设施信息服务，完善充换电、加气、加氢基础设施信息互联互通网络
《国务院关于加快建立健全绿色低碳循环发展经济体系的指导意见》	国务院	2021 年 2 月	加强新能源汽车充换电、加氢等配套基础设施建设

（续）

政策规划	发布单位	发布时间	补贴政策
《关于开展燃料电池汽车示范应用的通知》	财政部、工业和信息化部、科技部等	2020年9月	燃料电池汽车示范城市群申报需满足已推广不低于100辆燃料电池汽车，已建成并投入运营至少两座加氢站且单站日加氢能力不低于500kg等条件
《产业结构调整指导目录（2019年本）》	国家发展改革委	2019年11月	氢能和燃料电池将在新能源、有色金属、汽车、船舶、轻工等产业中得到支持发展
《2019年政府工作报告》	国务院	2019年3月	推动充电、加氢等设施建设
《关于新能源汽车充电设施建设奖励的通知》	财政部、科技部、国家发展改革委等	2014年11月	2013—2015年符合国家技术标准且日加氢能力不少于200kg的新建燃料电池加氢站每座奖励400万元，有效期到2015年年末

我国已建成加氢站数量如图8-23所示。从规模来看，我国加氢站的数量正在逐年增加。2021年我国新建100座加氢站，累计建成数量达218座，位居世界首位。2022年上半年国家进一步统筹推进加氢网络建设，全国已建成加氢站超270座。从区域分布来看，我国加氢站已实现除西藏、青海、甘肃外的省份全覆盖，同时具有一定的区域集中性特征，加氢站保有量位列前4的省份依次为广东省、山东省、江苏省和浙江省。

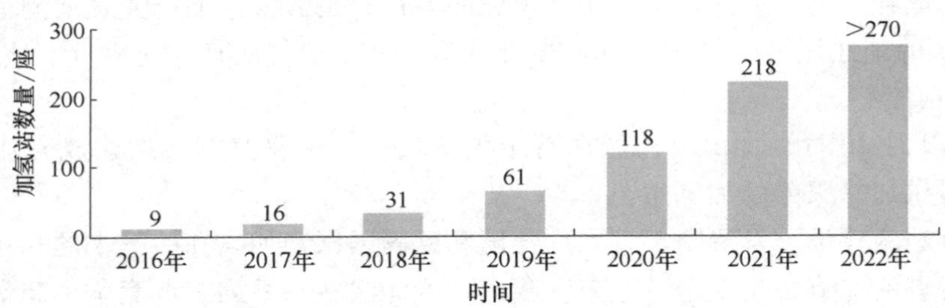

图8-23　我国已建成加氢站数量

2006年11月8日，我国首个车辆加氢示范站在北京永丰科技高新技术产业区正式投入运营。目前，北京有4家氢燃料加氢站正在运行。

上海首个加氢站在嘉定安亭国际汽车城落户，并于2007年11月15日正式投入使用。作为上海首个为燃料电池汽车提供服务的供给站，它正在为上海所有燃料电池私家车和公共汽车提供压缩氢气。安亭加氢站可储存800kg氢气，能同时为6辆公共汽车和20辆小汽车加氢。2010年上海世博会期间，安亭加氢站与济阳路加氢站一起，共同完成了世博会燃料电池汽车示范车队的供氢保障任务，大力促进了燃料电池汽车的发展。

2015年，宇通客车在郑州建成第三座国内加氢站。该加氢站可以满足10辆氢燃料电池公交车加氢的需求，日加氢能力达到250kg，能够满足氢燃料电池示范车辆运行的需求。

2016年10月，佛山（云浮）产业转移工业园思劳片区氢能产业基地氢能汽车项目基本完成，并在当年10月底之前投入使用。

2017年8月，广东省首个加氢站——氢枫能源（中山）大洋电机加氢示范站调试完成，其氢气储存量为998kg，加氢规模为500kg/d，该站投入运营后可为中山地区的氢能源汽车提供加氢服务。

2017 年 9 月，氢枫能源（十堰）东风特种汽车加氢站竣工，其储氢能力为 998kg，最大加氢能力约为 500kg/d。目前，该站已顺利为东风特种汽车公司生产的氢燃料电池物流车辆补充氢燃料。

2017 年 9 月，丹灶瑞辉加氢站作为全国首个市场化运作的加氢站投入运营。该加氢站位于佛山市南海区丹灶镇，投入约 1250 万元建设而成，占地面积约 6.7 亩㊀，加注压力为 35MPa，日加注能力为 1000kg，同时配置有储存区、加注区、加氢区等功能区及相关设备。

2017 年 10 月，江苏省首个加氢站——南通百应能源加氢站在如皋建设完成。该站由南通百应能源有限公司投资创建，氢气储存量为 980kg。

2017 年 10 月，丰田汽车在中国的首个加氢站正式完工，氢化物喷枪头具有红外通信环装置，可实时交换温度和压力数据，控制氢气加注效率，确保加氢过程的安全性。

2018 年 4 月，郫都区氢气站项目分两期建设，第一期临时加氢示范点位于成都市尧都区现代化工业港口，占地面积约 7.6acre㊁，具有完全的氢气脱气、加压、加注和计量功能，最大连续填充能力可以达到每天 400kg 氢气，能连续为 5～10 辆氢燃料电池汽车充满氢气；第二期将建造一个固定的加氢站，最大存储容量为 600kg 氢气，可连续向 15～20 辆氢燃料电池汽车补充氢气。

2018 年 6 月 11 日，湖北第一个固定加氢站在武汉经济技术开发区汽车配件园正式破土动工。该项目填补了湖北省固定加氢基础设施的空白，是武汉氢能产业发展的里程碑。加氢站使用 35MPa 的加注压力，并保持 70MPa 压力和 700kg 氢气的日填充容量。该站于 2018 年 11 月完工后开始营业。

2018 年 12 月 20 日，佛山市禅城区首个加氢站——佛罗路氢气站建成营业，成为佛山第一家 24h 提供加氢服务的加氢站。

我国加氢站的建设、发展晚于日本、美国和欧洲国家。如果在接下来的几年内不能把握主动，争取后者的优势，实现弯道超车，我国可能无法在一系列工业竞争中起带头作用。截至 2017 年，我国已建造完成 9 座加氢站，其中位于北京、上海、郑州、大连、云浮和蔚山六个城市的加氢站正在运营，占全球业务的 2.2%。其他三座加氢站是为大型活动和事件而创建的，活动开展完后已被拆除。

2020 年 10 月 27 日，《节能与新能源汽车技术路线图（2.0 版）》发布，它对燃料电池汽车的功能及氢能基础设施等提出了明确要求，如图 8-24 所示。该路线图量化了车用氢能需求，将 2025 年、2030—2035 年加氢站的建设目标分别提高至 1000 座和 5000 座；同时提出 2025 年、2030—2035 年燃料电池车保有量分别达到 10 万辆、100 万辆的目标。

随着国内氢能产业不断推进，地方政府陆续发布氢能发展规划，给出加氢站建设的数量布局计划，并对加氢站配套设备和建设运营给予相应的补贴政策。

2021 年 2 月，上海市人民政府印发了《上海市加快新能源汽车产业发展实施计划（2021—2025 年）》，提出到 2025 年，建成并投入使用各类加氢站超过 70 座，燃料电池汽车应用总量突破 1 万辆的目标。

2021 年 3 月，广州市黄埔区发布公告，对《广州市黄埔区广州开发区促进氢能产业发

㊀ 1 亩 = 666.6m^2。

㊁ 1acre = 4046.856m^2。

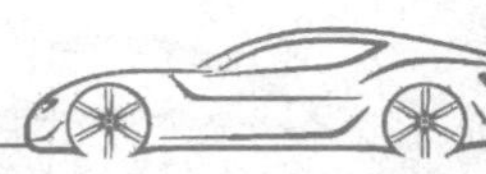

		2025年	2030年　2035年
总体目标		基于现有储运加注技术，各城市因地制宜，经济辐射半径达到150km左右；运行车辆达到10万辆左右	突破新一代储运技术，突破加氢站数量瓶颈，城市间联网跨域运行，保有量达到100万辆左右
总体目标		燃料电池系统产能超过1万套/企业	燃料电池系统产能超过10万套/企业
氢燃料电池汽车	功能要求	冷起动温度达到-40℃，提高燃料电池功率，整车成本达到混合动力水平	冷起动温度达到-40℃，燃料电池商用车动力性、经济性及成本需要达到燃油车水平
氢燃料电池汽车	商用车	续驶里程≥500km 客车经济性≤5.5kg/100km 寿命≥40万km，成本≤100万元	续驶里程≥800km 重卡经济性≤10kg/100km 寿命≥100万km，成本≤50万元
氢燃料电池汽车	乘用车	续驶里程≥650km 经济性≤1.0kg/100km 寿命≥25万km，成本≤30万元	续驶里程≥800km 客车经济性≤0.8kg/100km 寿命≥30万km，成本≤ 20万元
氢能基础设施	氢气供应	鼓励可再生能源分布式制氢，氢气需求量达到20～40万t/年	以再生能源制氢为主，氢气需求量达到200～400万t/年
氢能基础设施	氢气储输	高压气态氢、液氢、管道运氢	多种形式并存
氢能基础设施	加氢站	加氢站 ≥1000座 加注压力：35/70MPa 氢燃料成本≤40元/kg	加氢站 ≥5000座 加注压力：35/70MPa 氢燃料成本≤25元/kg

图 8-24　我国对加氢站建设数量提出明确目标

展办法及其实施细则》（以下简称《办法》）进行公示并征求社会公众意见。《办法》修订了投资落户扶持、租金补贴、加氢站建设补贴、加氢站氢气补贴、贴息补贴等政策，预计将带动当地氢能产业的加速发展。

2021 年 4 月 7 日，北京市经济和信息化局发布公告，对《北京市氢能产业发展实施方案（2021—2025 年）》征求意见。该方案对区域氢能产业发展提出了阶段性目标：截至 2023 年 8 月，我国已建成 17 座加氢站，推广燃料电池汽车 2612 辆。2025 年前，力争完成新增 37 座加氢站建设，实现燃料电池汽车累计推广量突破 1 万辆，累计推广分布式发电系统装机规模 10MW 以上。

8.6 国内加氢站案例分析

8.6.1 长清服务区加氢站

1. 长清服务区现状解析

长清服务区地处济南市长清区，位于济荷高速公路 78km+110M（济广高速 K78 处两侧），于 2008 年 8 月正式对外营业（济荷高速于 2007 年通车）。该服务区占地面积 140 余亩，其中建筑面积 7336m^2，设有大小停车位 180 个。目前，长清服务区所在路段断面流量约为 9600 辆，日均进区车辆近 2000 辆，其内开设的经营项目有餐厅、住宿、超市（包括书报音像、水果摊及零食小吃）、汽修厂等，其中餐饮、住宿等为自营项目，其他外租项目采取收取固定租金的方法。

长清服务区实景图及平面布置图分别如图 8-25 和图 8-26 所示。由于东西区平面布局为镜像设置，以下所有分析均只分析西区，东区情况完全相同。

图 8-25 长清服务区实景图

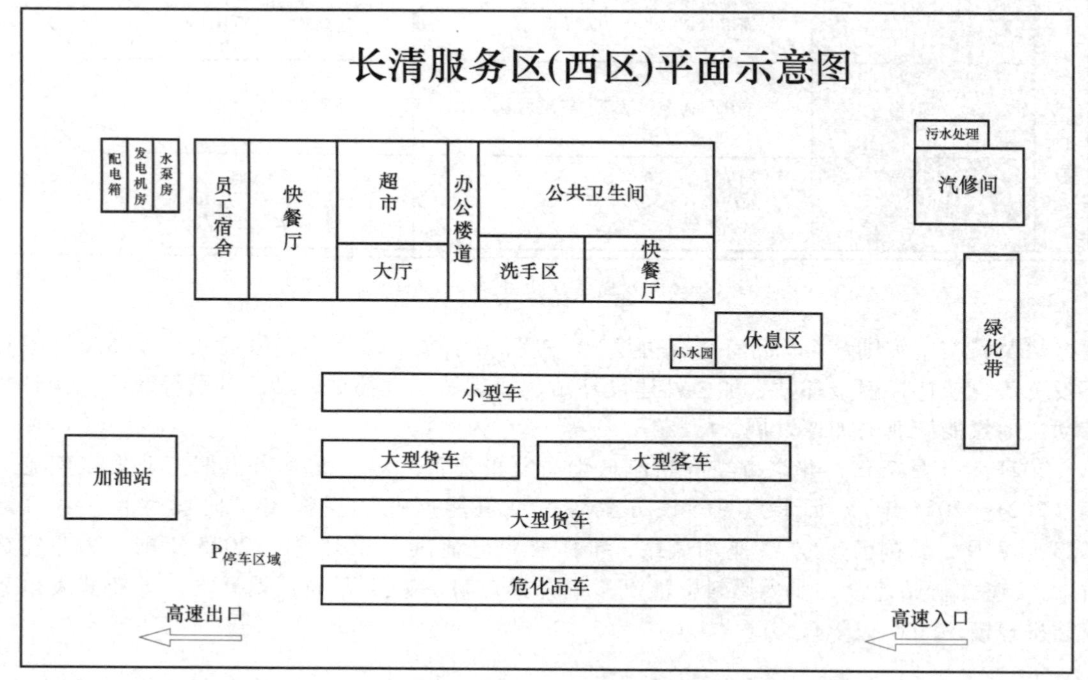

图 8-26 长清服务区（西区）平面示意图

2. 加氢站预设位置分析

综合考虑服务区交通流线及功能分布等情况，将加氢站按图 8-27 所示位置布置，占地面积 4000m^2，即东西方向长 100m，南北方向宽 40m。

由于服务区为道路中段直对式分布，加氢站也采用相同布置形式，同向行驶的车辆仅需要右转进站加氢，完成后左转回到原本的车道中，只与同向车道形成两次交叉冲突点，不会与对向行驶车辆形成会合点和分歧点。

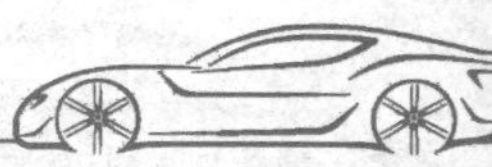

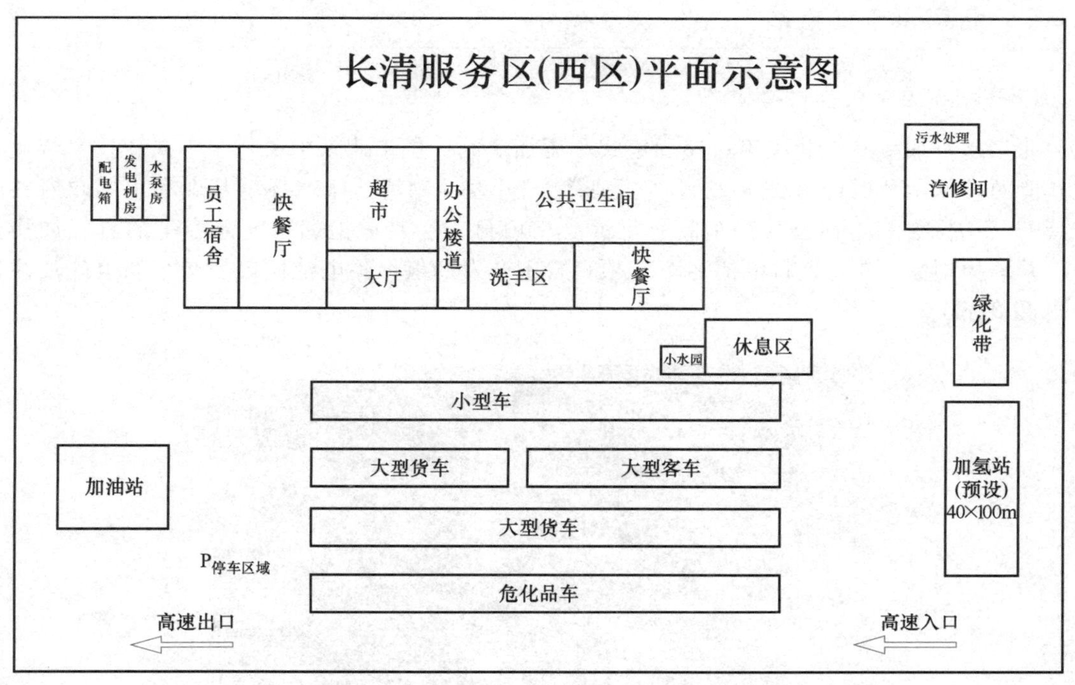

图 8-27　长清服务区（西区）加氢站位置图

3. 加氢站站内布置分析

因车道宽度和加氢站面积充裕，故采用加氢机矩形排列的形式布置加氢站，可使站内冲突点分布较均匀。

根据加氢站的功能布局及占地面积，加氢站总尺寸定为东西方向长 100m，南北方向宽 40m，并含有以下设施及功能：储氢区、加氢区、站房、辅助区域。其中，站房内含有控制室、办公室、营业厅（含小型便利店）、员工休息室、洗手间。加氢区罩棚尺寸定为东西方向长 50m，南北方向宽 20m，预设四台加氢机。长清服务区加氢站站内布置平面图如图 8-28 所示。

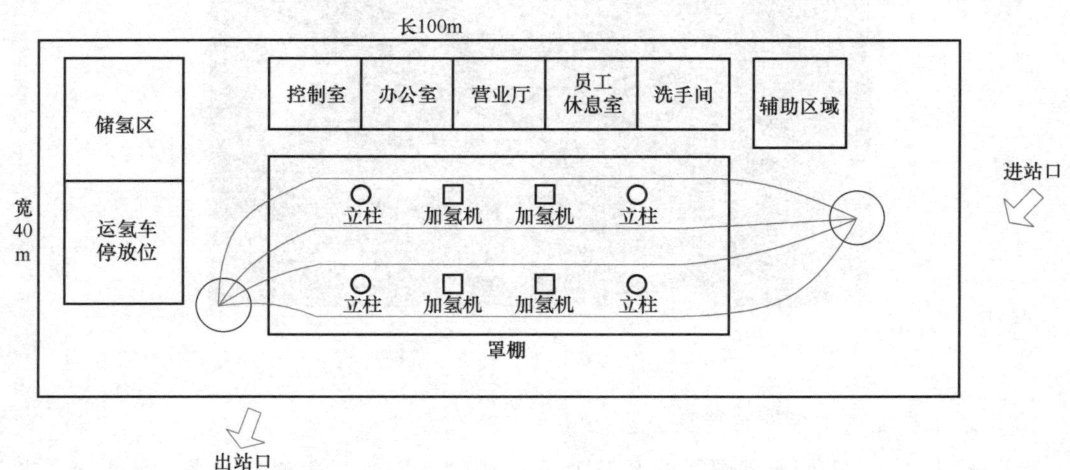

图 8-28　长清服务区加氢站站内布置平面图

8.6.2 北京永丰加氢站

1. 北京永丰加氢站背景

北京永丰加氢站是我国第一座固定式车用加氢站，位于北京中关村永丰高新技术产业基地新能源技术示范园内（图 8-29）。它是联合国开发计划署、全球环境基金和中国政府共同支持的“中国燃料电池公共汽车商业化示范”项目，主要承担燃料电池客车的氢气加注任务，并承担国家“863 燃料电池客车”项目自主开发的氢燃料电池城市公交车的氢气加注任务（图 8-30）。

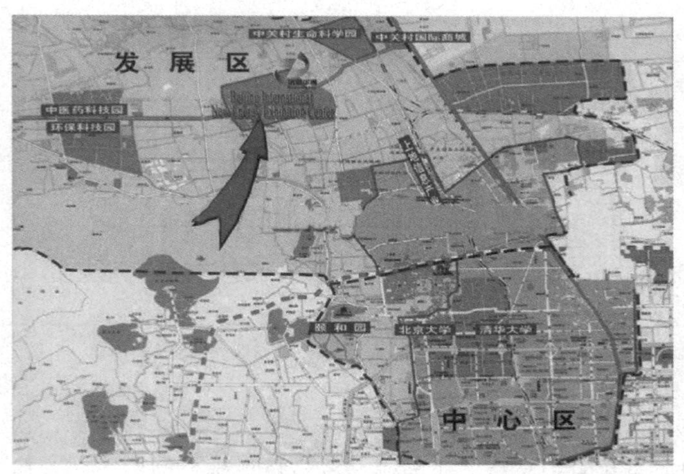

图 8-29　北京永丰加氢站地理位置

图 8-30　加氢站工作人员在为车辆加氢

2. 北京永丰加氢站平面布置及工艺流程

北京永丰加氢站平面布置图如图 8-31 所示，其制氢装置工艺流程方案、外供氢工艺流程方案分别如图 8-32、图 8-33 所示。

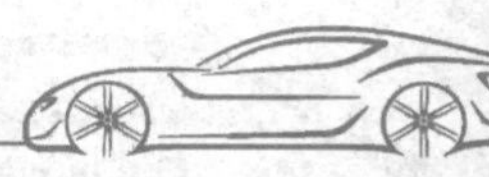

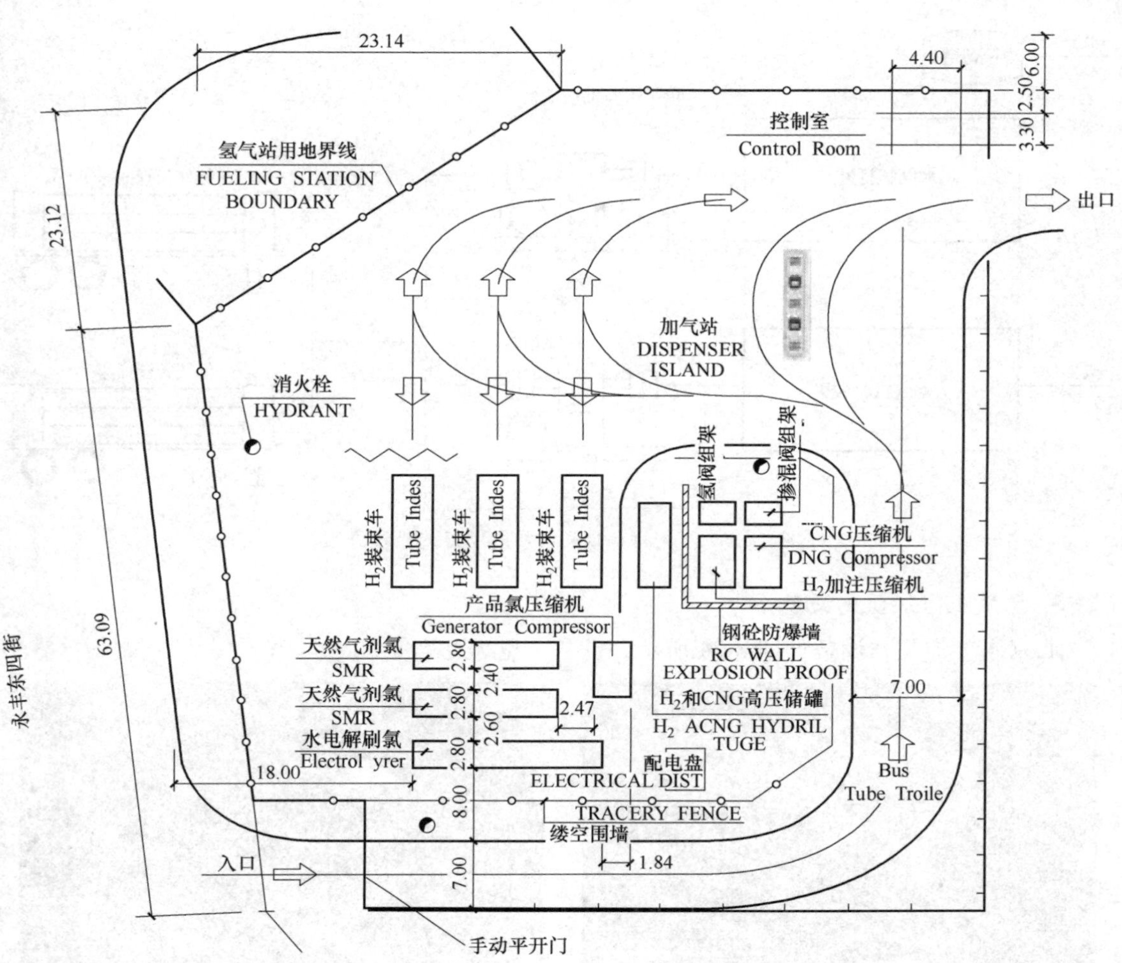

23.14
4.40
6.00
2.50
3.30
控制室
Control Room
氢气站用地界线
FUELING STATION
BOUNDARY
出口
23.12
加气站
DISPENSER
ISLAND
消火栓
HYDRANT
氢阀组架
掺混阀组架
H_2装束车
Tube Indes
H_2装束车
Tube Indes
H_2装束车
Tube Indes
CNG压缩机
DNG Compressor
H_2加注压缩机
产品氯压缩机
Generator Compressor
钢砼防爆墙
RC WALL
EXPLOSION PROOF
63.09
永丰东四街
天然气剂氯
SMR
天然气剂氯
SMR
水电解刷氯
Electrol yrer
2.80
2.40
2.80
2.80
2.47
2.60
2.80
2.80
H_2和CNG高压储罐
H_2 ACNG HYDRIL
TUGE
7.00
配电盘
ELECTRICAL DIST
Bus
Tube Troile
18.00
8.00
TRACERY FENCE
缕空围墙
入口
7.00
1.84
手动平开门

图 8-31 北京永丰加氢站平面布置图

氧气15MPa
氧气1.8MPa
氢气1.8MPa
氧气储罐
氧气压缩机
氧气汇流排
碱液
分离塔
变压器
整流柜
110V
电解槽
碱液循环泵
碱液料箱
冷却塔
原料水箱
气水分离器
氢气1.6MPa
氢气
10MPa
氢气
纯化器
氢气
压缩机
储氢罐
集装格
氢气20MPa
氢气减压器
氢气汇流排
补水泵
除盐水罐
冷却循环泵
冷却循环泵
换热器
氢气
90MPa
氢气加注机
氢燃料汽车

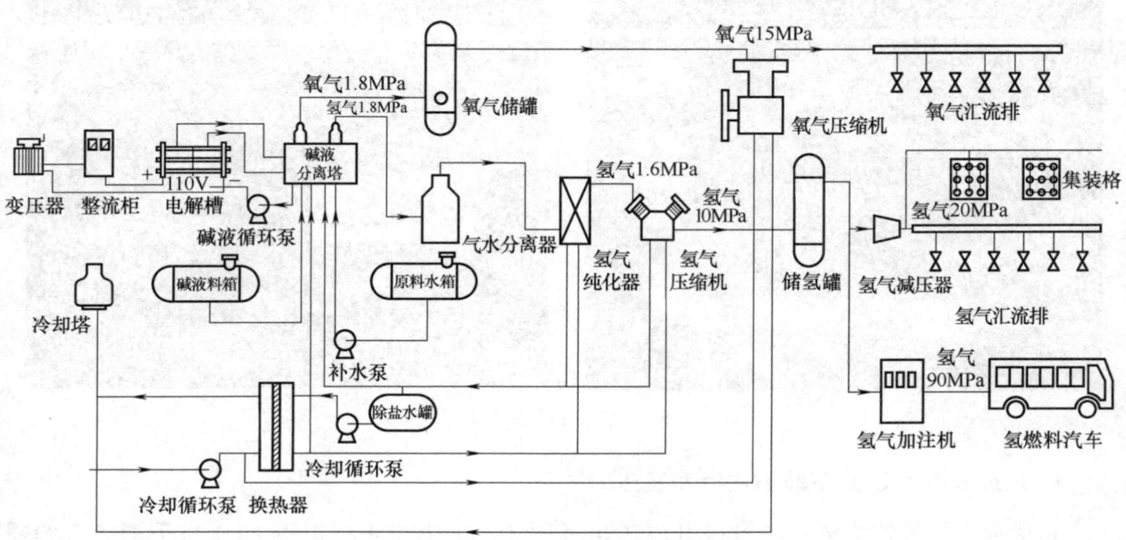

图 8-32 北京永丰加氢站制氢装置工艺流程方案

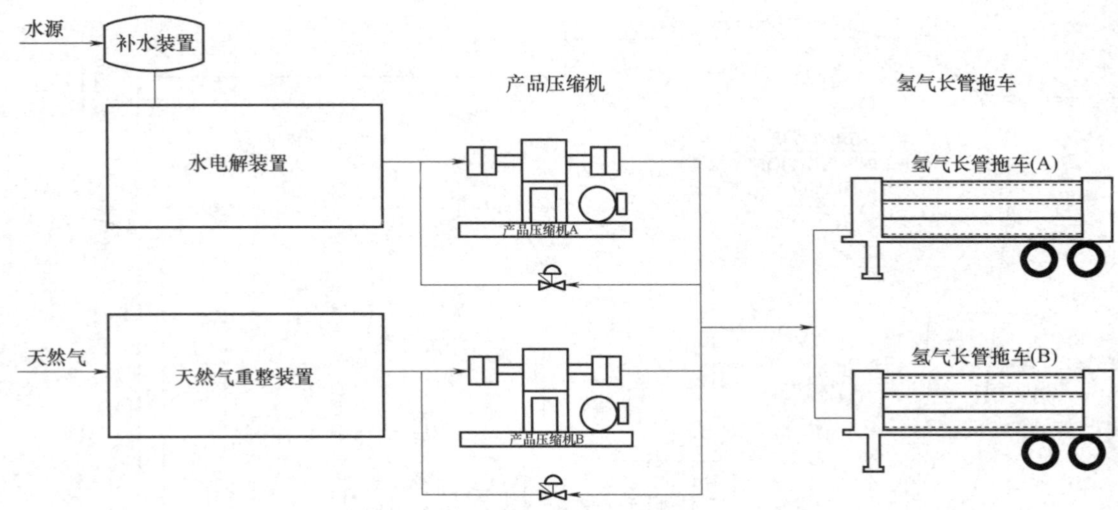

图 8-33　北京永丰加氢站外供氢工艺流程方案

3. 北京永丰加氢站设备

北京永丰加氢站设备如图 8-34 所示，设备一览表见表 8-3。

图 8-34　北京永丰加氢站设备

4. 北京永丰加氢站车辆加注时间及压力

北京永丰加氢站为戴克氢燃料电池客车（图 8-35）在 350×10^5Pa 的压力下加满氢约需 15min。当氢燃料电池客车充满氢时，它可以携带约 40kg 的氢气。

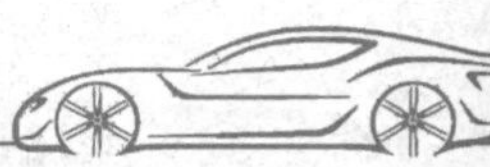

表 8-3 北京永丰加氢站设备一览表

序号	设备名称	型号	数量	供应商
1	氢气加注压缩机	PDC-13-5800	1	美国 PDC
2	氢气高压储罐	TAE/EVO-121	1	美国 CPI
3	氢气长管拖车	298kg H_2/辆	2	中国
4	氢气加注机	Series 300	1	美国 Genesys

同时，该加氢站具有向家用轿车和氢燃料公共汽车加注氢气的能力，并且加注接口分为 350×10^5Pa 加注和 200×10^5Pa 加注，以防止误操作引发安全事故。

(1) 350×10^5Pa 加注（图 8-36，适用于进口 350×10^5Pa 气瓶）

接口：WEH TN5；

喷嘴：WEH TK25；

加氢设备：WEH NO. C1-19136-TN5。

图 8-35 车辆正在加注氢气

图 8-36 350×10^5Pa 加注接口图

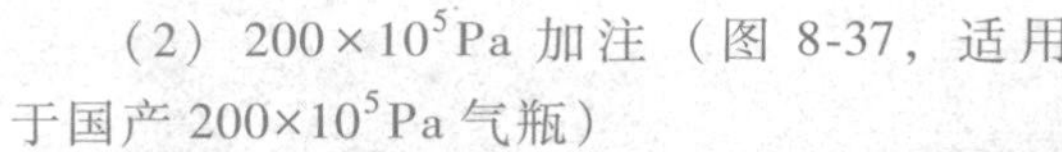

(2) 200×10^5Pa 加注（图 8-37，适用于国产 200×10^5Pa 气瓶）

接口：WEH TN1；

喷嘴：WEH TK16；

加氢设备：WEH NO. CI-18480-TN。

图 8-37 200×10^5Pa 加注接口图

5. 北京永丰加氢站控制系统及工作流程

(1) 加氢站中央安全监控系统 考虑到北京永丰加氢站的地理位置，该加氢站安装了中央安全监控系统，以保障加氢站的安全。中央安全监控系统可以随时监控加氢机、压缩机、制氢设备和加氢站出入口，其界面如图 8-38 所示。

(2) 加氢站数据采集处理系统 数据采集处理系统可以记录加氢站中每次氢气加注的初始温度和压力、氢气加注量、加注时间、制氢系统数据等信息，并实现对加氢站数据的分析、存储、查询等功能，其界面如图 8-39 所示。

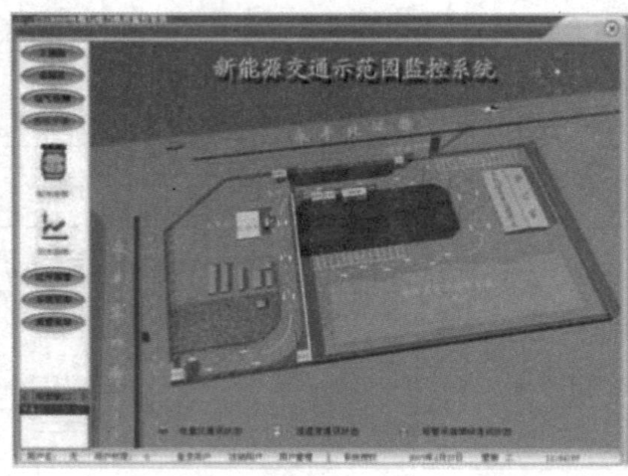

a)

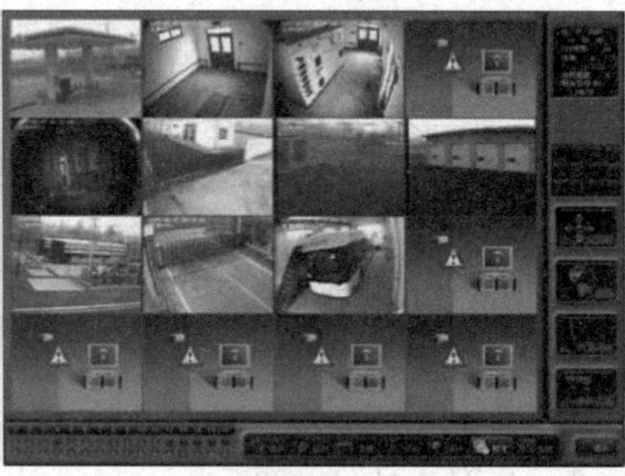

b)

图 8-38　北京永丰加氢站中央安全监控系统界面

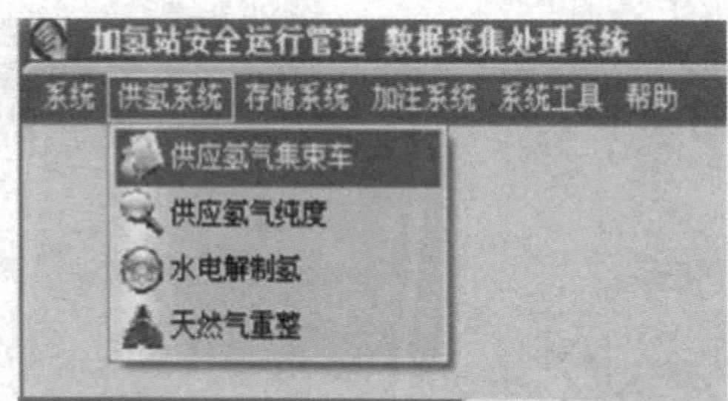

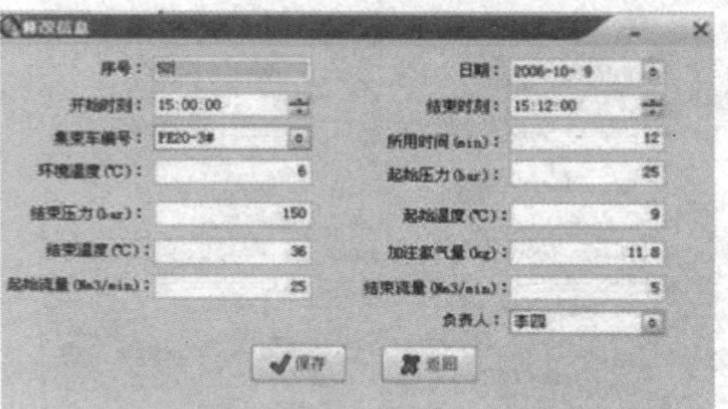

存储氢气集束车管理

添加 修改 删除 刷新 查询 报表 统计 导出 退出

编号	日期	集束车编号	压力(bar)	温度(℃)	氢存储量(kg)	负责人
6	2006-10-9	TT-C	200	17	347.58	李四
5	2006-10-9	TT-B	40	17	69.51	李四
4	2006-10-9	TT-A	180	17	312.82	李四
3	2006-10-8	TT-C	200	15	350	张三
2	2006-10-8	TT-B	60	15	105	张三
1	2006-10-8	TT-A	200	15	350	张三

总共6记录　　时间：2007-2-4 20:14:16

a)

图 8-39　北京永丰加氢站数据采集处理系统界面

a）系统界面

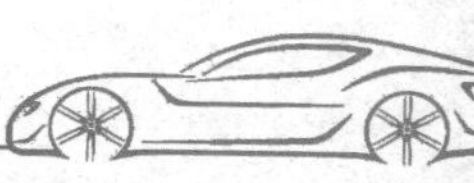

b)

图 8-39 北京永丰加氢站数据采集处理系统界面（续）

b）实景

思考题

8-1 什么是加氢站？为什么它在氢能源发展中至关重要？

8-2 请简要概述加氢站的组成。

8-3 如何确定一个城市或地区需要建设多少座加氢站？

8-4 加氢站的主要储氢方法有哪些？如何确保加氢站内氢气供应的安全性和可靠性？

8-5 加氢站的平面布置类型有哪些？各有何优缺点？

8-6 加氢站的氢气来源有哪些？

8-7 在偏远地区或乡村，加氢站的规划设计有何特殊考虑？

8-8 如何确保加氢站的氢气供应能够满足不同类型氢燃料电池汽车的需求？

8-9 加氢站在应对紧急情况和自然灾害时有何应急预案？

8-10 在未来能源发展的背景下，加氢站的规划设计需要考虑哪些新兴技术和趋势？

第9章　氢燃料电池技术及氢燃料电池汽车发展动态

9.1　世界氢燃料电池发展及运行

9.1.1　美国氢燃料电池发展

1. 美国氢燃料电池相关政策

美国是最早将氢能和燃料电池作为能源战略的国家，也是燃料电池乘用车销量第一的国家。美国政府发布的《能源政策法》《全面能源战略》等政策文本中均提出要大力促进氢能和燃料电池的发展，特朗普政府将氢能和燃料电池作为美国优先能源战略，开展前沿技术研究。2018年，美国宣布将10月8日定为美国国家氢能与燃料电池纪念日。同年，美国通过两党预算法案，对固定式燃料电池发电和交通应用燃料电池的联邦商业投资继续进行税收抵免。根据美国国际贸易委员会（ITC）减免法规，五年内将逐步减少30%的税收，最终确保燃料电池产品（包括固定电站和物料运输行业）达到其他清洁能源技术同等发展水平。

在过去的20年里，美国能源部在氢能和相关领域投资超过40亿美元，主要包括氢气生产、运输、储存，以及燃料电池和氢能涡轮机发电等技术的研发。这些研究成果与工业项目相结合，有许多已经成功。例如，应用配备碳捕获和储氢装置的制氢技术，以低于2美元/kg的成本生产无碳氢；燃料电池的制造成本降低了60%，耐久性提高了4倍。截至2020年12月，美国能源部已颁发了1100多项美国专利，并在市场上推出了30多项商业技术。

2. 美国氢燃料电池市场发展

自20世纪60年代，燃料电池在美国国家航空航天局（NASA）双子星航天飞船上首次应用后，包括奔驰、福特在内的国际知名车企相继推出燃料电池概念车型。截至2018年12月，在美国销售与租赁的燃料汽车共有5658辆。在2010—2020年的十年里，美国氢能源在工业生产中取得了丰硕的成绩，主要表现如下：由美国Plug Power公司开发的氢燃料电池叉车实现了量产；Fuel Cell Energy公司开发的固定式燃料电池在汽车领域得到了广泛应用；Air Products公司和Praxair公司关于氢能储运的核心技术领跑世界其他国家。

目前，美国已经有超过650MW的氢燃料电池能源在全球范围内运输，并有超过10000辆氢燃料电池汽车在全球范围内交付，在氢燃料电池方面的收入超过20亿美金。美国地区

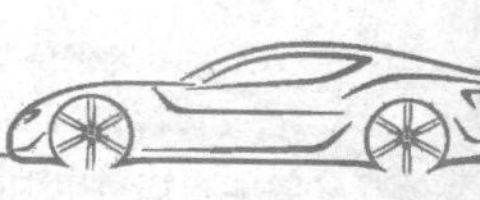

氢燃料电池叉车数量超过 2 万辆，一些大型企业都会使用氢燃料电池叉车。2020 年，美国已经在数以千计的乘用车、商用车、铲车、分布式及备用动力装置中应用了燃料电池，并已建成 145 座加氢站（包括试验项目）。

9.1.2　欧洲氢燃料电池发展

1. 欧洲氢燃料电池相关政策

欧洲把燃料电池技术作为其能源领域的一项战略技术，积极推广燃料电池产业化，强调燃料电池在交通领域的商业化推广和氢能基础设施建设，目前全球超过 70% 的氢能和燃料电池示范项目落户欧洲。在产业化推广过程中，欧洲密集出台了大量产业扶持政策，自 2000 年以来先后出台了《燃料电池与氢联合技术计划》、欧洲城市清洁氢能项目（CHIC）、Horizon 2020 计划、H2ME 和 JIVE 项目等。2019 年 2 月，欧洲燃料电池和氢能联合组织（FCH-JU）发布了《欧洲氢能路线图：欧洲能源转型的可持续发展路径》，提出要降低氢能和燃料电池技术的成本并扩大其在建筑、交通和工业领域的应用规模，以使欧洲在全球能源转型经济中占据领先地位。2020 年，欧盟委员会发布了《欧盟氢能战略》和《欧盟能源系统整合策略》，希望借此为欧盟设置新的清洁能源投资议程，以达成在 2050 年实现气候中和的目标，同时在相关领域创造就业，进一步刺激欧盟在后疫情时代的经济复苏。欧盟委员会于 2020 年 3 月 10 日宣布包括德国西门子、荷兰壳牌、法国空客等品牌在内的“欧洲清洁氢联盟”成立，旨在迎接来自其他竞争对象的挑战。该联盟由相关产业领导者、民间机构、国家及地区能源官员和欧洲投资银行共同发起，目的是为氢能源的大量生产提供投资，以满足欧盟国家对清洁氢能的需求。

欧盟委员会提出，氢能开发按以下三个阶段进行：

（1）第一阶段（2020—2024 年）　在欧盟境内建造一批单个功率达 100MW 的可再生氢电解设备。2024 年前，全欧洲的可再生氢制备总功率达到 6GW，年产量超过 100 万 t。

（2）第二阶段（2025—2030 年）　在继续加大可再生氢制备产能的基础上，建成多个名为“氢谷”（Hydrogen Valleys）的地区性制氢产业中心。通过规模效应以较低廉的价格为人口聚集区供氢，这些“氢谷”也是未来泛欧氢能网络的骨架。

（3）第三阶段（2031—2050 年）　重点是氢能在能源密集产业的大规模应用，典型代表是钢铁和物流行业。

2. 欧洲氢燃料电池市场发展

2009 年，欧盟完成“天然气管道运输掺氢”项目研究。壳牌、道达尔、法国液化空气集团、林德、戴姆勒等公司共同签署了 H2 Mobility 项目合作备忘录，计划在 10 年内投资 3.5 亿欧元，在德国境内建设加氢站。2015 年和 2016 年分别启动了 H2ME 1 计划和 H2ME 2 计划，共投资 1.7 亿欧元，建设 49 座加氢站。截至 2019 年年底，欧洲共建成运营 177 座加氢站，其中，德国有 87 座、法国有 26 座。

2011 年，梅塞德斯-奔驰集团开展氢燃料电池汽车的研发，并推出 36 辆 Citaro 燃料电池客车，供 20 个运营商使用，运行时间超过 140000h，行程超 220 万 km。在 2011 年上海车展期间，奔驰又推出 B 级燃料电池汽车，其续驶里程可达 400km。2013 年，荷兰、丹麦、瑞典、法国、英国与德国六国达成共同开发推广氢能汽车的协议，共同建设一个欧洲氢气设施网络。英国政府、汽车制造商、氢燃料提供商和技术支持商共同组成 UKH2Mobility，首辆氢燃料电池汽车于 2015 年上路行驶。

2015 年，宝马集团展示了 5 系 GT 燃料电池汽车，其动力系统和宝马 i8 燃料电池汽车一致，最大输出功率为 180kW，续驶里程达到 500km。2019 年，宝马在法兰克福车展上发布了基于宝马 X5 打造的 i Hydrogen NEXT 车型，其最大的特点在于采用与丰田合作开发的氢燃料电池动力系统——配备两个 700×10^5Pa 储氢罐，可容纳 6kg 氢气，充满仅需 3~4min，同时采用第五代 eDrive 电驱动技术，最大功率可达 125kW，驱动系统综合最大功率为 275kW。宝马集团在 2022 年，小批量地量产了 i Hydrogen NEXT 车型，最快于 2025 年开始为客户提供燃料电池汽车。

2021 年，沃尔沃集团开展氢燃料电池技术性的产品研发，预计将会生产制造一款 20kW 的氢燃料电池 Range-Extender，用于当前的混合动力车型上，而沃尔沃第一款燃料电池车型方案将于 9 年之内投入市场。

2021 年，标致汽车对外宣布，将正式开始量产旗下首款氢燃料电池商用车 e-EXPERT 车型，而首位采购该车的客户将是米其林集团旗下的 Watèa 公司。标致 e-EXPERT 氢燃料电池车型是基于较早前发布的标致 e-EXPERT 纯电动厢式货运车型改造而来的。在续驶里程方面，标致 e-EXPERT 氢燃料电池车型只需要 3min 即可充满氢气，在 WLTP 测试标准下，可获得超过 400km 的续驶里程，极速最高可达 130km/h。值得注意的是，其配置的 10.5kW · h 容量的锂电池模组，除了可使用氢燃料电池产生的电力，还可通过充电桩来充电，进而增加续驶里程。

9.1.3 日本氢燃料电池发展

1. 日本氢燃料电池相关政策

早在 20 世纪 70 年代，日本就开始研究氢燃料电池技术。在国家层面，日本政府将氢能作为国家能源战略的重要组成部分，氢燃料电池则是氢能产业下游最重要的应用。2009 年以来，日本先后发布了《燃料电池汽车和加氢站 2015 年商业化路线图》《氢能/燃料电池战略路线图》等，明确了燃料电池的商业化进程和发展路线。日本先后投入数千亿日元用于燃料电池汽车和氢能技术的研究与推广，并对加氢基础设施建设和终端应用进行补贴。2019 年 3 月发布的第三版《氢能/燃料电池战略路线图》中，提出了大幅度降低燃料电池汽车成本和逐步增产的目标。在随后制定的《氢燃料电池技术开发战略》中，又细化了在燃料电池技术、氢供应链和电解技术三大领域具体的研发目标和相关事项，并将包括车载用燃料电池、定置用燃料电池、大规模制氢、水制氢在内的 10 个项目作为优先研究事项。

为了推动市民在 2020 年东京奥运期间使用氢燃料电池汽车，东京政府提供购买氢燃料电池汽车 80%的补贴。补贴环节和我国有些相似，也分为国家补贴和地区补贴。以横滨市为例，国家补贴金额为 2020000 円，神奈川县会给予 700000 円补贴，最后横滨市会针对车主进行补贴，补贴金额达到 250000 円，比官网模拟补贴额更多。然而，补贴环节也有与我国存在差别的地方。首先是获取方式上，无论是个人，还是企业法人，想要获得补贴，需要分别提交不同申请书、证明材料。另外，补贴并非直接减免差价，在消费者支付全款（7236000 円）或贷款资格审核完成后，各级政府机构才会将补贴款存入消费者账户。在补

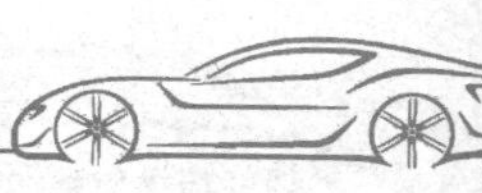

贴金额方面，都道府县会根据自身财经情况，设定不同的补贴款，并会随着年度不同有一定浮动。如果以官网显示的2250000円补贴为基础计算，最终消费者的实际购车款约为4986000円（约合人民币30万元）。

2. 日本氢燃料电池市场发展

2014年，丰田汽车公司推出FCHV-adv并在日本市场销售。该车最高车速为160km/h，充气（氢气）时间仅需3min，最大续驶里程为830km，到2015年3月预售1200辆，远超400辆的市场预期。日本政府高度重视燃料电池汽车的推广使用，2015年丰田推出的Mirai（未来）燃料电池汽车，加满氢气仅用3min，续驶里程为650km，0—60km/h加速只需1~2s，燃料消费约合人民币0.66元/km。该车一上市就受到政府机构和企业界的关注，仅一个月就在日本国内获得1500辆订单，丰田决定于2017年将产能提高到3000辆/年。2005年，日产汽车展示了X-Trail燃料电池汽车2005款型，其最大功率为90kW，最高车速为150km/h，通过配备70MPa的高压储氢罐，该车的最大续驶里程可达500km。日产汽车还与雷诺汽车公司合作投资850亿日元开展燃料电池汽车的研发工作。2008年，日本本田汽车公司开始租售FCX Clarity燃料电池汽车，该车可在-30℃正常起动，续驶里程达到620km。2015年10月，本田推出一款燃料电池汽车，搭载70MPa储氢罐，3min可充满氢气，续驶里程超过700km。该车的最大特点是实现了电堆的小型化，电能输出密度为3.1kW/L，达到当时世界最高等级。此外，日本政府还强力支持关键氢能项目，截至2020年，日本总共建成加氢站137座。

2018年8月9日，日本东芝能源系统、新能源产业技术综合开发机构（NEDO）、东北电力及岩谷产业达成合作计划，计划在福岛县浪江町建设福岛氢能源研究站（Fukushima Hydrogen Energy Research Field，FH2R）。福岛氢能源研究站是利用可再生能源制氢的氢能源系统，每年能利用毗邻的光伏发电设备和系统电力，通过1万kW的制氢装置来制造、储存和供应约900t的氢气。

9.1.4　韩国氢燃料电池发展

1. 韩国氢燃料电池相关政策

韩国将氢能产业定为三大战略投资领域之一，从经济社会可持续发展和能源安全等战略层面着手，出台了氢能和燃料电池技术产业支持政策。2008年以来，韩国政府先后投入3500亿韩元实施“低碳绿色增长战略”“绿色氢城市示范”等项目，持续推进氢能及燃料电池技术的研发。韩国高度重视氢燃料电池技术在交通领域的应用，出台了《氢燃料电池汽车产业生态战略路线图》，提出尽快布局包括氢燃料电池汽车、加氢站、氢能源在内的产业生态系统。2019年年初，韩国正式发布了《氢能经济发展路线图》，旨在发展与氢能源相关新兴产业，进一步推动以清洁能源取代化石燃料发电，力求到2030年，韩国氢燃料电池和氢燃料电池汽车的世界市场占有率均达到世界第一的水平。

韩国政府决心从2019年起，在路线图的基础上建立一个氢经济，到2040年，将生产620万辆燃料电池汽车，并建设1200个加氢站。截至2022年年底，韩国氢燃料电池汽车的数量已达到8万辆，高于此前6.5万辆的目标。韩国计划到2030年，拥有180万辆氢燃料电池汽车。为了实现这一目标，韩国政府将为氢燃料电池出租车和货车提供补贴，并与地方

政府合作，到2022年将氢燃料电池巴士数量增加至2000辆。预计到2025年，这些补贴将提高产能并降低约3000万韩元的成本（约合26639.3美元），这是当前市场上燃料电池汽车售价的一半。

现代汽车宣布计划在2030年前向燃料电池汽车生产设施及相关研发活动投资7.6万亿韩元，并在2030年新建两座工厂，用于生产50万辆燃料电池汽车和70万套燃料电池系统，以此作为业务多元化战略的一部分，其中20万套系统将出售给其他汽车制造商。

氢能新政包括在数字、绿色经济和安全网络领域的1300亿美元财政投资。韩国几乎所有的氢能源站点都是由地方政府运营的，这些地方政府有能力承受早期损失。最初，政府的计划是提供加氢站总资本支出的一半，而另一半由私营部门提供。然而，迄今为止，私营部门在投资氢能源站点方面一直犹豫不决。为了吸引私营部门投资，政府宣布了一个BTL模式，即私营部门建造氢站基础设施并将其移交给政府，政府保证在一段时间内给予一定的回报。

2. 韩国氢燃料电池市场发展

根据韩国的燃料电池汽车发展规划，到2030年，燃料电池汽车将占全部新车总销量的10%。预计2025年保有量达到10万辆，2030年保有量达到63万辆。韩国对燃料汽车的研发经费也在逐年增加，2019年的研发经费支出达到4000万美元，其中70%用于燃料电池，30%用于氢能。

2012年，现代汽车推出了第3代燃料电池SUV并进行全球示范。2013年，现代汽车建成了第一条燃料电池汽车生产线，实现ix35燃料电池汽车首次量产，成为全球首家量产燃料电池汽车的汽车制造商。ix35燃料电池汽车采用输出功率为100kW的燃料电池系统，配备两个70MPa储氢瓶，能够储存5.63kg压缩氢气，可续驶594km，最高车速为160km/h，可在-20℃以下正常起动行驶。2014年，现代汽车在美国加州举行了ix35燃料电池汽车上市仪式，标志着量产燃料电池汽车在美国进入商业化阶段。现代汽车在2017年上海车展上带来已在日内瓦车展全球亮相的FE燃料电池概念车，其搭载了现代汽车第四代燃料电池技术。第四代燃料电池技术基于ix35燃料电池汽车技术进行了改进，将动力效率提升10%，燃料电池功率密度增加30%，车重降低20%，从而使续驶里程进一步提升。2018年，韩国现代推出了第二代新款燃料电池汽车NEXO。2020年，推出了氢燃料电池重卡CIENT Fuel Cell。截至2021年10月，NEXO全球累计销量已经突破2万辆，销量全球排名第一。尽管现代汽车在燃料电池技术方面取得了重大进展，但因燃料电池汽车价格高昂，加上加氢站数量有限，市场对燃料电池汽车的需求仍然不高。根据IHS Markit轻型汽车动力系统预测，到2025年，韩国燃料电池汽车产量将从2018年的约800辆增加至3600辆。

9.2 国内氢燃料电池发展及运行

9.2.1 中国氢燃料电池相关政策

我国以燃料电池汽车为切入点发展氢能。1996年，在“九五”国家科技攻关计划中，“燃料电池技术”与“电动汽车重大科技产业工程”并列于能源、交通领域项目表，重要性

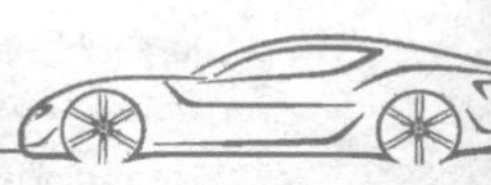

进一步提升。2001 年，燃料电池研究得到国家科技部重大专项支持。在 2008 年北京奥运会及 2010 年上海世博会期间，燃料电池汽车正式进入系统性示范运营阶段。

在国家发布的《能源发展战略行动计划（2014—2020 年）》中，氢能与燃料电池成为能源科技创新战略重点。在国家发展改革委和能源局印发的《能源技术革命创新行动计划（2016—2030 年）》中，明确了氢能与燃料电池技术创新目标与路线。其总体目标是到 2020 年，实现燃料电池和氢能的示范运行；2030 年实现大规模推广应用；2050 年实现普及应用。2021 年，在国家“十四五”发展规划中，氢能与储能被纳入战略性新兴产业，并具体归入未来产业。

截至 2019 年年底，全国已有 30 多个省、市，甚至区级政府出台氢能产业或氢燃料电池汽车发展规划，同时给予加氢站建设与运营补贴、燃料电池汽车运营补贴，吸引了大量资本投入与企业布局。

在被称为“氢能小镇”的江苏如皋，早在 2016 年就在其“十三五”新能源汽车规划中提出要新建 3~5 座加氢站，推广运用燃料电池物流车 500 辆。

河北省张家口市全面布局氢能产业，全力建设集可再生能源制氢、氢燃料电池生产、氢燃料电池汽车应用于一体的、全国首个氢能源全产业链生产基地。2018 年，张家口已有 74 辆氢燃料电池公交投入使用，2019 年在此基础上新增了 170 辆；一座研发的日加氢 50 辆汽车的加氢站已经正式投入使用。

中国氢燃料汽车的发展战略见表 9-1。

表 9-1　中国氢燃料汽车的发展战略

项目	2020 年	2025 年	2030 年
总体目标	1）在特定地区的公共服务用车领域小规模示范运用，规模为 5000 辆 2）燃料电池系统产能超过 1000 套/企业	1）在城市私用车、公共服务用车领域实现大批量应用，规模为 5000 辆 2）燃料电池系统产能超过 10000 套/企业	1）在私人乘用车、大型商用车领域实现大规模商业化推广，规模为百万辆 2）燃料电池系统产能超过 100000 套/企业
氢燃料汽车功能要求	冷起动温度达到 -30℃，动力系统构型设计优化，整车成本与纯电动车相当	冷起动温度达到 -40℃，批量化降低整车购置成本，整车成本与同级别混合动力汽车相当	整车性能与传统车相当，具有相对产品竞争优势
氢燃料商用车	耐久性为 40×10^{4}km； 成本不>150 万元	耐久性为 80×10^{4}km； 成本不>100 万元	耐久性为 100×10^{4}km； 成本不>60 万元
氢燃料乘车	寿命为 20×10^{4}km； 成本不>30 万元	寿命为 25×10^{4}km； 成本不>20 万元	寿命为 30×10^{4}km； 成本不>8 万元
关键零部件技术	高速无油空压机、氢循环系统、70MPa 储氢瓶等关键系统部件性能满足车用指标要求		系统成本低于 200 元/kW
氢气供应	可再生能源分布式制氢；焦炉煤气等副产氢气制氢/高效低成本氢气分离纯化技术		可再生能源分布式制氢
氧气运输	高压气态氢气储存与运输	低温液体氢气运输	常压高密度有机液体储氢与运输
加氢站	数量超过 100 座	数量超过 300 座	数量超过 1000 座

根据2020年中国汽车工程学会发布的《节能与新能源汽车技术路线图2.0》预测，到2035年我国燃料电池汽车保有量将达到100万辆左右，商用车将实现氢动力转型，并建成加氢站5000座左右。要想实现这些目标，燃料电池核心材料、氢气制取及加氢站等关键技术创新非常重要。

9.2.2 中国氢燃料汽车的市场发展

2003年，同济大学在上海国际工业博览会上推出了我国第一辆燃料电池动力样车（超越一号），最高车速为105.8km/h，续驶里程为231km，0-80km/h加速时间为15.4s。上海汽车集团在荣威750基础上，搭载超越燃料电池动力系统组装出上海牌燃料电池汽车(FCV)，该车最高车速为150km/h，续驶里程为300km，百公里加速时间为15s。在2008年北京奥运会、2010年上海世博会及2011年深圳大运会期间，北汽福田/清华、上海大众/同济、长安志翔及五洲龙等燃料电池汽车进行了示范运行。在北京奥运会上，帕萨特FCV单车行驶里程达到5200km；在上海世博会上，FCB单车最长里程达到6600km，这些示范运行项目说明我国FCV技术取得了明显进步。2012年1月，同济大学牵头成立了由多所大学、研究机构和汽车企业参与的“中国燃料电池汽车技术创新战略联盟”，集中国内FCV研发和生产的优势力量，根据FCV产业发展的技术需求，合作攻关、自主创新，促进我国FCV产业化进程。2014年9月，大连新能源车展上展出了由长城电工与上汽集团合作生产的国内首辆取得销售许可的FCV，其最高时速达150km，续驶里程达500km，标志着我国FCV已进入商业化阶段。

2019年3月26日下发的《关于进一步完善新能源汽车推广应用财政补贴政策的通知》中提到，要将国家的购置补贴集中用于支持加氢等基础设施“短板”建设及氢燃料汽车配套运营服务等环节。新能源汽车补贴政策并非一成不变，2016年以来，根据技术进步、成本变化及国内外产业发展等情况，我国实行动态调整制度。

2019年6月26日，中国氢能联盟在山东潍坊潍柴集团发布的《中国氢能源及燃料电池产业白皮书》中指出，2050年氢能在中国能源体系中的占比约为10%，氢气需求量接近6000万t，年经济产值超过10万亿元；全国加氢站超过1万座，交通运输、工业等领域将实现氢能普及应用，氢燃料电池汽车产量达到每年520万辆。

2016—2020年，中国氢燃料电池汽车保有量逐年上升。受到新型冠状病毒感染影响，2020年销量有所下滑。截至2020年年底，我国氢燃料电池汽车年销量1177辆，保有量7352辆，标志着我国氢燃料电池汽车正在逐渐被市场认可接纳，氢燃料电池汽车进入商业化初期。2021年12月15日，30辆宇通氢燃料电池客车正式交付国家电投氢动力科技服务有限公司，开启了“绿色冬奥”之旅。在2022年北京冬奥会期间，超过1000辆氢能源汽车投入使用，配备30多个加氢站，在-20℃的情况下氢能源汽车运行良好，这也是全球最大的一次燃料电池汽车示范运营。2022年8月10日，东风汽车公司已经自主开发出国内首款全功率燃料电池乘用车——东风氢舟He，并开展了示范运营。2022年8月16日，在上海举行了以“聚能启新　氢领蓝途”为主题的一汽解放、重塑集团、轻程物联网氢燃料电池汽车交付暨战略签约仪式，三方就深化氢燃料电池在商用车方面的应用和市场推广达成合作意向，并签署了“一汽解放 & 重塑集团 & 轻程物联网1000辆氢燃料电池整车推广与应用战略”协议。在签约仪式举行前，由一汽解放携手重塑集团共同打造的100辆18t燃料电池重

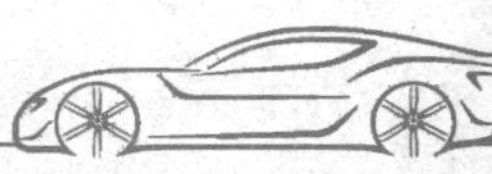

卡正式完成交付。该车配备了重塑集团镜星十二和130kW燃料电池系统，采用5个储氢瓶放置于车架两侧的新型布置方案，载货容积达64m³。

9.2.3　中国氢能产业发展规划

1. 合理布局制氢设施

结合资源禀赋特点和产业布局，因地制宜选择制氢技术路线，逐步推动构建清洁化、低碳化、低成本的多元制氢体系。在焦化、氯碱、丙烷脱氢等行业集聚地区，优先利用工业副产氢，鼓励就近消纳，降低工业副产氢供给成本。在风光水电资源丰富地区，开展可再生能源制氢示范，逐步扩大示范规模，探索季节性储能和电网调峰。推进固体氧化物电解池制氢、光解水制氢、海水制氢、核能高温制氢等技术研发，探索在氢能应用规模较大的地区设立制氢基地。

2. 稳步构建储运体系

以安全可控为前提，积极推进技术材料工艺创新，支持开展多种储运方式的探索和实践。提高高压气态储运效率，加快降低储运成本，有效提升高压气态储运商业化水平。推动低温液氢储运产业化应用，探索固态、深冷高压、有机液体等储运方式应用。开展掺氢天然气管道、纯氢管道等试点示范，逐步构建高密度、轻量化、低成本、多元化的氢能储运体系。

3. 统筹规划加氢网络

坚持需求导向，统筹布局建设加氢站，有序推进加氢网络体系建设。坚持安全为先，节约、集约利用土地资源，支持依法依规利用现有加油加气站的场地设施改扩建加氢站。探索站内制氢、储氢和加氢一体化的加氢站等新模式。

思考题

9-1　氢燃料电池汽车相较于传统燃油汽车的优势和劣势是什么？

9-2　在推广氢燃料电池汽车的过程中，如何解决氢气供应和加氢站建设问题？

9-3　目前氢燃料电池汽车的技术创新方向有哪些？有哪些新的突破？

9-4　氢燃料电池汽车在全球范围内的市场发展现状如何？哪些国家或地区领先于氢燃料电池汽车的推广？

9-5　氢燃料电池汽车技术的发展是否受到氢气产生和储存技术的限制？如何克服这些技术瓶颈？

9-6　请具体说明氢能开发分为哪几个阶段？

9-7　氢燃料电池汽车的发展对于全球能源结构和碳排放目标有何重要意义？

9-8　氢燃料电池汽车的未来发展方向和关键技术有哪些？

参考文献

[1] 陈秋阳，陈云伟. 国际氢能发展战略比较分析［J］. 科学观察，2022，17（2）：1-12.

[2] 邹才能，李建明，张茜，等. 氢能工业现状、技术进展、挑战及前景［J］. 天然气工业，2022，42（4）：1-20.

[3] 张政，宋尚儒，李崇，等. 主要经济体氢能发展现状与比较借鉴［J］. 黑龙江金融，2022，4：57-61.

[4] 解强，姜耀东. 煤制氢技术：由来、现状、前景及新技术［C］//国际氢能产业发展报告（2017）.［s. l.］：［s. n.］，2017：125-149+430-431.

[5] 张贤，许毛，徐冬，等. 中国煤制氢 CCUS 技术改造的碳足迹评估［J］. 中国人口·资源与环境，2021，31（12）：1-11.

[6] 王朋飞，姜重昕，马冰. 国内外氢能发展战略及其重要意义［J］. 中国地质调查，2021，8（4）：33-39.

[7] 刘思明，石乐. 碳中和背景下工业副产氢气能源化利用前景浅析［J］. 中国煤炭，2021，47（6）：53-56.

[8] 张纪刚. 氯碱生产副产氢气的回收与利用［J］. 中国氯碱，2007，1：43-45.

[9] 洑春干. 谈氯碱工业副产氢制高纯氢工艺［J］. 低温与特气，2002，20（3）：22-24.

[10] 马春令，王昌，张遵. 氯碱全系统副产氢气回收利用技术［J］. 氯碱工业，2018，54（1）：20-22，26.

[11] 陈浩，詹小燕，郭振宇. 丙烷脱氢工艺发展趋势分析［J］. 炼油技术与工程，2020，50（11）：9-13.

[12] 张彩凤，付辉，周大鹏，等. 丙烷脱氢工艺及其市场分析［J］. 精细石油化工进展，2018，19（5）：39-42.

[13] 黄燕青，陈辉. 丙烷脱氢工艺对比［J］. 山东化工，2020，49（15）：89-92.

[14] 叶京，张占群. 国外天然气制氢技术研究［J］. 石化技术，2004，11（1）：50-52，57.

[15] 史云伟，刘瑾. 天然气制氢工艺技术研究进展［J］. 化工时刊，2009，23（3）：59-61，68.

[16] 张立恒. 浅谈天然气制氢工艺［J］. 化工管理，2016，3：212.

[17] 吴艳波. 天然气蒸汽转化制氢装置开工时的催化剂活化工艺［J］. 大氮肥，2011，34（3）：148-150.

[18] 陈运，汪兰海，刘开莉，等. 一种天然气直裂解与水蒸气重整耦合制氢的方法：CN110963464A［P］. 2020.

[19] 倪萌，LEUNG M K H，SUMATHY K. 水电解制氢技术进展［J］. 能源环境保护，2004，18（5）：5-9.

[20] 刘芸. 绿色能源氢能及其水电解制氢技术进展［J］. 电源技术，2012，36（10）：1579-1581.

[21] 雷青，刘帅，王保国，等. 水电解制氢 MoSsub2/sub 催化剂研究与氢能技术展望［J］. 化工进展，2019，1：278-290.

[22] 于海泉，杨远，王红霞. 高压气态储氢技术的现状和研究进展［J］. 设备监理，2021，4：1-4.

[23] 李璐伶，樊栓狮，陈秋雄，等. 储氢技术研究现状及展望［J］. 储能科学与技术，2018，7（4）：586-594.

[24] 秦忠海，胡三清，岳勇. 车载燃料电池储氢技术现状及发展方向［J］. 中国石油和化工标准与质量，2012，8：35.

[25] 黄红霞，黄可龙，刘素琴. 储氢技术及其关键材料研究进展［J］. 化工新型材料，2008，36（11）：

27-29，57.
[26] 高金良，袁泽明，尚宏伟，等. 氢储存技术及其储能应用研究进展［J］. 金属功能材料，2016，23（1）：1-11.
[27] 张沛龙，葛静，罗桂平，等. 金属氢化物储氢器的特点及其应用［J］. 气体分离，2010，6：52-55，57.
[28] 詹亮，李开喜，朱星明，等. 超级活性炭的储氢性能研究［J］. 材料科学与工程学报，2002，20（1）：31-34.
[29] 赵伟刚，罗路，王洪艳. 高比表面积活性炭吸附储氢材料的研究进展简介［J］. 材料科学与工程学报，2016，（5）：848-853.
[30] 佚名. 无机物储氢［J］. 能源与环境，2018，4：111.
[31] 苗盛，张茜，陶光远. 氢能运输：不同形态的优劣势对比［J］. 能源，2022，4：66-70.
[32] 邹才能，李建明，张茜，等. 氢能工业现状、技术进展、挑战及前景［J］. 天然气工业，2022，42（4）：1-20.
[33] 安恩科，杨霞，宋尧. 氨作为富氢载体和燃料的应用［J］. 能源技术，2008，4：209-211.
[34] 宋泽林. 氢能源利用现状及发展方向［J］. 石化技术，2021，28（5）：32，69-70，32.
[35] 雷超，李韬. 碳中和背景下氢能利用关键技术及发展现状［J］. 发电技术，2021，42（2）：207-217.
[36] 汪广溪. 氢能利用的发展现状及趋势［J］. 低碳世界，2017，29：295-296.
[37] 雷田田. 氢能利用方式及发展前景［J］. 辽宁化工，2021，50（7）：1078-1081.
[38] 柏锁柱，赵刚. 氢能事业的发展与前景展望［J］. 石油石化节能，2021，11（8）：43-46+6.
[39] 刘坚，钟财富. 我国氢能发展现状与前景展望［J］. 中国能源，2019，41（2）：32-36.
[40] 付甜甜. 电动汽车用氢燃料电池发展综述［J］. 电源技术，2017，41（4）：651-653.
[41] 刘海利，宋利军，梁欣. 车用氢燃料电池技术现状及发展方向［J］. 辽宁化工，2019，48（10）：1005-1008.
[42] 王梦琦. 质子交换膜燃料电池的研究进展与前景微探［J］. 当代化工研究，2020，12：8-10.
[43] 张新宝，张超，孟凡朋，等. 固体氧化物燃料电池的研究进展［J］. 山东陶瓷，2021，44（1）：9-11.
[44] 韩敏芳. 固体氧化物燃料电池（SOFC）技术进展和产业前景［J］. 民主与科学，2017，5：25-26.
[45] 汪国雄，孙公权，辛勤，等. 直接甲醇燃料电池［J］. 物理，2004，33（3）：165-169.
[46] 隋升，顾军，李光强，等. 磷酸燃料电池（PAFC）进展［J］. 电源技术，2000，1：50-53.
[47] 马永林，韩玉龙. 磷酸燃料电池及其应用［J］. 辽宁化工，1998，4：36-38.
[48] 郭心如，郭雨旻，罗方，等. 磷酸燃料电池的能效及生态特性分析［J］. 发电技术，2022，43（1）：73-82.
[49] 孙百虎. 磷酸燃料电池的工作原理及管理系统研究［J］. 电源技术，2016，40（5）：1027-1028.
[50] 倪萌，梁国熙. 碱性燃料电池研究进展［J］. 电池，2004，5：364-365.
[51] 庄仲滨. 碱性燃料电池的氢气氧化电催化剂研究［C］//中国化学会2019年中西部地区无机化学化工学术研讨会会议论文集［s. l.］：［s. n.］，2019.
[52] 赵世怀，张翠翠，杨紫博，等. 碱性燃料电池阳极催化剂的研究进展［J］. 精细化工，2018，35（8）：1261-1266.
[53] 程一步. 氢燃料电池技术应用现状及发展趋势分析［J］. 石油石化绿色低碳，2018，3（2）：5-13.
[54] 黄亚娟. 中国氢燃料电池汽车技术发展现状及前景［J］. 时代汽车，2020，9：79-80.
[55] 张一丁. 氢燃料电池的应用及发展前景［J］. 南方农机，2020，51（18）：193-194.
[56] 陈广. 国内氢燃料电池市场分析［J］. 知识经济，2018（12）：55-56.

[57] 张强，姜明慧，郝旭辉，等. 欧盟实现碳中和的氢燃料电池技术经济分析［J］. 汽车文摘，2022，3：19-28.

[58] 全书海，曾卫，陈启宏. 燃料电池电动汽车供氢系统的设计与实现［J］. 武汉理工大学学报，2006，28（21）：581-586. 会议.［s. l.］：［s. n.］，2006.

[59] 郭宝圣. 车载制氢式燃料电池电动汽车混合动力系统设计与研究［D］. 杭州：浙江大学，2015.

[60] 顾福民. 燃料电池与氢、氧［J］. 杭氧科技，2004，2：45.

[61] 简弃非，邓志红，肖恺. 车用质子交换膜燃料电池发动机系统控制技术现状研究［J］. 应用能源技术，2007，1：8-12.

[62] 董德宝，杨琨，樊海梅，等. 一种氢燃料电池车的水热管理系统：CN202121565055［P］. 2021.

[63] 翁昕晨，黄瑞，俞小莉，等. 车用氢燃料电池热管理测试系统：CN202022345803［P］. 2020.

[64] 刘应都，郭红霞，欧阳晓平. 氢燃料电池技术发展现状及未来展望［J］. 中国工程科学，2021，23（4）：162-171.

[65] 邢丹敏，刘永浩，衣宝廉. 燃料电池用质子交换膜的研究现状［J］. 电池，2005，35（4）：312-314.

[66] 于景荣，邢丹敏，刘富强，等. 燃料电池用质子交换膜的研究进展［J］. 电化学，2001，7：385-396.

[67] 刘志祥，钱伟，郭建伟，等. 质子交换膜燃料电池材料［J］. 化学进展，2011，23（Z1）：487-500.

[68] 余军，潘牧，袁润章. 高温质子交换膜燃料电池用 Nafion/SiO_2 复合膜研究进展［J］. 膜科学与技术，2005，2：91-94，98.

[69] 张华民，邢丹敏，衣宝廉. 燃料电池用质子交换膜的研究开发［J］. 功能材料，2004，z1：1782-1787.

[70] 金守一，盛夏，潘兴龙，等. 车用质子交换膜燃料电池膜电极组件综述［J］. 汽车文摘，2019，12：5-12.

[71] 路桂娟，祁迎春. 全氟磺酸膜燃料电池的研究［J］. 电源技术，2016，40（6）：1209-1211.

[72] 谢玉洁，张博鑫，徐迪，等. 燃料电池用新型复合质子交换膜研究进展［J］. 膜科学与技术，2021，41（4）：177-186.

[73] 王颖锋，江坤，张琳琳，等. $BaCe_{(0.8)}Al_{(0.2)}O_3$ 掺杂的 SPEEK 复合质子交换膜制备与性能［J］. 高校化学工程学报，2021，35（4）：729-737.

[74] 罗惠玲，邵诸锋，王树博，等. 多孔有机笼在聚丙烯腈纳米纤维表面固载及其复合质子交换膜［J］. 化工进展，2021，40（7）：3854-3861.

[75] 胡恒伟. 新型纳米纤维复合质子交换膜的制备及其性能研究［D］. 北京：北京化工大学，2020.

[76] 侯敬贺，刘闪闪，肖振雨，等. 燃料电池无机-有机复合质子交换膜的研究进展［J］. 化工新型材料，2018，46（11）：44-48，53.

[77] 王迎姿，冯少广，尚玉明，等. PTFE 增强部分氟化磺化聚芳醚砜复合质子交换膜的制备［C］// 2009 年全国高分子学术论文报告会论文摘要集（下册）.［s. l.］：［s. n.］，2009：115.

[78] 蒲阳阳，宁聪，陆瑶，等. 新型共混交联磺化聚醚醚酮/部分氟化磺化聚芳醚砜质子交换膜的制备与表征［J］. 高等学校化学学报，2021，42（6）：2002-2007.

[79] 石建恒，于宏燕，曾心苗. 燃料电池质子交换膜的研究现状［J］. 膜科学与技术，2009，29（2）：94-98.

[80] 李金晟，葛君杰，刘长鹏，等. 燃料电池高温质子交换膜研究进展［J］. 化工进展，2021，40（9）：4894-4903.

[81] 李慧，杨正金，徐铜文. 高温质子交换膜研究进展［J］. 化工学报，2021，72（1）：132-142.

[82] 孙鹏，李忠芳，王传刚，等. 燃料电池用高温质子交换膜的研究进展［J］. 材料工程，2021，49

(1)：23-34.

[83] 张鹏，李佳烨，潘原．单原子催化剂在氢燃料电池阴极氧还原反应中的研究进展［J］．太阳能学报，2022，43（6）：306-320.

[84] 王敏键，陈四国，邵敏华，等．氢燃料电池电催化剂研究进展［J］．化工进展，2021，40（9）：4948-4961.

[85] 马成乡．氢燃料电池的应用研究进展［J］．山东化工，2015，44（9）：64-65.

[86] 白泽旭．钴基催化材料的制备及其电催化性能的研究［D］．北京：北京化工大学，2021.

[87] 李新元．Fe/Co/Ni 基催化剂的制备及催化 H_2O_2 电氧化性能的研究［D］．哈尔滨：哈尔滨工程大学，2021.

[88] 王义．杂原子掺杂碳材料的制备及其氧还原性能研究［D］．重庆：西南大学，2020.

[89] 姬丹．复合无机纳米材料电催化氧还原和析氢催化剂的研究［D］．重庆：重庆大学，2019.

[90] 严婷轩，姚振华，张春梅，等．氢燃料电池阴极氧还原非金属催化剂研究进展［J］．山东化工，2021，50（10）：65-69.

[91] 高子腾．质子交换膜氢燃料电池气体扩散层的研究［J］．电子技术，2021，50（12）：236-237.

[92] 李天涯．质子交换膜燃料电池气体扩散层的制备和性能研究［D］．北京：北京化工大学，2021.

[93] 岳利可．疏水处理对 PEMFC 气体扩散层传质特性的影响［D］．天津：天津大学，2017.

[94] 裘揆，冯如信，陈乐生．用于气体扩散层的碳纤维材料的性能测试与分析［J］．电工材料，2009，1：39-42.

[95] 宋鹏翔，谯耕，胡晓，等．非金属含碳材料在氢能燃料电池用双极板中的研究与应用进展综述［J］．电池工业，2021，25（3）：148-154.

[96] 刘贤涛．国内外车用燃料电池研究现状及思考［J］．现代商贸工业，2019，40（10）：189-191.

[97] 薛坤，代晓峰，张永献，等．用于 PEMFC 的石墨/酚醛树脂复合材料双极板研究［J］．合成技术及应用，2022，37（1）：16-20.

[98] 孟豪宇，唐泽辉，闫承磊，等．燃料电池复合材料双极板的研究现状与发展［J］．复合材料科学与工程，2021，4：124-128.

[99] 余丽，赵志鹏，卢璐，等．膨胀石墨作为质子交换膜燃料电池双极板材料研究［J］．大连交通大学学报，2021，42（3）：45-49.

[100] 王宇鹏，马秋玉，赵洪辉，等．车用燃料电池系统技术综述［J］．新能源汽车，2019，1：42-47.

[101] 董利莹．车用燃料电池系统的设计与控制研究［D］．青岛：青岛理工大学，2019.

[102] 王亚雄，王轲轲，钟顺彬，等．面向耐久性提升的车用燃料电池系统电控技术研究进展［J］．汽车工程，2022，44（4）：545-559.

[103] 张立新，李建，李瑞懿，等．车用燃料电池氢气供应系统研究综述［J］．工程热物理学报，2022，43（6）：1444-1459.

[104] 南泽群，许思传，章道彪，等．车用 PEMFC 系统氢气供应系统发展现状及展望［J］．电源技术，2016，40（8）：1726-1730.

[105] 郑文棠．车用氢燃料电池专用空压机［J］．南方能源建设，2019，6（3）：69.

[106] 汪依宁，夏泽韬，马龙华，等．质子交换膜燃料电池空气供应系统管理与控制研究综述［C］//2021 中国自动化大会论文集［s. l.］：［s. n.］，2021：228-233.

[107] 冯强．燃料电池空气供应系统条件敏感性研究［J］．内燃机与配件，2021，17：16-19.

[108] 周苏，胡哲，谢非．车用质子交换膜燃料电池空气供应系统自适应解耦控制方法研究［J］．汽车工程，2020，42（2）：172-177.

[109] 鲍鹏龙，章道彪，许思传，等．燃料电池车用空气压缩机发展现状及趋势［J］．电源技术，2016，40（8）：1731-1734.

[110] 于江，邱亮，岳东东，等．燃料电池空气供应系统选型与仿真［J］．时代汽车，2021，18：91-95.

[111] 李文浩，方虹璋，杜常清，等．氢燃料电池发动机热管理系统的控制方案研究［J］．车用发动机，2022，1：58-63.

[112] 赵振瑞．车用质子交换膜燃料电池热管理系统控制方法研究［D］．沈阳：沈阳工业大学，2021.

[113] 侯健，杨铮，贺婷，等．质子交换膜燃料电池热管理问题的研究进展［J］．中南大学学报（自然科学版），2021，52（1）：19-30.

[114] 郭爱，陈维荣，刘志祥，等．车用燃料电池热管理系统模型研究［J］．电源技术，2014，38（12）：2278-2282.

[115] 赵兴强．水冷型质子交换膜燃料电池热管理系统研究［D］．成都：西南交通大学，2015.

[116] 王远，牟连嵩，刘双喜．国外典型燃料电池汽车水、热管理系统解析［J］．内燃机与配件，2019，24：198-200.

[117] 夏全刚．车用燃料电池发动机水热管理系统探讨［J］．汽车实用技术，2018，000（23）：17-19.

[118] 郑闻达，李少尉，曹惠荣．一种质子燃料电池水管理系统：CN112599818A［P］．2021.

[119] 赵鑫，郭建强，杨沄芃．车用燃料电池水管理技术［J］．电池工业，2020，3：142-146.

[120] 赵萌，刘世通，苏东超，等．燃料电池水热管理的技术研究［J］．内燃机与配件，2021（15）：63-64.

[121] 朱亚男，李奇，黄文强，等．基于功率自适应分配的多堆燃料电池系统效率协调优化控制［J］．中国电机工程学报，2019，39（6）：1714-1722，1868.

[122] 邵芳雪．燃料电池汽车用DC/DC系统及其控制研究［D］．大连：大连理工大学，2020.

[123] 孙应东，郭爱，刘楠，等．有轨电车用燃料电池系统效率研究［J］．可再生能源，2021，39（1）：95-100.

[124] 朱熙．燃料电池汽车强势发展中的常见问题［J］．汽车之友，2017，000（21）：112-115.

[125] 王佳，方海峰．我国燃料电池汽车产业发展现状、问题与建议［J］．汽车工业研究，2018，9：12-15.

[126] 余亚东，高慧，肖晋宇，等．不同燃料路径氢燃料电池汽车全生命周期环境影响评价［J］．全球能源互联网，2021，4（3）：301-308.

[127] 王诚，毛宗强，徐景明．发展氢燃料电池电动汽车应关注的几个问题［C］//第二届国际氢能论坛青年氢能论坛．北京：中国太阳能学会，2003：207-211.

[128] 代春艳，雷亦婷．氢燃料电池汽车技术、经济、环境研究现状及展望［J］．中国能源，2020，42（6）：25-31.

[129] 孔德洋，唐闻翀，柳文灿，等．燃料电池汽车能耗、排放与经济性评估［J］．同济大学学报（自然科学版），2018，46（4）：498-503，523.

[130] 程昊，付子航．中国汽车燃料全生命周期能耗和排放研究［J］．国际石油经济，2017，25（12）：82-89.

[131] 方玲．基于成本-效益分析视角的我国新能源汽车产业发展策略研究［D］．长沙：中南大学，2013.

[132] 寇运国．技术轨道视角下我国新能源汽车的技术经济评价与预测［D］．杭州：杭州电子科技大学，2013.

[133] 刘佳慧．氢燃料电池汽车生命周期评价研究［D］．西安：长安大学，2020.

[134] 吴婷，钟书华．中国氢燃料电池汽车PEMFC技术的发展进程、存在问题与对策研究——基于DII数据库的实证分析［J］．生产力研究，2021，7：75-79.

[135] 何薇．基于中国燃料电池汽车发展问题研究［J］．大科技，2019，8：169-170.

[136] 王玲．基于专利数据的燃料电池汽车技术发展与成熟度分析［D］．西安：长安大学，2021.

[137] 陈专，吕洪，刘湃，等．燃料电池电动车商业化中存在的问题［J］．公路与汽运，2009，1：10-11，19．

[138] 陈轶嵩，兰利波，郝卓，等．多角度氢燃料电池汽车全生命周期成本分析研究［C］//2021中国汽车工程学会年会论文集．［s.l.］：［s.n.］，2021：13-17．

[139] 黄倩倩．我国新能源汽车生命周期成本与销量影响因素分析［D］．广州：暨南大学，2018．

[140] 卢利霞．新能源汽车与传统燃油汽车的生命周期成本评估［D］．合肥：合肥工业大学，2019．

[141] 吕桂申．新技术革命下新能源汽车的生命周期环境影响研究［D］．哈尔滨：哈尔滨工业大学，2021．

[142] 梁娟．新能源汽车和传统燃油汽车环境影响与生命周期成本研究［D］．北京：中国石油大学（北京），2020．

[143] 林婷．氢燃料电池车燃料周期能耗与环境效益研究［D］．北京：清华大学，2018．

[144] 谢欣烁．基于铝/水制氢-燃料电池发电的生命周期评价及基础实验研究［D］．杭州：浙江大学，2019．

[145] 冯文，王淑娟，倪维斗，等．燃料电池汽车氢能系统的环境、经济和能源评价［J］．太阳能学报，2003，24（3）：394-400．

[146] 冯文，王淑娟，倪维斗，等．燃料电池汽车氢源基础设施的生命周期评价［J］．环境科学，2003，24（3）：8-15．

[147] 吴发乾，李新茹．浅谈氢燃料电池电动汽车布置设计［J］．交通节能与环保，2020，16（1）：14-18．

[148] 郭成杰，张媛．汽车车身内部布置方法研究——基于人机工程学［J］．内燃机与配件，2019，20：238-239．

[149] 常国峰，李玉洋，季运康．燃料电池汽车动力系统综合测试环境舱的氢安全设计［J］．实验技术与管理，2020，37（4）：280-282，87．

[150] 仝洪瑞，范春斌，张同玲．700kW氢燃料电池混合动力机车氢燃料电池包冷却系统散热性能及司机室舒适度计算分析［J］．铁道机车与动车，2021，4：21-23，40．

[151] 郭伟静．燃料电池系统氢循环方案综述［J］．时代汽车，2021，6：144-145，160．

[152] 刘志超．本田FCX Clarity燃料电池汽车的动力总成技术［J］．汽车维修与保养，2020，3：66-68．

[153] 赵狐龙．燃料电池汽车电堆冷却系统设计与仿真［J］．汽车制造业，2021，3：17-18．

[154] 熊良剑，翟文龙，倪立，等．燃料电池汽车整车及关键零部件布置研究［J］．汽车文摘，2021，12：8-16．

[155] 孙绪旗．氢燃料电池汽车动力系统设计及建模仿真［D］．武汉：武汉理工大学，2012．

[156] 胡庆松．增程式燃料电池动力系统参数设计和能量管理策略的研究［D］．郑州：华北水利水电大学，2019．

[157] 陈明伟．燃料电池客车动力系统布置方案及其对整车特性的影响研究［D］．上海：同济大学，2005．

[158] 刘硕．燃料电池混合动力电动车的系统设计及控制策略研究［D］．重庆：重庆理工大学，2019．

[159] 林佳享．氢燃料电池客车供氢系统研究［J］．客车技术与研究，2021，43（4）：1-3．

[160] 张伟，向洪坤．燃料电池汽车基本技术及发展综述［J］．陕西电力，2020，48（4）：36-41，96．

[161] 王冰，侍崇诗，黄明宇，等．燃料电池供氢系统的研究进展［J］．现代化工，2018，38（1）：35-39，41．

[162] 蒋燕青，王鸿鹄，李亚超，等．燃料电池车高压储氢系统碰撞安全设计与分析［J］．上海汽车，2011，12：11-14．

[163] 祝研，刘青．一种用于氢燃料电池汽车的车载储氢系统及其储氢方法：CN109065917B［P］．2020．

[164] 杨来，王菊，雷雪亚．典型供氢路径下燃料电池汽车生命周期环境效益评估［J］．汽车文摘，2021，12：1-7.

[165] 丁晨光．氢燃料电池混合动力系统能量管理策略研究［D］．成都：电子科技大学，2021.

[166] 陈黎明．燃料电池汽车动力系统过程模拟［D］．上海：上海交通大学，2009.

[167] 林佳博．燃料电池汽车动力总成热管理系统设计与控制策略研究［D］．吉林：吉林大学，2021.

[168] 王瑞鑫．大功率型燃料电池重卡动力系统匹配设计与能量管理策略研究［D］．太原：太原理工大学，2021.

[169] 郭晓勐，郭长浩，王坤玉，等．氢燃料电池卡车动力传动系统参数匹配和性能研究［J］．重型汽车，2021，4：5-7.

[170] 康健健，崔迎涛．燃料电池汽车混合动力系统设计研究［J］．汽车与新动力，2022，2：25-27.

[171] 张甜甜，赵同军，薛云鸿，等．商用车燃料电池系统匹配设计与性能研究［J］．重型汽车，2022，2：11-13.

[172] 郭凯．插电式氢燃料电池汽车研究现状及未来发展概述［J］．汽车实用技术，2020，45（16）：6-8.

[173] 王斌．插电式燃料电池汽车动力系统总布置参数化设计［J］．上海汽车，2009，1：13-17.

[174] 孙宾宾，王永军，胡自豪，等．一种基于燃料电池、锂电池和电动式飞轮电池复合能源系统驱动控制策略：CN202110470782. 5［P］．2021.

[175] 廖越峰，杨敏，郭春吉，等．基于飞轮动力的燃料电池汽车动力总成系统：CN202110103687. 1［P］．2021.

[176] 王卫楠．车用氢燃料电池混合动力系统匹配及控制策略研究［D］．郑州：华北水利水电大学，2020.

[177] 倪红军，吕帅帅，裴一，等．氢燃料电池汽车动力系统与储氢系统的研究［J］．现代化工，2013，33（12）：36-38.

[178] 应天杏，程伟，孔凡敏，等．基于多指标的燃料电池汽车动力系统参数匹配研究［J］．现代制造工程，2019，1：1-7，42.

[179] 刘锟．燃料电池汽车动力系统匹配与 VCU 设计［D］．大连：大连理工大学，2019.

[180] 宫唤春．燃料电池汽车动力系统设计［J］．北京汽车，2021，2：15-18.

[181] 黄英英，文雪峰．燃料电池汽车动力系统匹配方法研究［J］．重型汽车，2021，3：13-14.

[182] 陈轶嵩，兰利波，郝卓，等．氢燃料电池汽车动力系统生命周期评价及关键参数对比［J］．环境科学，2022，43（8）：4402-4412.

[183] 王晓拙．燃料电池汽车动力系统及能量管理策略的研究［D］．哈尔滨：哈尔滨理工大学，2022.

[184] 攸连庆，李岩，邢涛．燃料电池汽车研究现状与动力总成方案解析［J］．汽车与配件，2019，1：52-55.

[185] 王林，曹宇．国外氢能源利用情况及对我国发展的启示［J］．上海节能，2021，5：444-448.

[186] 秦阿宁，孙玉玲，陈芳，等．基于文献计量的全球氢燃料电池技术竞争态势分析［J］．科学观察，2020，15（2）：1-14.

[187] 鲍金成，赵子亮，马秋玉．氢能技术发展趋势综述［J］．汽车文摘，2020，2：6-11.

[188] 郭利．氢能源的研究现状及展望［J］．化工设计通讯，2021，47（5）：147-148.

[189] 王祖纲，吕建中，郝宏娜．燃料电池汽车发展前景及油气行业对策研究［J］．世界石油工业，2019，26（2）：29-35.

[190] 赵东江，马松艳．燃料电池汽车及其发展前景［J］．绥化学院学报，2017，37（5）：143-147.

[191] 何盛宝，李庆勋，王奕然，等．世界氢能产业与技术发展现状及趋势分析［J］．石油科技论坛，2020，39（3）：17-24.